怎样当好安装工程造价员

本书编写组　编

中国建材工业出版社

图书在版编目(CIP)数据

怎样当好安装工程造价员/《怎样当好安装工程造价员》编写组编 . —北京:中国建材工业出版社,2014.9

(怎样当好造价员丛书)

ISBN 978-7-5160-0854-6

Ⅰ.①怎… Ⅱ.①怎… Ⅲ.①建筑安装-工程造价 Ⅳ.①TU723.3

中国版本图书馆 CIP 数据核字(2014)第 119164 号

怎样当好安装工程造价员

本书编写组 编

出版发行:中国建材工业出版社

地 址:北京市西城区车公庄大街 6 号

邮 编:100044

经 销:全国各地新华书店

印 刷:北京紫瑞利印刷有限公司

开 本:787mm×1092mm 1/16

印 张:19.5

字 数:475 千字

版 次:2014 年 9 月第 1 版

印 次:2014 年 9 月第 1 次

定 价:53.00 元

本社网址:www.jccbs.com.cn 微信公众号:zgjcgycbs

本书如出现印装质量问题,由我社营销部负责调换。电话:(010)88386906

对本书内容有任何疑问及建议,请与本书责编联系。邮箱:dayi51@sina.com

怎样当好安装工程造价员

编 写 组

主　编：张　娜

副主编：梁金钊　陈井秀

编　委：徐海清　孙世兵　陆海军　王艳丽

　　　　　毛　娟　李建钊　周　爽　徐晓珍

　　　　　胡亚丽　张　超　赵艳娥　马　静

　　　　　苗美英　孟秋菊　张才华

内 容 提 要

　　本书根据《建设工程工程量清单计价规范》(GB 50500—2013)、《通用安装工程工程量计算规范》(GB 50856—2013)、安装工程概预算定额及编审规程进行编写，详细介绍了安装工程造价编制与管理的相关理论及方法。全书主要内容包括安装工程造价概论，安装工程工程量清单与计价，安装工程定额计价，电气设备安装工程量计算，给排水、采暖、燃气安装工程量计算，通风及空调安装工程量计算，消防工程量计算，工程合同价款的约定与管理等。

　　本书实用性较强，既可供安装工程造价编制与管理人员使用，也可供高等院校相关专业师生学习时参考。

前　言

工程造价的确定是规范建设市场秩序，提高投资效益的重要环节，具有很强的政策性、经济性、科学性和技术性。自我国于 2003 年 2 月 17 日发布《建设工程工程量清单计价规范》，积极推行工程量清单计价以来，工程造价管理体制的改革正不断继续深入，为最终形成政府制定规则、业主提供清单、企业自主报价、市场形成价格的全新计价形式提供了良好的发展机遇。

随着建设市场的发展，住房和城乡建设部先后在 2008 年和 2012 年对清单计价规范进行了修订。现行的《建设工程工程量清单计价规范》（GB 50500—2013）是在认真总结我国推行工程量清单计价实践经验的基础上，通过广泛调研、反复讨论修订而成，最终以住房城乡建设部第 1567 号公告发布，自 2013 年 7 月 1 日开始实施。与《建设工程工程量清单计价规范》（GB 50500—2013）配套实施的还包括《房屋建筑与装饰工程工程量计算规范》（GB 50854—2013）、《仿古建筑工程工程量计算规范》（GB 50855—2013）、《通用安装工程工程量计算规范》（GB 50856—2013）等 9 本工程计量规范。

2013 版清单计价规范及工程计量规范的颁布实施，对广大工程造价工作者提出了更高的要求，面对这种新的机遇和挑战，要求广大工程造价工作者不断学习，努力提高自己的业务水平，以适应工程造价领域发展形势的需要。为帮助广大工程造价人员更好地履行职责，以适应市场经济条件下工程造价工作的需要，更好地理解工程量清单计价与定额计价的内容与区别，我们特组织了一批具有丰富工程造价理论知识和实践工作经验的专家学者，编写了这套《怎样当好造价员丛书》，以期为广大建设工程造价员更快更好地进行建设工程造价的编制工作提供一定的帮助。本系列丛书主要具有以下特点：

（1）丛书以《建设工程工程量清单计价规范》（GB 50500—2013）为基础，配合各专业工程量计算规范进行编写，具有很强的实用价值。本套丛书包含的分册有：《怎样当好建筑工程造价员》、《怎样当好安装工程造价员》、《怎样当好市政工程造价员》、《怎样当好装饰装修工程造价员》、《怎样当好公路工程造价员》、《怎样当好园林绿化工程造价员》、《怎样当好水利水电工程造价员》。

（2）丛书根据《建设工程工程量清单计价规范》（GB 50500—2013）及设计概算、施工图预算、竣工结算等编审规程对工程造价定额计价与工程量清单计价的内容及区别联系进行了介绍，并详细阐述了建设工程合同价款约定、工程计量、合同价款调整、合同价款期中支付、合同解除的价款结算与支付、竣工结算与支付、合同价款争议的解决、工程造价鉴定及工程计价资料与档案等内容，对广大工程造价人员的工作具有较强的指导价值。

（3）丛书内容翔实、结构清晰、编撰体例新颖，在理论与实例相结合的基础上，注重应用理解，以更大限度地满足造价工作者实际工作的需要，增加了图书的适用性和使用范围，提高了使用效果。

本系列丛书在修改过程中参阅了大量相关书籍，并得到了有关单位与专家学者的大力支持与指导，在此表示衷心的感谢。限于编者的学识及专业水平和实践经验，丛书中错误与不当之处，敬请广大读者批评指正。

编　者

目　　录

第一章 安装工程造价概论

第一节 建设工程造价

一、工程造价的概念

工程造价是指进行一项工程项目的建造所需要花费的全部费用,即从工程项目确定建设意向直至建成、竣工验收为止的整个建设期间所支出的总费用,这是保证工程项目建造正常进行的必要资金,是建设项目投资中的最主要部分。工程造价主要由工程费用和工程其他费用组成。工程造价有两种含义。

第一种含义:工程造价是指建设一项工程预期开支或实际开支的全部固定资产投资费用。显然,这一含义是从投资者———业主的角度来定义的。投资者选定一个投资项目,为了获得预期的效益,就要通过项目评估进行决策,然后进行设计招标、工程招标,直至竣工验收等一系列投资管理活动完成。在投资活动中,所支付的全部费用形成了固定资产和无形资产,所有这些开支就构成了工程造价。换句话说,工程造价就是工程投资费用,建设项目工程造价就是建设项目固定资产投资。

第二种含义:工程造价是指工程价格,即为建成一项工程,预计或实际在土地市场、设备市场、技术劳务市场,以及承包市场等交易活动中所形成的建筑安装工程的价格和建设工程总价格。显然,工程造价的第二种含义是以社会主义商品经济和市场经济为前提的。它以工程这种特定的商品形式作为交易对象,通过招标投标、承发包或其他交易形式,在进行多次预估的基础上,最终由市场形成的价格。

上述工程造价的两种含义是从不同角度把握同一事物的本质。对于建设工程的投资者来说,面对市场经济条件下的工程造价就是项目投资,是"购买"项目要付出的价格;同时,也是投资者在作为市场供给主体时"出售"项目时定价的基础。对于承包商、供应商和规划、设计等机构来说,工程造价是他们作为市场供给主体出售商品和劳务的价格的总和,或是特指范围的工程造价,如建筑安装工程造价。

二、工程造价的发展过程与发展特点

1. 工程造价的发展过程

随着生产力市场经济和现代科学管理的发展,人们对工程造价管理的认识越来越深。

在中国漫长的封建社会中,不少官府建筑规模宏大、技术要求很高,历代工匠积累了丰富的经验,逐步形成一套工料限额管理制度,即现在人们所说的人工、材料定额。据《辑古籑经》等书记载,我国唐代就已有夯筑城台的用工定额——功。北宋将作少监(主管建筑的大臣)李诫所著《营造法式》(公元 1103 年)一书共 36 卷 3555 条,包括释名、名作制度、功限、料例和图

样五部分。其中"功限"是现在所说的劳动定额;"料例"是现在所说的材料消耗限额。该书实际上是官府颁布的建筑规范和定额。它汇集了北宋以前的技术精华,吸取了历代工匠的经验,对控制工料消耗、加强设计监督和施工管理起了很大的作用,一直沿袭到明清。明代管辖官府建筑的工部所编著的《工程做法》则一直流传至今。两千多年来,我国也不乏把技术与经济相结合,大幅度降低了工程造价的实例。北宋大臣丁谓在主持修复被大火烧毁的汴京宫殿时提出的一举三得方案就是一个典型。

资本主义社会化大生产的发展,使共同劳动的规模日益扩大,劳动分工和协作越来越细、越来越复杂,对工程建设的消耗进行科学管理也就越加重要。

以英国为例,16世纪到18世纪是英国工程造价管理发展的第一阶段。这个时期,随着设计和施工分离并各自形成一个独立的专业以后,施工工匠需要有人帮助他们对已完成的工程进行测量和估价,以确定应得的报酬。这些人在英国被称为工料测量师。这时的工料测量师是在工程设计和工程完工后才去测量工程量和估算工程造价的,并以工匠小组的名义与工程委托人和建筑师进行洽商。从19世纪初期开始,资本主义国家在工程建设中开始推行招标承包制。形势要求工料测量师在工程设计以后和开工以前就进行测量和估价,根据图纸算出实物工程量,并汇编成工程量清单,为招标者制订标底或为投标者做出报价。从此,工程造价管理便逐步形成独立的专业。

1881年英国皇家测量师学会成立。这个时期通常被称为工程造价管理发展的第二阶段,完成了工程造价管理的第一次飞跃。至此,工程委托人能够做到在工程开工之前,预先了解到需要支付的投资额,但是他还不能做到在设计阶段对工程项目所需的投资进行准确预计,并对设计进行有效的监督控制。招标时,往往设计已经完成,此时,业主才发现由于工程费用过高、投资不足,不得不停工或修改设计。业主为了使投资费用花得明智和恰当,为了使各种资源得到最有效的利用,迫切要求在设计的早期阶段甚至在投资决策时,就开始进行投资估算,并对设计进行控制。由于工程造价规划技术和分析方法的应用,工料测量师在设计过程中有可能相当准确地做出概预算,甚至在设计之前就做出估算,并可根据工程委托人的要求使工程造价控制在限额以内。因此,从20世纪40年代开始,一个"投资计划和控制制度"在英国等商品经济发达国家应运而生。工程造价管理的发展进入了第三阶段,完成了工程造价管理的再一次飞跃。

2. 工程造价管理的发展特点

(1)从事后算账到事先算账。从最初只是消极地反映已完工程量的价格,逐步发展到在开工前进行工程量的计算和估价,进而发展到在初步设计时提出概算,在可行性研究时提出投资估算,成为业主做出投资决策的重要依据。

(2)从被动地反映设计和施工发展到主动地影响设计和施工。最初负责施工阶段工程造价的确定和结算,逐步发展到在设计阶段、投资决策阶段对工程造价做出预测,并对设计和施工过程投资的支出进行监督和控制,进行工程建设全过程的造价控制和管理。

(3)从依附施工者或建筑师发展成一个独立的专业。如在英国,有专业学会,有统一的业务职称评定的职业守则。不少高等院校也开设了工程造价管理专业,培养专门的人才。

第二节　建筑安装工程费用构成与计算

一、我国现行该工程造价的构成

我国现行工程造价的构成主要划分为设备及工、器具购置费用，建筑安装工程费用，工程建设其他费用，预备费，建设期贷款利息，固定资产投资方向调节税等几项。具体构成内容如图 1-1 所示。

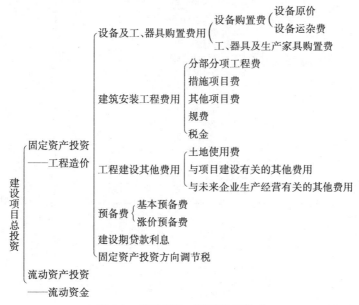

图 1-1　我国现行工程造价的构成

二、建筑安装工程费用的组成

1. 建筑安装工程费用项目组成（按费用构成要素划分）

建筑安装工程费按费用构成要素划分，由人工费、材料（包含工程设备，下同）费、施工机具使用费、企业管理费、利润、规费和税金组成。其中人工费、材料费、施工机具使用费、企业管理费和利润包含在分部分项工程费、措施项目费、其他项目费中，如图 1-2 所示。

（1）人工费。人工费是指按工资总额构成规定，支付给从事建筑安装工程施工的生产工人和附属生产单位工人的各项费用。内容包括：

1）计时工资或计件工资。指按计时工资标准和工作时间或对已做工作按计件单价支付给个人的劳动报酬。

2）奖金。指对超额劳动和增收节支支付给个人的劳动报酬。如节约奖、劳动竞赛奖等。

3）津贴补贴。指为补偿职工特殊或额外的劳动消耗和因其他特殊原因支付给个人的津贴，以及为保证职工工资水平不受物价影响支付给个人的物价补贴。如流动施工津贴、特殊地区施工津贴、高温（寒）作业临时津贴、高空津贴等。

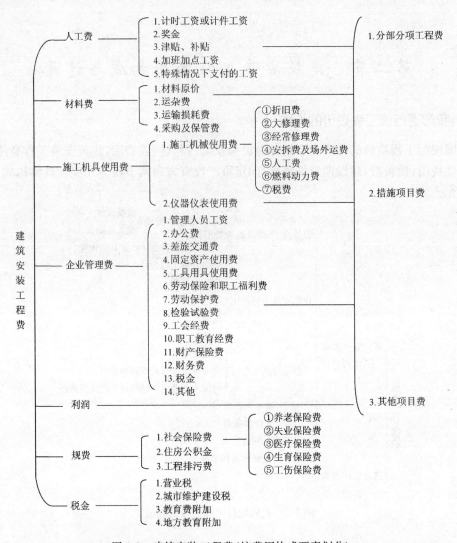

图 1-2　建筑安装工程费（按费用构成要素划分）

4)加班加点工资。指按规定支付的在法定节假日工作的加班工资和在法定日工作时间外延时工作的加点工资。

5)特殊情况下支付的工资。指根据国家法律、法规和政策规定,因病、工伤、产假、计划生育假、婚丧假、事假、探亲假、定期休假、停工学习、执行国家或社会义务等原因按计时工资标准或计时工资标准的一定比例支付的工资。

(2)材料费。材料费是指施工过程中耗费的原材料、辅助材料、构配件、零件、半成品或成品、工程设备的费用。内容包括:

1)材料原价。指材料、工程设备的出厂价格或商家供应价格。

2)运杂费。指材料、工程设备自来源地运至工地仓库或指定堆放地点所发生的全部费用。

3)运输损耗费。指材料在运输装卸过程中不可避免的损耗。

4)采购及保管费。指为组织采购、供应和保管材料、工程设备的过程中所需要的各项费用。包括采购费、仓储费、工地保管费、仓储损耗。

工程设备是指构成或计划构成永久工程一部分的机电设备、金属结构设备、仪器装置及其他类似的设备和装置。

（3）施工机具使用费。施工机具使用费是指施工作业所发生的施工机械、仪器仪表使用费或其租赁费。

1）施工机械使用费。施工机械使用费以施工机械台班耗用量乘以施工机械台班单价表示，施工机械台班单价应由下列七项费用组成：

①折旧费。指施工机械在规定的使用年限内，陆续收回其原值的费用。

②大修理费。指施工机械按规定的大修理间隔台班进行必要的大修理，以恢复其正常功能所需的费用。

③经常修理费。指施工机械除大修理以外的各级保养和临时故障排除所需的费用。包括为保障机械正常运转所需替换设备与随机配备工具附具的摊销和维护费用，机械运转中日常保养所需润滑与擦拭的材料费用及机械停滞期间的维护和保养费用等。

④安拆费及场外运费。安拆费指施工机械（大型机械除外）在现场进行安装与拆卸所需的人工、材料、机械和试运转费用以及机械辅助设施的折旧、搭设、拆除等费用；场外运费指施工机械整体或分体自停放地点运至施工现场或由一施工地点运至另一施工地点的运输、装卸、辅助材料及架线等费用。

⑤人工费。指机上司机（司炉）和其他操作人员的人工费。

⑥燃料动力费。指施工机械在运转作业中所消耗的各种燃料及水、电等。

⑦税费。指施工机械按照国家规定应缴纳的车船使用税、保险费及年检费等。

2）仪器仪表使用费。仪器仪表使用费是指工程施工所需使用的仪器仪表的摊销及维修费用。

（4）企业管理费。企业管理费是指建筑安装企业组织施工生产和经营管理所需的费用。内容包括：

1）管理人员工资。管理人员工资是指按规定支付给管理人员的计时工资、奖金、津贴补贴、加班加点工资及特殊情况下支付的工资等。

2）办公费。指企业管理办公用的文具、纸张、账表、印刷、邮电、书报、办公软件、现场监控、会议、水电、烧水和集体取暖降温（包括现场临时宿舍取暖降温）等费用。

3）差旅交通费。指职工因公出差、调动工作的差旅费、住勤补助费，市内交通费和误餐补助费，职工探亲路费，劳动力招募费，职工退休、退职一次性路费，工伤人员就医路费，工地转移费以及管理部门使用的交通工具的油料、燃料等费用。

4）固定资产使用费。指管理和试验部门及附属生产单位使用的属于固定资产的房屋、设备、仪器等的折旧、大修、维修或租赁费。

5）工具用具使用费。指企业施工生产和管理使用的不属于固定资产的工具、器具、家具、交通工具和检验、试验、测绘、消防用具等的购置、维修和摊销费。

6）劳动保险和职工福利费。指由企业支付的职工退职金、按规定支付给离休干部的经费，集体福利费、夏季防暑降温、冬季取暖补贴、上下班交通补贴等。

7）劳动保护费。企业按规定发放的劳动保护用品的支出。如工作服、手套、防暑降温饮料以及在有碍身体健康的环境中施工的保健费用等。

8)检验试验费。指施工企业按照有关标准规定,对建筑以及材料、构件和建筑安装物进行一般鉴定、检查所发生的费用,包括自设试验室进行试验所耗用的材料等费用。不包括新结构、新材料的试验费,对构件做破坏性试验及其他特殊要求检验试验的费用和建设单位委托检测机构进行检测的费用,对此类检测发生的费用,由建设单位在工程建设其他费用中列支。但对施工企业提供的具有合格证明的材料进行检测不合格的,该检测费用由施工企业支付。

9)工会经费。指企业按《工会法》规定的全部职工工资总额比例计提的工会经费。

10)职工教育经费。指按职工工资总额的规定比例计提,企业为职工进行专业技术和职业技能培训,专业技术人员继续教育、职工职业技能鉴定、职业资格认定以及根据需要对职工进行各类文化教育所发生的费用。

11)财产保险费。指施工管理用财产、车辆等的保险费用。

12)财务费。指企业为施工生产筹集资金或提供预付款担保、履约担保、职工工资支付担保等所发生的各种费用。

13)税金。指企业按规定缴纳的房产税、车船使用税、土地使用税、印花税等。

14)其他。包括技术转让费、技术开发费、投标费、业务招待费、绿化费、广告费、公证费、法律顾问费、审计费、咨询费、保险费等。

(5)利润。利润是指施工企业完成所承包工程获得的盈利。

(6)规费。规费是指按国家法律、法规规定,由省级政府和省级有关权力部门规定必须缴纳或计取的费用。包括:

1)社会保险费。

①养老保险费。指企业按照规定标准为职工缴纳的基本养老保险费。

②失业保险费。指企业按照规定标准为职工缴纳的失业保险费。

③医疗保险费。指企业按照规定标准为职工缴纳的基本医疗保险费。

④生育保险费。指企业按照规定标准为职工缴纳的生育保险费。

⑤工伤保险费。指企业按照规定标准为职工缴纳的工伤保险费。

2)住房公积金。指企业按规定标准为职工缴纳的住房公积金。

3)工程排污费。指按规定缴纳的施工现场工程排污费。

其他应列而未列入的规费,按实际发生计取。

(7)税金。税金是指国家税法规定的应计入建筑安装工程造价内的营业税、城市维护建设税、教育费附加以及地方教育附加。

2. 建筑安装工程费用项目组成(按工程造价形成划分)

建筑安装工程费按工程造价形成划分,由分部分项工程费、措施项目费、其他项目费、规费、税金组成,分部分项工程费、措施项目费、其他项目费包含人工费、材料费、施工机具使用费、企业管理费和利润,如图1-3所示。

(1)分部分项工程费。分部分项工程费是指各专业工程的分部分项工程应予列支的各项费用。

1)专业工程。指按现行国家计量规范划分的房屋建筑与装饰工程、仿古建筑工程、通用安装工程、市政工程、园林绿化工程、矿山工程、构筑物工程、城市轨道交通工程、爆破工程等各类工程。

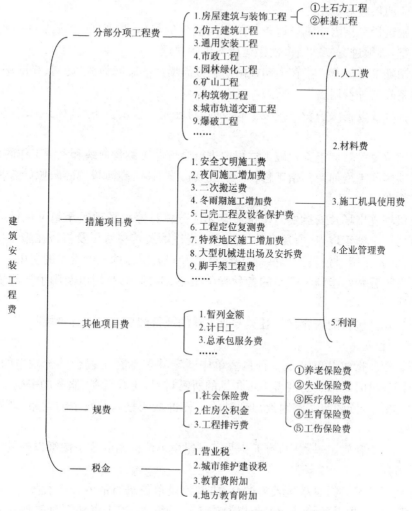

图 1-3　建筑安装工程费（按工程造价形成划分）

2)分部分项工程。指按现行国家计量规范对各专业工程划分的项目。如房屋建筑与装饰工程划分的土石方工程、地基处理与桩基工程、砌筑工程、钢筋及钢筋混凝土工程等。

各类专业工程的分部分项工程划分见现行国家或行业计量规范。

(2)措施项目费。措施项目费是指为完成建设工程施工,发生于该工程施工前和施工过程中的技术、生活、安全、环境保护等方面的费用。内容包括:

1)安全文明施工费。

①环境保护费。指施工现场为达到环保部门要求所需要的各项费用。

②文明施工费。指施工现场文明施工所需要的各项费用。

③安全施工费。指施工现场安全施工所需要的各项费用。

④临时设施费。指施工企业为进行建设工程施工所必须搭设的生活和生产用的临时建筑物、构筑物和其他临时设施费用。包括临时设施的搭设、维修、拆除、清理费或摊销费等。

2)夜间施工增加费。指因夜间施工所发生的夜班补助费、夜间施工降效、夜间施工照明设备摊销及照明用电等费用。

3)二次搬运费。指因施工场地条件限制而发生的材料、构配件、半成品等一次运输不能到达堆放地点,必须进行二次或多次搬运所发生的费用。

4)冬雨期施工增加费。指在冬期或雨期施工需增加的临时设施、防滑、排除雨雪,人工及施工机械效率降低等费用。

5)已完工程及设备保护费。指竣工验收前,对已完工程及设备采取的必要保护措施所发生的费用。

6)工程定位复测费。指工程施工过程中进行全部施工测量放线和复测工作的费用。

7)特殊地区施工增加费。指工程在沙漠或其边缘地区、高海拔、高寒、原始森林等特殊地区施工增加的费用。

8)大型机械进出场及安拆费。指机械整体或分体自停放场地运至施工现场或由一个施工地点运至另一个施工地点,所发生的机械进出场运输及转移费用及机械在施工现场进行安装、拆卸所需的人工费、材料费、机械费、试运转费和安装所需的辅助设施的费用。

9)脚手架工程费。指施工需要的各种脚手架搭、拆、运输费用以及脚手架购置费的摊销(或租赁)费用。

措施项目及其包含的内容详见各类专业工程的现行国家或行业计量规范。

(3)其他项目费。

1)暂列金额。指建设单位在工程量清单中暂定并包括在工程合同价款中的一笔款项。用于施工合同签订时尚未确定或者不可预见的所需材料、工程设备、服务的采购,施工中可能发生的工程变更、合同约定调整因素出现时的工程价款调整以及发生的索赔、现场签证确认等的费用。

2)计日工。指在施工过程中,施工企业完成建设单位提出的施工图纸以外的零星项目或工作所需的费用。

3)总承包服务费。指总承包人为配合、协调建设单位进行的专业工程发包,对建设单位自行采购的材料、工程设备等进行保管以及施工现场管理、竣工资料汇总整理等服务所需的费用。

(4)规费。定义同上述"1.(6)"。

(5)税金。定义同上述"1.(7)"。

三、建筑安装工程费用计算方法

(一)各费用构成计算方法

(1)人工费。

$$人工费 = \sum (工日消耗量 \times 日工资单价) \tag{1-1}$$

$$日工资单价 = \frac{生产工人平均月工资(计时计件)}{年平均每月法定工作日} +$$

$$\frac{平均月(奖金 + 津贴补贴 + 特殊情况下支付的工资)}{年平均每月法定工作日} \tag{1-2}$$

注:式(1-1)主要适用于施工企业投标报价时自主确定人工费,是工程造价管理机构编制计价定额确定定额人工单价或发布人工成本信息的参考依据。

$$人工费 = \sum (工程工日消耗量 \times 日工资单价) \tag{1-3}$$

注：式(1-3)适用于工程造价管理机构编制计价定额时确定定额人工费,是施工企业投标报价的参考依据。

式(1-3)中日工资单价是指施工企业平均技术熟练程度的生产工人在每工作日(国家法定工作时间内)按规定从事施工作业应得的日工资总额。

工程造价管理机构确定日工资单价应通过市场调查,根据工程项目的技术要求,参考实物工程量人工单价综合分析确定,最低日工资单价不得低于工程所在地人力资源和社会保障部门所发布的最低工资标准的:普工1.3倍、一般技工2倍、高级技工3倍。

工程计价定额不可只列一个综合工日单价,应根据工程项目技术要求和工种差别适当划分多种日人工单价,确保各分部工程人工费的合理构成。

(2)材料费。

1)材料费。

$$材料费 = \sum (材料消耗量 \times 材料单价) \tag{1-4}$$

$$材料单价 = [(材料原价 + 运杂费) \times [1 + 运输损耗率(\%)]] \times [1 + 采购保管费率(\%)] \tag{1-5}$$

2)工程设备费。

$$工程设备费 = \sum (工程设备量 \times 工程设备单价) \tag{1-6}$$

$$工程设备单价 = (设备原价 + 运杂费) \times [1 + 采购保管费率(\%)] \tag{1-7}$$

(3)施工机具使用费。

1)施工机械使用费。

$$施工机械使用费 = \sum (施工机械台班消耗量 \times 机械台班单价) \tag{1-8}$$

$$机械台班单价 = 台班折旧费 + 台班大修费 + 台班经常修理费 + 台班安拆费及$$
$$场外运费 + 台班人工费 + 台班燃料动力费 + 台班车船税费 \tag{1-9}$$

注：工程造价管理机构在确定计价定额中的施工机械使用费时,应根据《建筑施工机械台班费用计算规则》结合市场调查编制施工机械台班单价。施工企业可以参考工程造价管理机构发布的台班单价,自主确定施工机械使用费的报价,如租赁施工机械,公式为:施工机械使用费 $= \sum (施工机械台班消耗量 \times 机械台班租赁单价)$。

2)仪器仪表使用费。

$$仪器仪表使用费 = 工程使用的仪器仪表摊销费 + 维修费 \tag{1-10}$$

(4)企业管理费费率。

1)以分部分项工程费为计算基础。

$$企业管理费费率(\%) = \frac{生产工人年平均管理费}{年有效施工天数 \times 人工单价} \times 人工费占分部分项工程费比例(\%) \tag{1-11}$$

2)以人工费和机械费合计为计算基础。

$$企业管理费费率(\%) = \frac{生产工人年平均管理费}{年有效施工天数 \times (人工单价 + 每一工日机械使用费)} \times 100\% \tag{1-12}$$

3）以人工费为计算基础。

$$企业管理费费率（\%）=\frac{生产工人年平均管理费}{年有效施工天数×人工单价}×100\% \qquad (1\text{-}13)$$

注：式(1-13)适用于施工企业投标报价时自主确定管理费，是工程造价管理机构编制计价定额确定企业管理费的参考依据。

工程造价管理机构在确定计价定额中企业管理费时，应以定额人工费或（定额人工费＋定额机械费）作为计算基数，其费率根据历年工程造价积累的资料，辅以调查数据确定，列入分部分项工程和措施项目中。

（5）利润。

1）施工企业根据企业自身需求并结合建筑市场实际自主确定，列入报价中。

2）工程造价管理机构在确定计价定额中利润时，应以定额人工费或（定额人工费＋定额机械费）作为计算基数，其费率根据历年工程造价积累的资料，并结合建筑市场实际确定，以单位（单项）工程测算，利润在税前建筑安装工程费的比重可按不低于5%且不高于7%的费率计算。利润应列入分部分项工程和措施项目中。

（6）规费。

1）社会保险费和住房公积金。社会保险费和住房公积金应以定额人工费为计算基础，根据工程所在地省、自治区、直辖市或行业建设主管部门规定费率计算。

$$社会保险费和住房公积金=\sum（工程定额人工费×社会保险费和住房公积金费率）$$

$$(1\text{-}14)$$

式(1-14)中，社会保险费和住房公积金费率可以每万元发承包价的生产工人人工费和管理人员工资含量与工程所在地规定的缴纳标准综合分析取定。

2）工程排污费。工程排污费等其他应列而未列入的规费应按工程所在地环境保护等部门规定的标准缴纳，按实计取列入。

（7）税金。

$$税金=税前造价×综合税率（\%） \qquad (1\text{-}15)$$

其中，综合税率的计算方法如下：

1）纳税地点在市区的企业。

$$综合税率（\%）=\frac{1}{1-3\%-3\%×7\%-3\%×3\%-3\%×2\%}-1 \qquad (1\text{-}16)$$

2）纳税地点在县城、镇的企业。

$$综合税率（\%）=\frac{1}{1-3\%-3\%×5\%-3\%×3\%-3\%×2\%}-1 \qquad (1\text{-}17)$$

3）纳税地点不在市区、县城、镇的企业。

$$综合税率（\%）=\frac{1}{1-3\%-3\%×1\%-3\%×3\%-3\%×2\%}-1 \qquad (1\text{-}18)$$

4）实行营业税改增值税的，按纳税地点现行税率计算。

(二)建筑安装工程计价参考公式

建筑安装工程计价参考公式如下：

1. 分部分项工程费

$$分部分项工程费 = \sum（分部分项工程量 \times 综合单价） \tag{1-19}$$

式(1-19)中综合单价包括人工费、材料费、施工机具使用费、企业管理费和利润以及一定范围的风险费用(下同)。

2. 措施项目费

(1)国家计量规范规定应予计量的措施项目,其计算公式为:

$$措施项目费 = \sum（措施项目工程量 \times 综合单价） \tag{1-20}$$

(2)国家计量规范规定不宜计量的措施项目计算方法如下:

1)安全文明施工费。

$$安全文明施工费 = 计算基数 \times 安全文明施工费费率（\%） \tag{1-21}$$

计算基数应为定额基价(定额分部分项工程费+定额中可以计量的措施项目费)、定额人工费或(定额人工费+定额机械费),其费率由工程造价管理机构根据各专业工程的特点综合确定。

2)夜间施工增加费。

$$夜间施工增加费 = 计算基数 \times 夜间施工增加费费率（\%） \tag{1-22}$$

3)二次搬运费。

$$二次搬运费 = 计算基数 \times 二次搬运费费率（\%） \tag{1-23}$$

4)冬雨期施工增加费。

$$冬雨期施工增加费 = 计算基数 \times 冬雨期施工增加费费率（\%） \tag{1-24}$$

5)已完工程及设备保护费。

$$已完工程及设备保护费 = 计算基数 \times 已完工程及设备保护费费率（\%） \tag{1-25}$$

上述 2)~5)项措施项目的计费基数应为定额人工费或(定额人工费+定额机械费),其费率由工程造价管理机构根据各专业工程特点和调查资料综合分析后确定。

3. 其他项目费

(1)暂列金额由建设单位根据工程特点,按有关计价规定估算,施工过程中由建设单位掌握使用、扣除合同价款调整后如有余额,归建设单位。

(2)计日工由建设单位和施工企业按施工过程中的签证计价。

(3)总承包服务费由建设单位在招标控制价中根据总包服务范围和有关计价规定编制,施工企业投标时自主报价,施工过程中按签约合同价执行。

4. 规费和税金

建设单位和施工企业均应按照省、自治区、直辖市或行业建设主管部门发布标准计算规费和税金,不得作为竞争性费用。

四、工程计价程序

1. 建设单位工程招标控制价计价程序

建设单位工程招标控制价计价程序见表1-1。

表 1-1　　　　　　　　　建设单位工程招标控制价计价程序

工程名称：　　　　　　　　　　　　　　　标段：

序号	内　容	计算方法	金额/元
1	分部分项工程费	按计价规定计算	
1.1			
1.2			
1.3			
1.4			
1.5			
2	措施项目费	按计价规定计算	
2.1	其中:安全文明施工费	按规定标准计算	
3	其他项目费		
3.1	其中:暂列金额	按计价规定估算	
3.2	其中:专业工程暂估价	按计价规定估算	
3.3	其中:计日工	按计价规定估算	
3.4	其中:总承包服务费	按计价规定估算	
4	规费	按规定标准计算	
5	税金(扣除不列入计税范围的工程设备金额)	(1＋2＋3＋4)×规定税率	
招标控制价合计＝1＋2＋3＋4＋5			

2. 施工企业工程投标报价计价程序

施工企业工程投标报价计价程序见表 1-2。

表 1-2　　　　　　　　　施工企业工程投标报价计价程序

工程名称：　　　　　　　　　　　　　　　标段：

序号	内　容	计算方法	金额/元
1	分部分项工程费	自主报价	
1.1			
1.2			
1.3			
1.4			
1.5			
2	措施项目费	自主报价	
2.1	其中:安全文明施工费	按规定标准计算	

序号	内　容	计算方法	金额/元
3	其他项目费		
3.1	其中:暂列金额	按招标文件提供金额计列	
3.2	其中:专业工程暂估价	按招标文件提供金额计列	
3.3	其中:计日工	自主报价	
3.4	其中:总承包服务费	自主报价	
4	规费	按规定标准计算	
5	税金(扣除不列入计税范围的工程设备金额)	(1+2+3+4)×规定税率	
投标报价合计＝1+2+3+4+5			

3. 竣工结算计价程序

竣工结算计价程序见表1-3。

表 1-3　　　　　　　　　　竣工结算计价程序

工程名称:　　　　　　　　　　　标段:

序号	内　容	计算方法	金额/元
1	分部分项工程费	按合同约定计算	
1.1			
1.2			
1.3			
1.4			
1.5			
2	措施项目	按合同约定计算	
2.1	其中:安全文明施工费	按规定标准计算	
3	其他项目		
3.1	其中:专业工程结算价	按合同约定计算	
3.2	其中:计日工	按计日工签证计算	
3.3	其中:总承包服务费	按合同约定计算	
3.4	索赔与现场签证	按发承包双方确认数额计算	
4	规费	按规定标准计算	
5	税金(扣除不列入计税范围的工程设备金额)	(1+2+3+4)×规定税率	
竣工结算总价合计＝1+2+3+4+5			

第二章　安装工程工程量清单与计价

第一节　工程量清单

一、工程量清单概念

工程量清单是指表现建设工程的分部分项工程项目、措施项目、其他项目、规费项目和税金项目名称及相应数量等的明细清单。

工程量清单应由具有编制能力的招标人或受其委托具有相应资质的工程造价咨询人编制。

采用工程量清单方式招标，工程量清单必须作为招标文件的组成部分，其准确性和完整性由招标人负责。

工程量清单是工程量清单计价的基础，应作为编制招标控制价、招标报价、计算工程量、支付工程款、调整合同价款、办理竣工结算以及工程索赔等的依据。

二、2013 版清单计价规范简介

2012 年 12 月 25 日，住房和城乡建设部发布了《建设工程工程量清单计价规范》（GB 50500—2013）（以下简称"13 计价规范"）和《房屋建筑与装饰工程工程量计算规范》（GB 50854—2013）、《仿古建筑工程工程量计算规范》（GB 50855—2013）、《通用安装工程工程量计算规范》（GB 50856—2013）、《市政工程工程量计算规范》（GB 50857—2013）、《园林绿化工程工程量计算规范》（GB 50858—2013）、《矿山工程工程量计算规范》（GB 50859—2013）、《构筑物工程工程量计算规范》（GB 50860—2013）、《城市轨道交通工程工程量计算规范》（GB 50861—2013）、《爆破工程工程量计算规范》（GB 50862—2013）等 9 本计量规范（以下简称"13 工程计量规范"），全部 10 本规范于 2013 年 7 月 1 日起实施。

"13 计价规范"及"13 工程计量规范"是在《建设工程工程量清单计价规范》（GB 50500—2008）（以下简称"08 计价规范"）基础上，以原建设部发布的工程基础定额、消耗量定额、预算定额以及各省、自治区、直辖市或行业建设主管部门发布的工程计价定额为参考，以工程计价相关的国家或行业的技术标准、规范、规程为依据，收集近年来新的施工技术、工艺和新材料的项目资料，经过整理，在全国广泛征求意见后编制而成。

"13 计价规范"共设置 16 章 54 节 329 条，各章名称为：总则、术语、一般规定、工程量清单编制、招标控制价、投标报价、合同价款约定、工程计量、合同价款调整、合同价款期中支付、竣工结算与支付、合同解除的价款结算与支付、合同价款争议的解决、工程造价鉴定、工程计价资料与档案和工程计价表格。相比"08 计价规范"而言，增加了 11 章 37 节 192 条。

"13 计价规范"适用于建设工程发承包及实施阶段的招标工程量清单、招标控制价、投标

报价的编制,工程合同价款的约定,竣工结算的办理以及施工过程中的工程计量、合同价款支付、施工索赔与现场签证、合同价款调整和合同价款争议的解决等计价活动。相对于"08 计价规范","13 计价规范"将"建设工程工程量清单计价活动"修改为"建设工程发承包及实施阶段的计价活动",从而对清单计价规范的适用范围进一步进行了明确,表明了不分何种计价方式,建设工程发承包及实施阶段的计价活动必须执行"13 计价规范"。之所以规定"建设工程发承包及实施阶段的计价活动",主要是因为工程建设具有周期长、金额大、不确定因素多的特点,从而决定了建设工程计价具有分阶段计价的特点,建设工程决策阶段、设计阶段的计价要求与发承包及实施阶段人计价要求是有区别的,这就避免了因理解上的歧义而发生纠纷。

"13 计价规范"规定:"建设工程发承包及实施阶段的工程造价应由分部分项工程费、措施项目费、其他项目费、规费和税金组成"。这说明了不论采用什么计价方式,建设工程发承包及实施阶段的工程造价均由这五部分组成,这五部分也称之为建筑安装工程费。

根据原人事部、原建设部《关于印发〈造价工程师执业制度暂行规定〉的通知》(人发〔1996〕77 号)、《注册造价工程师管理办法》(建设部第 150 号令)以及《全国建设工程造价员管理办法》(中价协〔2011〕021 号)的有关规定,"13 计价规范"规定:"招标工程量清单、招标控制价、投标报价、工程计量、合同价款调整、合同价款结算与支付以及工程造价鉴定等工程造价文件的编制与核对,应由具有专业资格的工程造价人员承担。""承担工程造价文件的编制与核对的工程造价人员及其所在单位,应对工程造价文件的质量负责。"

另外,由于建设工程造价计价活动不仅要客观反映工程建设的投资,更应体现工程建设交易活动的公正、公平的原则,因此"13 计价规范"规定,工程建设双方,包括受其委托的工程造价咨询方,在建设工程发承包及实施阶段从事计价活动均应遵循客观、公正、公平的原则。

三、工程量清单编制

1. 工程量清单编制的依据

(1)"13 计价规范"和相关专业工程的国家计量规范。

(2)国家或省级、行业建设主管部门颁发的计价定额和办法。

(3)建设工程设计文件及相关资料。

(4)与建设工程有关的标准、规范、技术资料。

(5)拟定的招标文件。

(6)施工现场情况、地勘水文资料、工程特点及常规施工方案。

(7)其他相关资料。

2. 工程量清单编制一般规定

(1)招标工程量清单应由招标人负责编制,若招标人不具有编制工程量清单的能力,则可根据《工程造价咨询企业管理办法》(建设部第 149 号令)的规定,委托具有工程造价咨询性质的工程总价咨询人编制。

(2)招标工程量清单必须作为招标文件的组成部分,其准确性(数量不算错)和完整性(不缺项漏项)应由招标人负责。招标人应将工程量清单连同招标文件一起发给投标人。投标人依据工程量清单进行投标报价时,对工程量清单不负有核实的义务,更不具有修改和调整的权利。如招标人委托工程造价咨询人编制工程量清单,其责任仍由招标人负责。

（3）招标工程量清单是工程量清单计价的基础，应作为编制招标控制价、投标报价，计算或调整工程量以及工程索赔等依据之一。

（4）投标工程量清单应以单位（项）工程为单位编制，应由分部分项工程项目清单、措施项目清单、其他项目清单、规费和税金项目清单组成。

3. 工程量清单编制程序

（1）熟悉图纸和招标文件。

（2）了解施工现场的有关情况。

（3）划分项目、确定分部分项工程项目清单和单价措施项目清单的项目名称、项目编码。

（4）确定分部分项项目清单和单价措施项目清单的项目特征。

（5）计算分部分项工程项目清单和单价措施项目的工程量。

（6）编制清单（分部分项工程项目清单、措施项目清单、其他项目清单）。

（7）复核、编写总说明、扉页、封面。

（8）装订。

4. 工程量清单编制的内容

（1）分部分项工程项目清单。

1）分部分项工程项目清单必须载明项目编码、项目名称、项目特征、计量单位和工程量。这是构成一个分部分项工程项目清单的五个要件，在分部分项工程项目清单的组成中缺一不可。

2）分部分项工程项目清单应根据"13 计价规范"和相关专业工程国家计量规范附录中规定的项目编码、项目名称、项目特征、计量单位和工程量计算规则进行编制。

分部分项工程项目清单项目编码栏应根据相关国家工程量计算规范项目编码栏内规定的 9 位数字另加 3 位顺序码共 12 位阿拉伯数字填写。各位数字的含义为：一、二位为专业工程代码，房屋建筑与装饰工程为 01，仿古建筑为 02，通用安装工程为 03，市政工程为 04，园林绿化工程为 05，矿山工程为 06，构筑物工程为 07，城市轨道交通工程为 08，爆破工程为 09；三、四位为专业工程附录分类顺序码；五、六位为分部工程顺序码；七、八、九位为分项工程项目名称顺序码；十至十二位为清单项目名称顺序码。

在编制工程量清单时应注意对项目编码的设置不得有重码，特别是当同一标段（或合同段）的一份工程量清单中含有多个单项或单位工程且工程量清单是以单项或单位工程为编制对象时，应注意项目编码中的十至十二位的设置不得重码。例如一个标段（或合同段）的工程量清单中含有三个单项或单位工程，每一单项或单位工程中都有项目特征相同的不锈钢管，在工程量清单中又需反映三个不同单项或单位工程的不锈钢管工程量时，此时工程量清单应以单项或单位工程为编制对象，第一个单项或单位工程的不锈钢管的项目编码为031001003001，第二个单项或单位工程的不锈钢管的项目编码为031001003002，第三个单项或单位工程的不锈钢管的项目编码为031001003003，并分别列出各单项或单位工程不锈钢管的工程量。

分部分项工程量清单项目名称栏应按相关工程国家工程量计算规范的规定，根据拟建工程实际填写。在实际填写过程中，"项目名称"有两种填写方法：一是完全保持相关工程国家工程量计算规范的项目名称不变；二是根据工程实际在工程量计算规范项目名称下另行确定详细名称。

分部分项工程量清单项目特征栏应按相关工程国家工程量计算规范的规定，根据拟建工程实际进行描述。

分部分项工程量清单的计量单位应按相关工程国家工程量计算规范规定的计量单位填写。有些项目工程量计算规范中有两个或两个以上计量单位，应根据拟建工程项目的实际，选择最适宜表现该项目特征并方便计量的单位。如管道支架项目，工程量计算规范以 kg、套计量单位表示，此时就应根据工程项目的特点，选择其中一个即可。

"工程量"应按相关工程国家工程量计算规范规定的工程量计算规则计算填写。

工程量的有效位数应遵守下列规定：

1)以"t"为单位，应保留小数点后三位小数，第四位小数四舍五入；

2)以"m""m²""m³""kg"为单位，应保留小数点后两位小数，第三位小数四舍五入；

3)以"个""件""根""组""系统"为单位，应取整数。

分部分项工程量清单编制应注意的问题：

1)不能随意设置项目名称，清单项目名称一定要按"13 工程计量规范"附录的规定设置。

2)正确对项目进行描述，一定要将完成该项目的全部内容完整地体现在清单上，不能有遗漏，以便投标人报价。

(2)措施项目清单。措施项目清单是指为完成工程项目施工，发生于该工程施工准备和施工过程中的技术、生活、安全、环境保护等方面的项目。"13 工程计量规范"中有关措施项目的规定和具体条文比较少。投标人可根据施工组织设计中采取的措施增加项目。

措施项目清单的设置，首先要参考拟建工程的施工组织设计，以确定安全文明施工、材料的二次搬运等项目。其次参阅施工技术方案，以确定夜间施工增加费、大型机械进出场及安拆费、脚手架工程费等项目。参阅相关的工程施工规范及工程验收规范，可以确定施工技术方案没有表达的，但是为了实现施工规范及工程验收规范要求而必须发生的技术措施。

1)措施项目清单应根据拟建工程的实际情况列项。

2)措施项目中可以计算工程量的项目清单宜采用分部分项工程量清单的方式编制，列出项目编码、项目名称、项目特征、计量单位和工程量计算规则；不能计算工程量的项目清单，以"项"为计量单位。

3)"13 工程计量规范"将实体性项目划分为分部分项工程量清单，非实体性项目划分为措施项目。所谓非实体性项目，一般来说，其费用的发生和金额的大小与使用时间、施工方法或者两个以上工序相关，与实际完成的实体工程量的多少关系不大，典型的是大中型施工机械、文明施工和安全防护、临时设施等。但有的非实体性项目，则是可以计算工程量的项目，典型的建筑工程是混凝土浇筑的模板工程，用分部分项工程量清单的方式采用综合单价，更有利于措施费的确定和调整，更有利于合同管理。

(3)其他项目清单。其他项目清单是指分部分项工程量清单、措施项目清单所包含的内容以外，因招标人的特殊要求而发生的与拟建工程有关的其他费用项目和相应数量的清单。工程建设标准的高低、工程的复杂程度、工程的工期长短、工程的组成内容、发包人对工程管理要求等都直接影响其他项目清单的具体内容。其他项目清单包括暂列金额、暂估价(包括材料暂估单价、工程设备暂估单价、专业工程暂估价)、计日工；总承包服务费。

1)暂列金额。暂列金额是招标人在工程量清单中暂定并包括在合同价款中的一笔款项。

清单计价规范中明确规定暂列金额用于施工合同签订时尚未确定或者不可预见的所需材料、设备、服务的采购,施工中可能发生的工程变更、合同约定调整因素出现时的工程价款调整以及发生的索赔、现场签证确认等的费用。

不管采用何种合同形式,工程造价理想的标准是,一份合同的价格就是其最终的竣工结算价格,或者至少两者应尽可能接近。我国规定对政府投资工程实行概算管理,经项目审批部门批复的设计概算是工程投资控制的刚性指标,即使商业性开发项目也有成本的预先控制问题,否则,无法相对准确预测投资的收益和科学合理地进行投资控制。但工程建设自身的特性决定了工程的设计需要根据工程进展不断地进行优化和调整,业主需求可能会随工程建设进展出现变化,工程建设过程还会存在一些不能预见、不确定的因素。消化这些因素必然会影响合同价格的调整,暂列金额正是为这类不可避免的价格调整而设立,以便达到合理确定和有效控制工程造价的目标。

另外,暂列金额列入合同价格不等于就属于承包人所有了,即使是总价包干合同,也不等于列入合同价格的所有金额就属于承包人,是否属于承包人应得金额取决于具体的合同约定,只有按照合同约定程序实际发生后,才能成为承包人的应得金额,纳入合同结算价款中。扣除实际发生金额后的暂列金额余额仍属于发包人所有。设立暂列金额并不能保证合同结算价格就不会再出现超过合同价格的情况,是否超出合同价格完全取决于工程量清单编制人暂列金额预测的准确性,以及工程建设过程是否出现了其他事先未预测到的事件。

2)暂估价。暂估价是指招标阶段直至签订合同协议时,招标人在招标文件中提供的用于支付必然发生但暂时不能确定价格的材料以及专业工程的金额。暂估价包括材料暂估单价、工程设备暂估单价和专业工程暂估价。暂估价类似 FIDIC 合同条款中的 Prime Cost Items,在招标阶段预见肯定要发生,只是因为标准不明确或者需要由专业承包人完成,暂时无法确定价格。暂估价数量和拟用项目应当结合工程量清单中的“暂估价表”予以补充说明。

为方便合同管理,需要纳入分部分项工程项目清单综合单价中的暂估价应只是材料费、工程设备费,以方便投标人组价。

专业工程的暂估价一般应是综合暂估价,应当包括除规费和税金以外的管理费、利润等取费。总承包招标时,专业工程设计深度往往是不够的,一般需要交由专业设计人设计,国际上,出于提高可建造性考虑,一般由专业承包人负责设计,以发挥其专业技能和专业施工经验的优势。这类专业工程交由专业分包人完成是国际工程的良好实践,目前在我国工程建设领域也已经比较普遍。公开透明地合理确定这类暂估价的实际开支金额的最佳途径,就是通过施工总承包人与工程建设项目招标人共同组织的招标。

3)计日工。计日工是为解决现场发生的零星工作的计价而设立的,其为额外工作和变更的计价提供了一个方便快捷的途径。计日工适用的所谓零星工作一般是指合同约定之外的或者因变更而产生的、工程量清单中没有相应项目的额外工作,尤其是那些时间不允许事先商定价格的额外工作。计日工以完成零星工作所消耗的人工工时、材料数量、机械台班进行计量,并按照计日工表中填报的适用项目的单价进行计价支付。

国际上常见的标准合同条款中,大多数都设立了计日工(Daywork)计价机制。但在我国以往的工程量清单计价实践中,由于计日工项目的单价水平一般要高于工程量清单项目的单价水平,因而经常被忽略。从理论上讲,由于计日工往往是用于一些突发性的额外工作,缺少计划性,承包人在调动施工生产资源方面难免不影响已经计划好的工作,生产资源的使用效率也有一定程度的降低,客观上造成超出常规的额外投入。另外,其他项目清单中计日工往往是一个暂定的数量,其无法纳入有效的竞争。所以合理的计日工单价水平一定是要高于工程量清单的价格水平的。为获得合理的计日工单价,发包人在其他项目清单中对计日工一定要给出暂定数量,并需要根据经验尽可能估算一个较接近实际的数量。

4)总承包服务费。总承包服务费是为了解决招标人在法律、法规允许的条件下进行专业工程发包,以及自行供应材料、设备,并需要总承包人对发包的专业工程提供协调和配合服务,对供应的材料、设备提供收、发和保管服务以及进行施工现场管理时发生,并向总承包人支付的费用。招标人应预计该项费用并按投标人的投标报价向投标人支付该项费用。

为保证工程施工建设的顺利实施,投标人在编制招标工程量清单时应对施工过程中可能出现的各种不确定因素对工程造价的影响进行估算,列出一笔暂列金额。暂列金额可根据工程的复杂程度、设计深度、工程环境条件(包括地质、水文、气候条件等)进行估算,一般可按分部分项工程费的 10%~15% 作为参考。

暂估价中的材料、工程设备暂估单价应根据工程造价信息或参照市场价格估算,列出明细表;专业工程暂估价应分不同专业,按有关计价规定估算,列出明细表。

计日工应列出项目名称、计量单位和暂估数量。

总承包服务费应列出服务项目及其内容等。

出现未列的项目,应根据工程实际情况补充。如办理竣工结算时就需将索赔及现场签证列入其他项目中。

(4)规费项目清单。规费是根据省级政府或省级有关权力部门规定必须缴纳的,应计入建筑安装工程造价的费用。根据住房和城乡建设部、财政部关于印发《建筑安装工程费用项目组成》的通知(建标〔2013〕44 号)的规定,规费主要包括社会保险费、住房公积金、工程排污费,其中社会保险费包括养老保险费、医疗保险费、失业保险费、工伤保险费和生育保险费;税金主要包括营业税、城市维护建设税、教育费附加和地方教育附加。规费作为政府和有关权力部门规定必须缴纳的费用,政府和有关权力部门可根据形势发展的需要,对规费项目进行调整,因此,清单编制人对《建筑安装工程费用项目组成》中未包括的规费项目,在编制规费项目清单时应根据省级政府或省级有关权力部门的规定列项。

规费项目清单应按照下列内容列项:

1)社会保险费:包括养老保险费、失业保险费、医疗保险费、工伤保险费、生育保险费;

2)住房公积金;

3)工程排污费。

相对于"08 计价规范","13 计价规范"对规费项目清单进行了以下调整:

1)根据《中华人民共和国社会保险法》的规定,将"08 计价规范"使用的"社会保障费"更名为"社会保险费",将"工伤保险费、生育保险费"列入社会保险费。

2)根据十一届全国人大常委会第 20 次会议将《中华人民共和国建筑法》第四十八条由"建筑施工企业必须为从事危险作业的职工办理意外伤害保险,支付保险费"修改为"建筑施工企业应当依法为职工参加工伤保险缴纳工伤保险费。鼓励企业为从事危险作业的职工办理意外伤害保险,支付保险费"。由于建筑法将意外伤害保险由强制改为鼓励,因此,"13 计价规范"中规费项目增加了工伤保险费,删除了意外伤害保险,将其列入企业管理费中列支。

3)根据《财政部、国家发展改革委关于公布取消和停止征收 100 项行政事业性收费项目的通知》(财综〔2008〕78 号)的规定,工程定额测定费从 2009 年 1 月 1 日起取消,停止征收。因此,"13 计价规范"中规费项目取消了工程定额测定费。

(5)税金。根据住房和城乡建设部、财政部关于印发《建筑安装工程费用项目组成》的通知(建标〔2013〕44 号)的规定,目前我国税法规定应计入建筑安装工程造价的税种包括营业税、城市建设维护税、教育费附加和地方教育附加。如国家税法发生变化,税务部门依据职权增加了税种,应对税金项目清单进行补充。

税金项目清单应按下列内容列项:

1)营业税;

2)城市维护建设税;

3)教育费附加;

4)地方教育附加。

根据财政部《关于统一地方教育政策有关内容的通知》(财综〔2011〕98 号)的有关规定,"13 计价规范"相对于"08 计价规范",在税金项目增列了地方教育附加项目。

第二节　工程量清单计价

一、实行工程量清单计价的目的和意义

(1)推行工程量清单计价是深化工程造价管理改革,推进建设市场化的重要途径。

长期以来,工程预算定额是我国承发包计价、定价的主要依据。现预算定额中规定的消耗量和有关施工措施性费用是按社会平均水平编制的,以此为依据形成的工程造价基本上也属于社会平均价格。这种平均价格可作为市场竞争的参考价格,但不能反映参与竞争企业的实际消耗和技术管理水平,在一定程度上限制了企业的公平竞争。

20 世纪 90 年代,国家提出了"控制量、指导价、竞争费"的改革措施,将工程预算定额中的人工、材料、机械消耗量和相应的量价分离,国家控制量以保证质量,价格逐步走向市场化,这一措施走出了向传统工程预算定额改革的第一步。但是,这种做法难以改变工程预算定额中国家指令性内容较多的状况,难以满足招标投标竞争定价和经评审的合理低价中标的要求。因为,国家定额的控制量是社会平均消耗量,不能反映企业的实际消耗量,不能全面体现企业的技术装备水平、管理水平和劳动生产率,不能体现公平竞争的原则,社会平均水平不能代表社会先进水平,改变以往的工程预算定额的计价模式,适应招标投标的需要,推行工程量清单计价办法是十分必要的。

工程量清单计价是建设工程招标投标中,按照国家统一的工程量清单计价规范,由招标人提供工程数量,投标人自主报价,经评审低价中标的工程造价计价模式。采用工程量清单计价能反映工程个别成本,有利于企业自主报价和公平竞争。

(2)在建设工程招标投标中实行工程量清单计价是规范建筑市场秩序的治本措施之一,适应社会主义市场经济的需要。

工程造价是工程建设的核心,也是市场运行的核心内容,建筑市场存在着许多不规范的行为,大多数与工程造价有直接联系。建筑产品是商品,具有商品的共性,其受价值规律、货

币流通规律和供求规律的支配。但是，建筑产品与一般的工业产品价格构成不一样，建筑产品具有某些特殊性：

1)建设工程竣工后建筑产品一般不在空间发生物理运动，可以直接移交用户，立即进入生产消费或生活消费，因而价格中不含商品使用价值运动发生的流通费用，即因生产过程在流通领域内继续进行而支付的商品包装运输费、保管费。

2)建筑产品是固定在某地方的。

3)由于施工人员和施工机具围绕着建设工程流动，因而，有的建设工程构成还包括施工企业远离基地的费用，甚至包括成建制转移到新的工地所增加的费用等。

建筑产品价格随建设时间和地点而变化，相同结构的建筑物在同一地段建造，施工的时间不同造价就不一样；同一时间、不同地段造价也不一样；即使时间和地段相同，施工方法、施工手段、管理水平不同工程造价也有所差别。因此，建筑产品的价格，既有其同一性，又有其特殊性。

为了推动社会主义市场经济的发展，国家颁发了相应的有关法律，如《中华人民共和国价格法》第三条规定：我国实行并逐步完善宏观经济调控下主要由市场形成价格的机制。价格的制定应当符合价格规律，对多数商品和服务价格实行市场调节价，极少数商品和服务价格实行政府指导价或政府定价。市场调节价，是指由经营者自主定价，通过市场竞争形成价格。中华人民共和国建设部第107号令《建设工程施工发包与承包计价管理办法》第七条规定：投标报价应依据企业定额和市场信息，并按国务院和省、自治区、直辖市人民政府建设行政主管部门发布的工程造价计价办法编制。建筑产品市场形成价格是社会主义市场经济的需要。过去工程预算定额在调节承发包双方利益和反映市场价格、需求方面存在着不相适应的地方，特别是公开、公正、公平竞争方面，还缺乏合理的机制，甚至出现了一些漏洞，高估冒算，相互串通，从中回扣。发挥市场规律"竞争"和"价格"的作用是治本之策。尽快建立和完善市场形成工程造价机制，是当前规范建筑市场的需要。通过推行工程量清单计价有利于发挥企业自主报价的能力，同时也有利于规范业主在工程招标中计价行为，有效改变招标单位在招标中盲目压价的行为，从而真正体现公开、公平、公正的原则，反映市场经济规律。

(3)实行工程量清单计价，是促进建设市场有序竞争和企业健康发展的需要。

工程量清单是招标文件的重要组成部分，由招标单位编制或委托有资质的工程造价咨询单位编制，工程量清单编制的准确、详尽、完整，有利于提高招标单位的管理水平，减少索赔事件的发生。由于工程量清单是公开的，有利于防止招标工程中弄虚作假、暗箱操作等不规范行为。投标单位通过对单位工程成本、利润进行分析，统筹考虑，精心选择施工方案，根据企业的定额合理确定人工、材料、机械等要素投入量的合理配置，优化组合，合理控制现场经费和施工技术措施费，在满足招标文件需要的前提下，合理确定自己的报价，让企业有自主报价权。改变了过去依赖建设行政主管部门发布的定额和规定的取费标准进行计价的模式，有利于提高劳动生产率，促进企业技术进步，节约投资和规范建设市场。采用工程量清单计价后，将使招标活动的透明度增加，在充分竞争的基础上降低了造价，提高了投资效益，且便于操作和推行，业主和承包商将都会接受这种计价模式。

(4)实行工程量清单计价，有利于我国工程造价政府职能的转变。

按照政府部门真正履行起"经济调节、市场监督、社会管理和公共服务"的职能要求，政府对工程造价管理的模式要进行相应的改变，将推行政府宏观调控、企业自主报价、市场形成价格、社会全面监督的工程造价管理思路。实行工程量清单计价,将会有利于我国工程造价政府职能的转变,由过去的政府控制的指令性定额转变为制定适应市场经济规律需要的工程量清单计价方法,由过去的行政干预转变为对工程造价进行依法监管,有效地强化政府对工程造价的宏观调控。

二、工程量清单计价规定

1. 计价方式

(1)使用国有资金投资的建设工程发承包,必须采用工程量清单计价。国有投资的资金包括国家融资资金、国有资金为主的投资资金。

1)国有资金投资的工程建设项目包括:

①使用各级财政预算资金的项目;

②使用纳入财政管理的各种政府性专项建设资金的项目;

③使用国有企事业单位自有资金,并且国有资产投资者实际拥有控制权的项目。

2)国家融资资金投资的工程建设项目包括:

①使用国家发行债券所筹资金的项目;

②使用国家对外借款或者担保所筹资金的项目;

③使用国家政策性贷款的项目;

④国家授权投资主体融资的项目;

⑤国家特许的融资项目。

3)国有资金为主的工程建设项目是指国有资金占投资总额50%以上,或虽不足50%但国有投资者实质上拥有控股权的工程建设项目。

(2)非国有资金投资的建设工程,"13计价规范"鼓励采用工程量清单计价方式,但是否采用,由项目业主自主确定。

(3)不采用工程量清单计价的建设工程,应执行"13计价规范"中除工程量清单等专门性规定外的其他规定。

(4)实行工程量清单计价应采用综合单价法,不论分部分项工程项目、措施项目、其他项目,还是以单价形式或以总价形式表现的项目,其综合单价的组成内容均包括完成该项目所需的、除规费和税金以外的所有费用。

(5)根据《中华人民共和国安全生产法》《中华人民共和国建筑法》、《建设工程安全生产管理条例》《安全生产许可证条例》等法律、法规的规定,建设部办公厅印发了《建筑工程安全防护、文明施工措施费及使用管理规定》(建办〔2005〕89号),将安全文明施工费纳入国家强制性标准管理范围,其费用标准不予竞争,并规定"投标方安全防护、文明施工措施的报价,不得低于依据工程所在地工程造价管理机构测定费率计算所需费用总额的90%"。2012年2月14日,财政部、国家安全生产监督管理总局印发《企业安全生产费用提取和使用管理办法》(财企〔2012〕16号)规定:"建设工程施工企业提取的安全费用列入工程造价,在竞标时,不得删减,列入标外管理"。

"13计价规范"规定措施项目清单中的安全文明施工费必须按国家或省级、行业建设主管部门的规定费用标准计算,招标人不得要求投标人对该项费用进行优惠,投标人也不得将该项费用参与市场竞争。此处的安全文明施工费包括《建筑安装工程费用项目组成》(建标

〔2013〕44 号)中措施费的文明施工费、环境保护费、临时设施费、安全施工费。

(6)根据建设部、财政部印发的《建筑安装工程费用项目组成》(建标〔2013〕44 号)的规定,规费是政府和有关权力部门规定必须缴纳的费用。税金是国家按照税法预先规定的标准,强制地、无偿地要求纳税人缴纳的费用。它们都是工程造价的组成部分,但是其费用内容和计取标准都不是发、承包人能自主确定的,更不是由市场竞争决定的。因而"13 计价规范"规定:"规费和税金必须按国家或省级、行业建设主管部门的规定计算,不得作为竞争性费用"。

2. 发包人提供材料和机械设备

《建设工程质量管理条例》第 14 条规定:"按照合同约定,由建设单位采购建筑材料、建筑构配件和设备的,建设单位应当保证建筑材料、建筑构配件和设备符合设计文件和合同要求";《中华人民共和国合同法》第 283 条规定:"发包人未按照约定的时间和要求提供原材料、设备、场地、资金、技术资料的,承包人可以顺延工程日期,并有权要求赔偿停工、窝工等损失"。"13 计价规范"根据上述法律条文对发包人提供材料和机械设备的情况进行了如下约定:

(1)发包人提供的材料和工程设备(以下简称甲供材料)应在招标文件中按照规定填写《发包人提供材料和工程设备一览表》,写明甲供材料的名称、规格、数量、单价、交货方式、交货地点等。承包人投标时,甲供材料价格应计入相应项目的综合单价中,签约后,发包人应按合同约定扣除甲供材料款,不予支付。

(2)承包人应根据合同工程进度计划的安排,向发包人提交甲供材料交货的日期计划。发包人应按计划提供。

(3)发包人提供的甲供材料如规格、数量或质量不符合合同要求,或由于发包人原因发生交货日期延误、交货地点及交货方式变更等情况的,发包人应承担由此增加的费用和(或)工期延误,并应向承包人支付合理利润。

(4)发承包双方对甲供材料的数量发生争议不能达成一致的,应按照相关工程的计价定额同类项目规定的材料消耗量计算。

(5)若发包人要求承包人采购已在招标文件中确定为甲供材料的,材料价格应由发承包双方根据市场调查确定,并应另行签订补充协议。

3. 承包人提供材料和工程设备

《建设工程质量管理条例》第 29 条规定:"施工单位必须按照工程设计要求、施工技术标准和合同约定,对建筑材料、建筑构配件、设备和商品混凝土进行检验,检验应当有书面记录和专人签字;未经检验或者检验不合格的,不得使用"。"13 计价规范"根据此法律条文对承包人提供材料和机械设备的情况进行了如下约定:

(1)除合同约定的发包人提供的甲供材料外,合同工程所需的材料和工程设备应由承包人提供,承包人提供的材料和工程设备均应由承包人负责采购、运输和保管。

(2)承包人应按合同约定将采购材料和工程设备的供货人及品种、规格、数量和供货时间等提交发包人确认,并负责提供材料和工程设备的质量证明文件,满足合同约定的质量标准。

(3)对承包人提供的材料和工程设备经检测不符合合同约定的质量标准,发包人应立即要求承包人更换,由此增加的费用和(或)工期延误应由承包人承担。对发包人要求检测承包人已具有合格证明的材料、工程设备,但经检测证明该项材料、工程设备符合合同约定的质量标准,发包人应承担由此增加的费用和(或)工期延误,并向承包人支付合理利润。

4. 计价风险

(1)建设工程发承包,必须在招标文件、合同中明确计价中的风险内容及其范围,不得采用无限风险、所有风险或类似语句规定计价中的风险内容及范围。

风险是一种客观存在的、会带来损失的、不确定的状态。它具有客观性、损失性、不确定性的特点,并且风险始终是与损失相联系的。工程施工发包是一种期货交易行为,工程建设本身又具有单件性和建设周期长的特点。在工程施工过程中影响工程施工及工程造价的风险因素很多,但并非所有的风险都是承包人能预测、能控制和应承担其造成损失的。

工程施工招标发包是工程建设交易方式之一,一个成熟的建设市场应是一个体现交易公平性的市场。在工程建设施工发包中实行风险共担和合理分摊原则是实现建设市场交易公平性的具体体现,是维护建设市场正常秩序的措施之一。其具体体现则是应在招标文件或合同中对发、承包双方各自应承担的风险内容及其风险范围或幅度进行界定和明确,而不能要求承包人承担所有风险或无限度风险。

根据我国工程建设的特点,投标人应完全承担的风险是技术风险和管理风险,如管理费和利润;应有限度承担的是市场风险,如材料价格、施工机械使用费等的风险;应完全不承担的是法律、法规、规章和政策变化的风险。

(2)由于下列因素出现,影响合同价款调整的,应由发包人承担:

1)由于国家法律、法规、规章或有关政策出台导致工程税金、规费等发生变化的;

2)对于根据我国目前工程建设的实际情况,各省、自治区、直辖市建设行政主管部门均根据当地人力资源和社会保障行政主管部门的有关规定发布人工成本信息或人工费调整,对此关系职工切身利益的人工费进行调整的,但承包人对人工费或人工单价的报价高于发布的除外;

3)按照《中华人民共和国合同法》第63条规定:"执行政府定价或者政府指导价的,在合同约定的交付期限内价格调整时,按照交付的价格计价。逾期交付标的物的,遇价格上涨时,按照原价格执行;价格下降时,按照新价格执行。逾期提取标的物或者逾期付款的,遇价格上涨时,按照新价格执行;价格下降时,按照原价格执行"。因此,对政府定价或政府指导价管理的原材料价格按照相关文件规定进行合同价款调整的。

因承包人原因导致工期延误的,应按本书第九章中"合同价款调整"中"法律法规变化"和"物价变化"中的有关规定进行处理。

(3)对于主要由市场价格波动导致的价格风险,如工程造价中的建筑材料、燃料等价格风险,应由发承包双方合理分摊,并按规定填写《承包人提供主要材料和工程设备一览表》作为合同附件;当合同中没有约定,发承包双方发生争议时,应按"13计价规范"的相关规定调整合同价款。

"13计价规范"中提出承包人所承担的材料价格的风险宜控制在5%以内,施工机械使用费的风险可控制在10%以内,超过者予以调整。

(4)由于承包人使用机械设备、施工技术以及组织管理水平等自身原因造成施工费用增加的,应由承包人全部承担。

（5）当不可抗力发生，影响合同价款时，应按本书第八章中"合同价款调整"中"不可抗力"的相关规定处理。

三、招标控制价的编制

1. 招标控制价的概念

招标控制价是招标人根据国家或省级、行业建设主管部门颁发的有关计价依据和办法，按设计施工图纸计算的，对招标工程限定的最高工程造价。国有资金投资的工程建设项目必须实行工程量清单招标，并必须编制招标控制价。

2. 招标控制价的编制依据与其他规定

（1）招标控制价编制依据。招标控制价的编制应根据下列依据进行：

1）"13 计价规范"；

2）国家或省级、行业建设主管部门颁发的计价定额和计价办法；

3）建设工程设计文件及相关资料；

4）拟定的招标文件及招标工程量清单；

5）与建设项目相关的标准、规范、技术资料；

6）施工现场情况、工程特点及常规施工方案；

7）工程造价管理机构发布的工程造价信息，当工程造价信息没有发布时，参照市场价；

8）其他的相关资料。

（2）招标控制价的编制人员。招标控制价应由具有编制能力的招标人编制，当招标人不具有编制招标控制价的能力时，可委托具有相应资质的工程造价咨询人编制。工程造价咨询人接受招标人委托编制招标控制价，不得再就同一工程接受投标人委托编制投标报价。

所谓具有相应工程造价咨询资质的工程造价咨询人是指根据《工程造价咨询企业管理办法》（建设部令第 149 号）的规定，依法取得工程造价咨询企业资质，并在其资质许可的范围内接受招标人的委托，编制招标控制价的工程造价咨询企业。即取得甲级工程造价咨询资质的咨询人可承担各类建设项目的招标控制价编制，取得乙级（包括乙级暂定）工程造价咨询资质的咨询人，则只能承担 5000 万元以下的招标控制价的编制。

（3）其他项目费应按下列规定计价：

1）暂列金额。暂列金额应按招标工程量清单中列出的金额填写。

2）暂估价。暂估价包括材料暂估单价、工程设备暂估单价和专业工程暂估价。暂估价中的材料、工程设备单价应根据招标工程量清单列出的单价计入综合单价。

3）计日工。计日工包括计日工人工、材料和施工机械。在编制招标控制价时，对计日工中的人工单价和施工机械台班单价应按省级、行业建设主管部门或其授权的工程造价管理机构公布的单价计算；材料应按工程造价管理机构发布的工程造价信息中的材料单价计算，工程造价信息未发布材料单价的材料，其价格应按市场调查确定的单价计算。

4）总承包服务费。招标人编制招标控制价时，总承包服务费应根据招标文件中列出的内容和向总承包人提出的要求，按照省级或行业建设主管部门的规定或参照下列标准计算：

①招标人仅要求对分包的专业工程进行总承包管理和协调时，按分包的专业工程估算造价的 1.5% 计算；

②招标人要求对分包的专业工程进行总承包管理和协调,并同时要求提供配合服务时,根据招标文件中列出的配合服务内容和提出的要求,按分包的专业工程估算造价的 3%～5%计算;

③招标人自行供应材料的,按招标人供应材料价值的 1%计算。

(4)招标控制价的规费和税金必须按国家或省级、行业建设主管部门的规定计算。

3. 招标控制价编制的注意事项

(1)使用的计价标准、计价政策应是国家或省、自治区、直辖市建设行政主管部门或行业建设主管部门颁布的计价定额和计价方法。

(2)采用的材料价格应是工程造价管理机构通过工程造价信息发布的材料单价,工程造价信息未发布材料单价的材料,其材料价格应通过市场调查确定。

(3)国家或省、自治区、直辖市建设行政主管部门或行业建设主管部门对工程造价计价中费用或费用标准有规定的,应按规定执行。

四、投标报价的编制

1. 一般规定

(1)投标价应由投标人或受其委托具有相应资质的工程造价咨询人编制。

(2)投标价中除"13 计价规范"中规定的规费、税金及措施项目清单中的安全文明施工费应按国家或省级、行业建设主管部门的规定计价,不得作为竞争性费用外,其他项目的投标报价由投标人自主决定。

(3)投标人的投标报价不得低于工程成本。《中华人民共和国反不正当竞争法》第十一条规定:"经营者不得以排挤竞争对手为目的,以低于成本的价格销售商品"。《中华人民共和国招标投标法》第四十一规定:"中标人的投标应当符合下列条件……(二)能够满足招标文件的实质性要求,并且经评审的投标价格最低;但是投标价格低于成本的除外"。《评标委员会和评标方法暂行规定》(国家计委等七部委第 12 号令)第二十一条规定:"在评标过程中,评标委员会发现投标人的报价明显低于其他投标报价或者在设有标底时明显低于标底的,使得其投标报价可能低于其个别成本的,应当要求该投标人做出书面说明并提供相关证明材料。投标人不能合理说明或者不能提供相关证明材料的,由评标委员会认定该投标人以低于成本报价竞标,其投标应作废标处理"。

(4)实行工程量清单招标,招标人在招标文件中提供工程量清单,其目的是使各投标人在投标报价中具有共同的竞争平台。因此,要求投标人必须按招标工程量清单填报价格,工程量清单的项目编码、项目名称、项目特征、计量单位、工程数量必须与招标人招标文件中提供的招标工程量清单一致。

(5)根据《中华人民共和国政府采购法》第三十六条规定:"在招标采购中,出现下列情形之一的,应予废标……(三)投标人的报价均超过了采购预算,采购人不能支付的"。《中华人民共和国招标投标法实施条例》第五十一条规定:"有下列情形之一者,评标委员会应当否决其投标:……(五)投标报价低于成本或者高于招标文件设定的最高投标限价"。对于国有资金投资的工程,其招标控制价相当于政府采购中的采购预算,且其定义就是最高投标限价,因此投标人的投标报价不能高于招标控制价,否则,应予废标。

2. 投标报价的编制依据与其他规定

(1)投标报价应根据下列依据编制和复核：

1)"13 计价规范"；

2)国家或省级、行业建设主管部门颁发的计价办法；

3)企业定额，国家或省级、行业建设主管部门颁发的计价定额和计价办法；

4)招标文件、招标工程量清单及其补充通知、答疑纪要；

5)建设工程设计文件及相关资料；

6)施工现场情况、工程特点及投标时拟定的施工组织设计或施工方案；

7)与建设项目相关的标准、规范等技术资料；

8)市场价格信息或工程造价管理机构发布的工程造价信息；

9)其他的相关资料。

(2)综合单价中应考虑招标文件中要求投标人承担的风险内容及其范围(幅度)产生的风险费用，招标文件中没有明确的，应提请招标人明确。在施工过程中，当出现的风险内容及其范围(幅度)在合同约定的范围内时，合同价款不作调整。

(3)分部分项工程和措施项目中的单价项目，应根据招标文件和招标工程量清单项目中的特征描述确定综合单价。招标工程量清单的项目特征描述是确定分部分项工程和措施项目中的单价的重要依据之一，投标人投标报价时应依据招标工程量清单项目的特征描述确定清单项目的综合单价。招投标过程中，当出现招标工程量清单项目特征描述与设计图纸不符时，投标人应以招标工程量清单的项目特征描述为准，确定投标报价的综合单价。当施工中施工图纸或设计变更与招标工程量清单的项目特征描述不一致时，发承包双方应按实际施工的项目特征，依据合同约定重新确定综合单价。

招标文件中提供了暂估单价的材料，应按暂估的单价计入综合单价；综合单价中应考虑招标文件中要求投标人承担的风险内容及其范围(幅度)产生的风险费用。在施工过程中，当出现的风险内容及其范围(幅度)在合同约定的范围内时，工程价款不做调整。

(4)投标人可根据工程实际情况并结合施工组织设计，对招标人所列的措施项目进行增补。由于各投标人拥有的施工装备、技术水平和采用的施工方法有所差异，招标人提出的措施项目清单是根据一般情况确定的，没有考虑不同投标人的"个性"，投标人投标时应根据自身编制的投标施工组织设计或施工方案确定措施项目，对招标人提供的措施项目进行调整。投标人根据投标施工组织设计或施工方案调整和确定的措施项目应通过评标委员会的评审。

措施项目中的总价项目应采用综合单价计价。其中安全文明施工费应按国家或省级、行业建设主管部门的规定确定，且不得作为竞争性费用。

(5)其他项目应按下列规定报价：

1)暂列金额应按招标工程量清单中列出的金额填写，不得变动；

2)材料、工程设备暂估价应按招标工程量清单中列出的单价计入综合单价，不得变动和更改；

3)专业工程暂估价应按招标工程量清单中列出的金额填写，不得变动和更改；

4)计日工应按招标工程量清单中列出的项目和数量，自主确定综合单价并计算计日工金额；

5)总承包服务费应依据招标工程量清单中列出的专业工程暂估价内容和供应材料、设备情况,按照招标人提出协调、配合与服务要求和施工现场管理需要自主确定。

(6)规费和税金应按国家或省级、行业建设主管部门的规定计算,不得作为竞争性费用。规费和税金的计取标准是依据有关法律、法规和政策规定制定的,具有强制性。投标人是法律、法规和政策的执行者,不能改变,更不能制定,而必须按照法律、法规、政策的有关规定执行。

(7)招标工程量清单与计价表中列明的所有需要填写单价和合价的项目,投标人均应填写且只允许有一个报价。未填写单价和合价的项目,可视为此项费用已包含在已标价工程量清单中其他项目的单价和合价之中。当竣工结算时,此项目不得重新组价予以调整。

(8)实行工程量清单招标,投标人的投标总价应当与组成已标价工程量清单的分部分项工程费、措施项目费、其他项目费和规费、税金的合计金额相一致,即投标人在投标报价时,不能进行投标总价优惠(或降价、让利),投标人对招标人的任何优惠(或降价、让利)均应反映在相应清单项目的综合单价中。

五、竣工结算的编制

1. 一般规定

(1)工程完工后,发承包双方必须在合同约定时间内办理工程竣工结算。合同中没有约定或约定不清的,按"13 计价规范"中有关规定处理。

(2)工程竣工结算应由承包人或受其委托具有相应资质的工程造价咨询人编制,并应由发包人或受其委托具有相应资质的工程造价咨询人核对。实行总承包的工程,由总承包人对竣工结算的编制负总责。

(3)当发承包双方或一方对工程造价咨询人出具的竣工结算文件有异议时,可向工程造价管理机构投诉,申请对其进行执业质量鉴定。

(4)工程造价管理机构对投诉的竣工结算文件进行质量鉴定,宜按下述"六、"的相关规定进行。

(5)根据《中华人民共和国建筑法》第六十一条规定:"交付竣工验收的建筑工程,必须符合规定的建筑工程质量标准,有完整的工程技术经济资料和经签署的工程保修书,并具备国家规定的其他竣工条件",由于竣工结算是反映工程造价计价规定执行情况的最终文件,竣工结算办理完毕,发包人应将竣工结算文件报送工程所在地或有该工程管辖权的行业管理部门的工程造价管理机构备案。竣工结算文件应作为工程竣工验收备案、交付使用的必备文件。

2. 竣工结算的编制依据与其他规定

(1)工程竣工结算应根据下列依据编制和复核:

1)"13 计价规范";

2)工程合同;

3)发承包双方实施过程中已确认的工程量及其结算的合同价款;

4)发承包双方实施过程中已确认调整后追加(减)的合同价款;

5)建设工程设计文件及相关资料;

6)投标文件;

7)其他依据。

（2）分部分项工程和措施项目中的单价项目应依据发承包双方确认的工程量与已标价工程量清单的综合单价计算；发生调整的，应以发承包双方确认调整的综合单价计算。

（3）措施项目中的总价项目应依据已标价工程量清单的项目和金额计算；发生调整的，应以发承包双方确认调整的金额计算，其中安全文明施工费应按照国家或省级、行业建设主管部门的规定计算。施工过程中，国家或省级、行业建设主管部门对安全文明施工费进行了调整的，措施项目费中和安全文明施工费应作相应调整。

（4）办理竣工结算时，其他项目费的计算应按以下要求进行计价：

1）计日工的费用应按发包人实际签证确认的数量和合同约定的相应项目综合单价计算。

2）当暂估价中的材料、工程设备是招标采购的，其单价按中标价在综合单价中调整。当暂估价中的材料、设备为非招标采购的，其单价按发承包双方最终确认的单价在综合单价中调整。当暂估价中的专业工程是招标发包的，其专业工程费按中标价计算。当暂估价中的专业工程为非招标发包的，其专业工程费按发承包双方与分包人最终确认的金额计算。

3）总承包服务费应依据已标价工程量清单金额计算，发承包双方依据合同约定对总承包服务进行了调整，应按调整后的金额计算。

4）索赔事件产生的费用在办理竣工结算时应在其他项目费中反映。索赔费用的金额应依据发承包双方确认的索赔事项和金额计算。

5）现场签证发生的费用在办理竣工结算时应在其他项目费中反映。现场签证费用金额依据发承包双方签证资料确认的金额计算。

6）合同价款中的暂列金额在用于各项价款调整、索赔与现场签证后，若有余额，则余额归发包人，若出现差额，则由发包人补足并反映在相应的工程价款中。

（5）规费和税金应按国家或省级、行业建设主管部门对规费和税金的计取标准计算。规费中的工程排污费应按工程所在地环境保护部门规定的标准缴纳后按实列入。

（6）由于竣工结算与合同工程实施过程中的工程计量及其价款结算、进度款支付、合同价款调整等具有内在联系，因此，发承包双方在合同工程实施过程中已经确认的工程计量结果和合同价款，在竣工结算办理中应直接进入结算，从而简化结算流程。

3. 竣工结算编制的注意事项

竣工结算的编制与核对是工程造价计价中发承包双方应共同完成的重要工作。按照交易的一般原则，任何交易结束，都应做到钱、货两清，工程建设也不例外。工程施工的发承包活动作为期货交易行为，当工程竣工验收合格后，承包人将工程移交给发包人时，发承包双方应将工程价款结算清楚，即竣工结算办理完毕。

（1）合同工程完工后，承包人应在经发承包双方确认的合同工程期中价款结算的基础上汇总编制完成竣工结算文件，应在提交竣工验收申请的同时向发包人提交竣工结算文件。

承包人未在合同约定的时间内提交竣工结算文件，经发包人催告后14天内仍未提交或没有明确答复的，发包人有权根据已有资料编制竣工结算文件，作为办理竣工结算和支付结算款的依据，承包人应予以认可。

因承包人无正当理由在约定时间内未递交竣工结算书，造成工程结算价款延期支付的，责任由承包人承担。

（2）发包人应在收到承包人提交的竣工结算文件后的28天内核对。发包人经核实，认为承包人还应进一步补充资料和修改结算文件，应在上述时限内向承包人提出核实意见，承包人在收到核实意见后的 28 天内应按照发包人提出的合理要求补充资料,修改竣工结算文件,并应再次提交给发包人复核后批准。

(3)发包人应在收到承包人再次提交的竣工结算文件后的 28 天内予以复核,将复核结果通知承包人,并应遵守下列规定:

1)发包人、承包人对复核结果无异议的,应在 7 天内在竣工结算文件上签字确认,竣工结算办理完毕;

2)发包人或承包人对复核结果认为有误的,无异议部分按照本条第 1)款规定办理不完全竣工结算;有异议部分由发承包双方协商解决;协商不成的,应按照合同约定的争议解决方式处理。

(4)《最高人民法院关于审理建设工程施工合同纠纷案件适用法律问题的解释》(法释〔2004〕14 号)第二十条规定:"当事人约定,发包人收到竣工结算文件后,在约定期限内不予答复,视为认可竣工结算文件的,按照约定处理。承包人请求按照竣工结算文件结算工程价款的,应予支持"。根据这一规定,要求发承包双方不仅应在合同中约定竣工结算的核对时间,并应约定发包人在约定时间内对竣工结算不予答复,视为认可承包人递交的竣工结算。"13计价规范"对发包人未在竣工结算中履行核对责任的后果进行了规定,即:发包人在收到承包人竣工结算文件后的 28 天内,不核对竣工结算或未提出核对意见的,应视为承包人提交的竣工结算文件已被发包人认可,竣工结算办理完毕。

(5)承包人在收到发包人提出的核实意见后的 28 天内,不确认也未提出异议的,应视为发包人提出的核实意见已被承包人认可,竣工结算办理完毕。

(6)发包人委托工程造价咨询人核对竣工结算的,工程造价咨询人应在 28 天内核对完毕,核对结论与承包人竣工结算文件不一致的,应提交给承包人复核;承包人应在 14 天内将同意核对结论或不同意见的说明提交工程造价咨询人。工程造价咨询人收到承包人提出的异议后,应再次复核,复核无异议的,应在 7 天内在竣工结算文件上签字确认,竣工结算办理完毕;复核后仍有异议的,对于无异议部分按照规定办理不完全竣工结算;有异议部分由发承包双方协商解决;协商不成的,应按照合同约定的争议解决方式处理。

承包人逾期未提出书面异议的,应视为工程造价咨询人核对的竣工结算文件已经承包人认可。

(7)对发包人或发包人委托的工程造价咨询人指派的专业人员与承包人指派的专业人员经核对后无异议并签名确认的竣工结算文件,除非发承包人能提出具体、详细的不同意见,发承包人都应在竣工结算文件上签名确认,如其中一方拒不签认的,按下列规定办理:

1)若发包人拒不签认的,承包人可不提供竣工验收备案资料,并有权拒绝与发包人或其上级部门委托的工程造价咨询人重新核对竣工结算文件。

2)若承包人拒不签认的,发包人要求办理竣工验收备案的,承包人不得拒绝提供竣工验收资料,否则,由此造成的损失,承包人承担相应责任。

(8)合同工程竣工结算核对完成,发承包双方签字确认后,发包人不得要求承包人与另一个或多个工程造价咨询人重复核对竣工结算。这可以有效地解决工程竣工结算中存在的一审再审、以审代拖、久审不结的现象。

(9)发包人对工程质量有异议,拒绝办理工程竣工结算的,已竣工验收或已竣工未验收但实际投入使用的工程,其质量争议应按该工程保修合同执行,竣工结算应按合同约定办理;已竣工未验收且未实际投入使用的工程以及停工、停建工程的质量争议,双方应就有争议的部分委托有资质的检测鉴定机构进行检测,并应根据检测结果确定解决方案,或按工程质量监督机构的处理决定执行后办理竣工结算,无争议部分的竣工结算应按合同约定办理。

六、工程造价鉴定

1. 一般规定

(1)在工程合同价款纠纷案件处理中,需做工程造价司法鉴定的,应根据《工程造价咨询企业管理办法》(建设部令第 149 号)第二十条的规定,委托具有相应资质的工程造价咨询人进行。

(2)工程造价咨询人接受委托时提供工程造价司法鉴定服务,不仅应符合建设工程造价方面的规定,还应按仲裁、诉讼程序和要求进行,并应符合国家关于司法鉴定的规定。

(3)按照《注册造价工程师管理办法》(建设部令第 150 号)的规定,工程计价活动应由造价工程师担任。《建设部关于对工程造价司法鉴定有关问题的复函》(建办标函〔2005〕155 号)第二条:"从事工程造价司法鉴定的人员,必须具备注册造价工程师执业资格,并只得在其注册的机构从事工程造价司法鉴定工作,否则不具有在该机构的工程造价成果文件上签字的权力"。鉴于进入司法程序的工程造价鉴定的难度一般较大,因此,工程造价咨询人进行工程造价司法鉴定时,应指派专业对口、经验丰富的注册造价工程师承担鉴定工作。

(4)工程造价咨询人应在收到工程造价司法鉴定资料后 10 天内,根据自身专业能力和证据资料判断能否胜任该项委托,如不能,应辞去该项委托。工程造价咨询人不得在鉴定期满后以上述理由不做出鉴定结论,影响案件处理。

(5)为保证工程造价司法鉴定的公正进行,接受工程造价司法鉴定委托的工程造价咨询人或造价工程师如是鉴定项目一方当事人的近亲属或代理人、咨询人以及其他关系可能影响鉴定公正的,应当自行回避;未自行回避,鉴定项目委托人以该理由要求其回避的,必须回避。

(6)《最高人民法院关于民事诉讼证据的若干规定》(法释〔2001〕33 号)第五十九条规定:"鉴定人应当出庭接受当事人质询",因此,工程造价咨询人应当依法出庭接受鉴定项目当事人对工程造价司法鉴定意见书的质询。如确因特殊原因无法出庭的,经审理该鉴定项目的仲裁机关或人民法院准许,可以书面形式答复当事人的质询。

2. 取证

(1)工程造价的确定与当时的法律法规、标准定额以及各种要素价格具有密切关系,为做好一些基础资料不完备的工程鉴定,工程造价咨询人进行工程造价鉴定工作,应自行收集以下(但不限于)鉴定资料:

1)适用于鉴定项目的法律、法规、规章、规范性文件以及规范、标准、定额;

2)鉴定项目同时期同类型工程的技术经济指标及其各类要素价格等。

(2)真实、完整、合法的鉴定依据是做好鉴定项目工程造价司法工作鉴定的前提。工程造价咨询人收集鉴定项目的鉴定依据时,应向鉴定项目委托人提出具体书面要求,其内容包括:

1)与鉴定项目相关的合同、协议及其附件;

2)相应的施工图纸等技术经济文件;

3)施工过程中的施工组织、质量、工期和造价等工程资料;

4)存在争议的事实及各方当事人的理由；

5)其他有关资料。

(3)根据最高人民法院规定"证据应当在法庭上出示,由当事人质证。未经质证的证据,不能作为认定案件事实的依据(法释〔2001〕33号)",工程造价咨询人在鉴定过程中要求鉴定项目当事人对缺陷资料进行补充的,应征得鉴定项目委托人同意,或者协调鉴定项目各方当事人共同签认。

(4)根据鉴定工作需要现场勘验的,工程造价咨询人应提请鉴定项目委托人组织各方当事人对被鉴定项目所涉及的实物标的进行现场勘验。

(5)勘验现场应制作勘验记录、笔录或勘验图表,记录勘验的时间、地点、勘验人、在场人、勘验经过、结果,由勘验人、在场人签名或者盖章确认。绘制的现场图应注明绘制的时间、测绘人姓名、身份等内容。必要时应采取拍照或摄像取证,留下影像资料。

(6)鉴定项目当事人未对现场勘验图表或勘验笔录等签字确认的,工程造价咨询人应提请鉴定项目委托人决定处理意见,并在鉴定意见书中做出表述。

3. 鉴定

(1)《最高人民法院关于审理建设工程施工合同纠纷案件适用法律问题的解释》(法释〔2004〕14号)第十六条一款规定:"当事人对建设工程的计价标准或者计价方法有约定的,按照约定结算工程价款",因此,如鉴定项目委托人明确告之合同有效,工程造价咨询人就必须依据合同约定进行鉴定,不得随意改变发承包双方合法的合意,不能以专业技术方面的惯例来否定合同的约定。

(2)工程造价咨询人在鉴定项目合同无效或合同条款约定不明确的情况下应根据法律法规、相关国家标准和"13计价规范"的规定,选择相应专业工程的计价依据和方法进行鉴定。

(3)为保证工程造价鉴定的质量,尽可能将当事人之间的分歧缩小直至化解,为司法调解、裁决或判决提供科学合理的依据,工程造价咨询人出具正式鉴定意见书之前,可报请鉴定项目委托人向鉴定项目各方当事人发出鉴定意见书征求意见稿,并指明应书面答复的期限及其不答复的相应法律责任。

(4)工程造价咨询人收到鉴定项目各方当事人对鉴定意见书征求意见稿的书面复函后,应对不同意见认真复核,修改完善后再出具正式鉴定意见书。

(5)工程造价咨询人出具的工程造价鉴定书应包括下列内容:

1)鉴定项目委托人名称、委托鉴定的内容;

2)委托鉴定的证据材料;

3)鉴定的依据及使用的专业技术手段;

4)对鉴定过程的说明;

5)明确的鉴定结论;

6)其他需说明的事宜;

7)工程造价咨询人盖章及注册造价工程师签名盖执业专用章。

(6)进入仲裁或诉讼的施工合同纠纷案件,一般都有明确的结案时限,为避免影响案件的处理,工程造价咨询人应在委托鉴定项目的鉴定期限内完成鉴定工作,如确因特殊原因不能在原定期限内完成鉴定工作时,应按照相应法规提前向鉴定项目委托人申请延长鉴定期限,并应在此期限内完成鉴定工作。

经鉴定项目委托人同意等待鉴定项目当事人提交、补充证据的,质证所用的时间不应计入鉴定期限。

对于已经出具的正式鉴定意见书中有部分缺陷的鉴定结论,工程造价咨询人应通过补充鉴定做出补充结论。

第三节　工程量清单计价格式

一、工程计价表格的形式及填写要求

(一)工程计价文件封面

1. 招标工程量清单封面(封一1)

招标工程量清单应填写招标工程项目的具体名称,招标人应盖单位公章,如委托工程造价咨询人编制,还应加盖工程造价咨询人所在单位公章。

招标工程量清单封面格式见表2-1。

表 2-1　　　　　　　　　　　　招标工程量清单封面

_____工程

招标工程量清单

招　标　人:_____
（单位盖章）

造价咨询人:_____
（单位盖章）

年　　　月　　　日

封—1

2. 招标控制价封面(封一2)

招标控制价封面应填写招标工程项目的具体名称,招标人应盖单位公章,如委托工程造价咨询人编制,还应加盖工程造价咨询人所在单位公章。

招标控制价封面见表 2-2。

表 2-2 招标控制价封面

_____工程

招标控制价

招　标　人：_____

（单位盖章）

造价咨询人：_____

（单位盖章）

年　　月　　日

封—2

3. 投标总价封面（封—3）

投标总价封面应填写投标工程项目的具体名称，投标人应盖单位公章。

投标总价封面见表 2-3。

表 2-3　　　　　　　　　　　　　投标总价封面

_____工程

投　标　总　价

投　标　人：_____

（单位盖章）

年　月　日

4. 竣工结算书封面(封一4)

竣工结算书封面应填写竣工工程的具体内容名称,发承包双方应盖单位公章,如委托工程造价咨询人办理的,还应加盖工程造价咨询人所在单位公章。

竣工结算书封面见表 2-4。

表 2-4 竣工结算书封面

_____工程

竣工结算书

发 包 人：_____
(单位盖章)

承 包 人：_____
(单位盖章)

造价咨询人：_____
(单位盖章)

年   月   日

封—4

5. 工程造价鉴定意见书封面(封—5)

　　工程造价鉴定意见书封面应填写鉴定工程项目的具体名称，填写意见书文号，工程造价自选人盖所在单位公章。

　　工程造价鉴定意见书封面见表 2-5。

表 2-5　　　　　　　　　　　　　　　工程造价鉴定意见书封面

_____工程

编号:×××[2×××]××号

工程造价鉴定意见书

造价咨询人:_____

（单位盖章）

年　　　月　　　日

封—5

(二)工程计价文件扉页

1. 招标工程量清单扉页(扉—1)

招标工程量清单扉页由招标人或招标人委托的工程造价咨询人编制招标工程量清单时填写。

　　招标人自行编制工程量清单的,编制人员必须是在招标人单位注册的造价人员,由招标人盖单位公章,法定代表人或其授权人签字或盖章;当编制人是注册造价工程师时,由其签字盖执业专用章;当编制人是造价员时,由其在编制人栏签字盖专用章,并应由注册造价工程师复核,在复核人栏签字盖执业专用章。

　　招标人委托工程造价咨询人编制工程量清单的,编制人必须是在工程造价咨询人单位注册的造价人员,由工程造价咨询人盖单位资质专用章,法定代表人或其授权人签字或盖章;当编制人是注册造价工程师时,由其签字盖执业专用章;当编制人是造价员时,由其在编制人栏签字盖专用章,并应由注册造价师复核,在复核人栏签字盖执业专用章。

　　招标工程量清单扉页见表2-6。

表 2-6　　　　　　　　　　　　　　招标工程量清单扉页

<table>
<tr><td colspan="2" align="center">＿＿＿＿＿＿＿＿＿＿＿＿＿＿工程

招标工程量清单</td></tr>
<tr><td>招　标　人:＿＿＿＿＿＿＿
　　　　　（单位盖章）</td><td>造价咨询人:＿＿＿＿＿＿＿
　　　　　（单位资质专用章）</td></tr>
<tr><td>法定代表人
或其授权人:＿＿＿＿＿＿＿
　　　　　（签字或盖章）</td><td>法定代表人
或其授权人:＿＿＿＿＿＿＿
　　　　　（签字或盖章）</td></tr>
<tr><td>编　制　人:＿＿＿＿＿＿＿
　　（造价人员签字盖专用章）</td><td>复　核　人:＿＿＿＿＿＿＿
　　（造价工程师签字盖专用章）</td></tr>
<tr><td>编制时间:　年　月　日</td><td>复核时间:　年　月　日</td></tr>
</table>

扉—1

2. 招标控制价扉页(扉—2)

　　招标控制价扉页的封面由招标人或招标人委托的工程造价咨询人编制招标控制价时填写。

　　招标人自行编制招标控制价的,编制人员必须是在招标人单位注册的造价人员,由招标人盖单位公章,法定代表人或其授权人签字或盖章;当编制人是注册造价工程师时,由其签字盖执业专用章；当编制人是造价员时，由其在编制人栏签字盖专用章，并应由注册造价工程师复核，在复核人栏签字盖职业专用章。

招标人委托工程造价咨询人编制招标控制价时，编制人员必须是在工程造价咨询人单位注册的造价人员。由工程造价咨询人盖单位资质专用章，法定代表人或其授权人签字或盖章；当编制人是注册造价工程师时，由其签字盖执业专用章；当编制人是造价员时，由其在编制人栏签字盖专用章，并应由注册造价工程师复核，在复核人栏签字盖执业专用章。

招标控制价扉页见表 2-7。

表 2-7　　　　　　　　　　　　　　招标控制价扉页

＿＿＿＿＿＿＿＿＿＿＿＿＿＿＿＿＿工程   **招 标 控 制 价**   招标控制价(小写)：＿＿＿＿＿＿＿＿＿＿＿＿＿＿＿＿＿＿＿＿＿＿＿ 　　　(大写)：＿＿＿＿＿＿＿＿＿＿＿＿＿＿＿＿＿＿＿＿＿＿＿   招　标　人：＿＿＿＿＿＿＿＿　　　　造价咨询人：＿＿＿＿＿＿＿＿ 　　　　　　　(单位盖章)　　　　　　　　　　　　　(单位资质专用章)   法定代表人　　　　　　　　　　　法定代表人 或其授权人：＿＿＿＿＿＿＿＿　　　或其授权人：＿＿＿＿＿＿＿＿ 　　　　　　　(签字或盖章)　　　　　　　　　　　(签字或盖章)   编　制　人：＿＿＿＿＿＿＿＿　　　复　核　人：＿＿＿＿＿＿＿＿ 　　　(造价人员签字盖专用章)　　　　　　(造价工程师签字盖专用章)   编制时间：　年　月　日　　　　　复核时间：　年　月　日

扉－2

3. 投标总价扉页(扉－3)

投标总价扉页由投标人编制投标报价填写。

投标人编制投标报价时，编制人员必须是在投标人单位注册的造价人员。由投标人盖单位公章，法定代表人或其授权人签字或盖章；编制的造价人员(造价工程师或造价员)签字盖执业专用章。

投标总价扉页见表 2-8。

表 2-8 投标总价扉页

投 标 总 价

招 标 人：＿＿＿＿＿＿＿＿＿＿＿＿＿＿＿＿＿

工 程 名 称：＿＿＿＿＿＿＿＿＿＿＿＿＿＿＿＿＿

投 标 总 价(小写)：＿＿＿＿＿＿＿＿＿＿＿＿＿＿

　　　　(大写)：＿＿＿＿＿＿＿＿＿＿＿＿＿＿

投 标 人：＿＿＿＿＿＿＿＿＿＿＿＿＿＿＿＿＿
　　　　　　　　　　(单位盖章)

法定代表人
或其授权人：＿＿＿＿＿＿＿＿＿＿＿＿＿＿＿＿
　　　　　　　　　　(签字或盖章)

编 制 人：＿＿＿＿＿＿＿＿＿＿＿＿＿＿＿＿＿
　　　　　　　(造价人员签字盖专用章)

时 　间：　　年　月　日

扉—3

4. 竣工结算总价扉页(扉—4)

承包人自行编制竣工结算总价，编制人员必须是承包人单位注册的造价人员。由承包人盖单位公章，法定代表人或其授权人签字或盖章；编制的造价人员(造价工程师或造价员)签字盖执业专用章。

发包人自行核对竣工结算时，核对人员必须是在发包人单位注册的造价工程师。由发包人盖单位公章,法定代表人或其授权人签字或盖章,核对的造价工程师签字盖执业专用章。

发包人委托工程造价咨询人核对竣工结算时,核对人员必须是在工程造价咨询人单位注册的造价工程师。由发包人盖单位公章,法定代表人或其授权人签字盖章;工程造价咨询人盖单位资质专用章,法定代表人或其授权人签字或盖章;核对的造价工程师签字盖执业专用章。

除非出现发包人拒绝或不答复承包人竣工结算书的特殊情况,竣工结算办理完毕后,竣工结算总价封面发承包双方的签字、盖章应当齐全。

竣工结算总价扉页见表2-9。

表 2-9　　　　　　　　　　　　　　　竣工结算总价扉页

_____工程

竣 工 结 算 总 价

签约合同价(小写):_____　　　　(大写):_____

竣工结算价(小写):_____　　　　(大写):_____

发 包 人:_____　　　承 包 人:_____　　　造价咨询人:_____
　　(单位盖章)　　　　　　　　(单位盖章)　　　　　　　(单位资质专用章)

法定代表人　　　　　　法定代表人　　　　　　法定代表人
或其授权人:_____　　或其授权人:_____　　或其授权人:_____
　　(签字或盖章)　　　　　　(签字或盖章)　　　　　　(签字或盖章)

编 制 人:_____　　　　核 对 人:_____
　　(造价人员签字盖专用章)　　　　　　　(造价工程师签字盖专用章)

编 制 时 间:　年 月 日　　　　　核 对 时 间:　年 月 日

扉—4

5. 工程造价鉴定意见书扉页(扉—5)

工程造价鉴定意见书扉页应填写工程造价鉴定项目的具体名称,工程造价咨询人应盖单位资质专用章,法定代表人或其授权人签字或盖章,造价工程师签字盖执业专用章。

工程造价鉴定意见书见表2-10。

表 2-10　　　　　　　　　工程造价鉴定意见书扉页

_____工程

工程造价鉴定意见书

鉴定结论：

造价咨询人：_____

（盖单位章及资质专用章）

法定代表人：_____

（签字或盖章）

造价工程师：_____

（签字盖专用章）

年　　　月　　　日

扉—5

(三)工程计价总说明(表—01)

工程计价总说明表适用于工程计价的各个阶段。对工程计价的不同阶段,总说明表中说明的内容是有差别的,要求也有所不同。

(1)工程量清单编制阶段。工程量清单中总说明应包括的内容有:①工程概况,如建设地址、建设规模、工程特征、交通状况、环保要求等;②工程招标和专业工程发包范围;③工程量清单编制依据;④工程质量、材料、施工等的特殊要求;⑤其他需要说明的问题。

(2)招标控制价编制阶段。招标控制价中总说明应包括的内容有:①采用的计价依据;②采用的施工组织设计;③采用的材料价格来源;④综合单价中风险因素、风险范围(幅度);⑤其他等。

(3)投标报价编制阶段。投标报价总说明应包括的内容有:①采用的计价依据;②采用的施工组织设计;③综合单价中包含的风险因素,风险范围(幅度);④措施项目的依据;⑤其他有关内容的说明等。

(4)竣工结算编制阶段。竣工结算中总说明应包括的内容有:①工程概况;②编制依据;③工程变更;④工程价款调整;⑤索赔;⑥其他等。

(5)工程造价鉴定阶段。工程造价鉴定书总说明应包括的内容有:①鉴定项目委托人名称、委托鉴定的内容;②委托鉴定的证据材料;③鉴定的依据及使用的专业技术手段;④对鉴定过程的说明;⑤明确的鉴定结论;⑥其他需说明的事宜等。

工程计价总说明表见表 2-11。

表 2-11   **总说明**

工程名称: 第 页 共 页

<table>
<tr><td></td></tr>
</table>

表—01

(四)工程计价汇总表

1. 建设项目招标控制价/投标报价汇总表(表—02)

由于编制招标控制价和投标报价包含的内容相同,只是对价格的处理不同,因此,招标控制价和投标报价汇总表使用统一表格。实践中,对招标控制价或投标报价可分别印制建设项目招标控制价和投标报价汇总表。

建设项目招标控制价/投标报价汇总表见表 2-12。

表 2-12　　　　　　　　建设项目招标控制价/投标报价汇总表

工程名称：　　　　　　　　　　　　　　　　　　　　　　　　　第　页 共　页

序号	单项工程名称	金额(元)	其中：(元)		
			暂估价	安全文明施工费	规费
合　　计					

注：本表适用于建设项目招标控制价或投标报价的汇总。

表—02

2. 单项工程招标控制价/投标报价汇总表(表—03)

单项工程招标控制价/投标报价汇总表见表 2-13。

表 2-13　　　　　　　　单项工程招标控制价/投标报价汇总表见表

工程名称：　　　　　　　　　　　　　　　　　　　　　　　　　第　页 共　页

序号	单位工程名称	金额(元)	其中：(元)		
			暂估价	安全文明施工费	规费
合　　计					

注：本表适用于单项工程招标控制价或投标报价的汇总。暂估价包括分部分项工程中的暂估价和专业工程暂估价。

表—03

3. 单位工程招标控制价/投标报价汇总表(表—04)

单位工程招标控制价/投标报价汇总表见表 2-14。

单位工程招标控制价/投标报价汇总表

工程名称：　　　　　　　　　　　标段：　　　　　　　　　第　页　共　页

序号	汇总内容	金额(元)	其中:暂估价(元)
1	分部分项工程		
1.1			
1.2			
1.3			
1.4			
1.5			
2	措施项目		—
2.1	其中:安全文明施工费		—
3	其他项目		—
3.1	其中:暂列金额		—
3.2	其中:专业工程暂估价		—
3.3	其中:计日工		—
3.4	其中:总承包服务费		—
4	规费		—
5	税金		—
招标控制价合计＝1＋2＋3＋4＋5			

注:本表适用于单位工程招标控制价或投标报价的汇总,如无单位工程划分,单项工程也使用本表汇总。

表—04

4. 建设项目竣工结算汇总表(表—05)

建设项目竣工结算汇总表见表2-15。

表 2-15　　　　　　　　　　　　　**建设项目竣工结算汇总表**

工程名称：　　　　　　　　　　　　　　　　　　　　　第　页　共　页

序号	单项工程名称	金额(元)	其中:(元)	
			安全文明施工费	规费
合　计				

表—05

5. 单项工程竣工结算汇总表(表—06)

单项工程竣工结算汇总表(表—06)见表2-16。

表 2-16　　　　　　　　　　单项工程竣工结算汇总表

工程名称：　　　　　　　　　　　　　　　　　　　　　第　页共　页

序号	单位工程名称	金额(元)	其中:(元)	
			安全文明施工费	规费
	合　计			

表—06

6. 单位工程竣工结算汇总表(表—07)

单位工程竣工结算汇总表(表—07)见表 2-17。

表 2-17　　　　　　　　　　单位工程竣工结算汇总表

工程名称：　　　　　　　　标段：　　　　　　　　第　页共　页

序号	汇　总　内　容	金　额(元)
1	分部分项工程	
1.1		
1.2		
1.3		
1.4		
1.5		
2	措施项目	
2.1	其中:安全文明施工费	
3	其他项目	
3.1	其中:专业工程结算价	
3.2	其中:计日工	
3.3	其中:总承包服务费	
3.4	其中:索赔与现场鉴证	
4	规费	
5	税金	
竣工结算总价合计＝1＋2＋3＋4＋5		

注:如无单位工程划分,单项工程也使用本表汇总。

表—07

(五)分部分项工程和措施项目计价表

1. 分部分项工程和单价措施项目清单与计价表(表—08)

分部分项工程和单价措施项目清单与计价表是依据"08 计价规范"中《分部分项工程量清

设置,道理相同。

　　由于各省、自治区、直辖市以及行业建设主管部门对规费计取基础的不同设置,为了计取规费等的使用,使用分部分项工程和单价措施项目清单与计价表可在表中增设其中:"定额人工费"。编制招标控制价时,使用"综合单价"、"合计"以及"其中:暂估价"按"13 计价规范"的规定填写。编写投标报价时,投标人对表中的"项目编码"、"项目名称"、"项目特征"、"计量单位"、"工程量"均不应做改动。"综合单价"、"合价"自主决定填写,对其中的"暂估价"栏,投标人应将招标文件中提供了暂估材料单价的暂估价进入综合单价,并应计算出暂估单价的材料在"综合单价"及其"合价"中的具体数额,因此,为更详细反映暂估价情况,也可在表中增设一栏"综合单价"其中的"暂估价"。

　　编制竣工结算时,使用分部分项工程和单价措施项目清单与计价表可取消"暂估价"。

　　分部分项工程和单价措施项目清单与计价表见表 2-18。

表 2-18　　　　　　　　　分部分项工程和单价措施项目清单与计价表

工程名称:　　　　　　　　　标段:　　　　　　　　第　页共　页

序号	项目编码	项目名称	项目特征描述	计量单位	工程量	金　额(元)		
						综合单价	合价	其中
								暂估价
本页小计								
合　计								

注:为计取规费等使用,可在表中增设"其中:定额人工费"。

表—08

2. 综合单价分析表(表—09)

　　工程量清单单价分析表是评标文员会评审和判别综合单价组成和价格完整性、合理性的主要基础,对因工程变更、工程量偏差等原因调整综合单价也是必不可少的基础单价数据来价定额名称。编制投标报价,使用综合单价分析表可填写使用的企业定额名称,也可填与省级或行业建设主管部门发布的计价定额,如不使用则不填写。

编制工程结算时,应在已标价工程量清单中的综合单价分析表中将确定的调整过后人工单价、材料单价等进行置换,形成调整后的综合单价。

综合单价分析表见表2-19。

表 2-19   综合单价分析表

工程名称: 标段: 第 页共 页

项目编码				项目名称				计量单位			工程量		
清单综合单价组成明细													
定额编号	定额项目名称	定额单位	数量	单 价				合 价					
				人工费	材料费	机械费	管理费和利润	人工费	材料费	机械费	管理费和利润		
人工单价				小 计									
	元/工日			未计价材料费									
清单项目综合单价													
材料费明细	主要材料名称、规格、型号					单位	数量	单价(元)	合价(元)	暂估单价(元)	暂估合价(元)		
	其他材料费					—			—				
	材料费小计					—			—				

注:1. 如不使用省级或行业建设主管部门发布的计价依据,可不填定额项目、编号等。

     2. 招标文件提供了暂估单价的材料,按暂估的单价填入表内"暂估单价"栏及"暂估合价"栏。

表—09

3. 综合单价调整表(表—10)

综合单价调整表适用于各种合同约定调整因素出现时调整综合单价,各种调整依据应依附于表后。填写时应注意,项目编码和项目名称必须与已标价工程量清单保持一致,不得发

序号	编码	名称	综合单价	人工费	材料费	机械费	管理费和利润	综合单价	人工费	材料费	机械费	

造价工程师(签章)： 发包人代表(签章)：	造价人员(签章)： 承包人代表(签章)：
日期：	日期：

注:综合单价调整应附调整依据。

表—10

4. 总价措施项目清单与计价表(表—11)

在编制招标工程量清单时,总价措施项目清单与计价表中的项目可根据工程实际情况进行增减。在编制招标控制价时,计费基础、费率应按省级或行业建设主管部门的规定计取。

编制投标报价时，除"安全文明施工费"必须按"计价规范"的强制性规定，及省级、行业建设工程主管部门的规定计取外，其他措施项目均可根据投标施工组织设计计日工报价。

总价措施项目清单与计价表见表 2-21。

表 2-21　　　　　　　　　　总价措施项目清单与计价表

工程名称：　　　　　　　　　　标段：　　　　　　　　　　第　页共　页

序号	项目编码	项目名称	计算基础	费率（%）	金额（元）	调整费率（%）	调整后金额（元）	备注
		安全文明施工费						
		夜间施工增加费						
		二次搬运费						
		冬雨季施工增加费						
		已完工程及设备保护费						
	合　计							

编制人(造价人员)：　　　　　　　　　　复核人(造价工程师)：

注：1. "计算基础"中安全文明施工费可为"定额基价"、"定额人工费"或"定额人工费＋定额机械费"，其他项目可为"定额人工费"或"定额人工费＋定额机械费"。

　　2. 按施工方案计算的措施费，若无"计算基础"和"费率"的数值，也可只填"金额"数值，但应在备注栏说明施工方案出处或计算方法。

表—11

(六)其他项目计价表

1. 其他项目清单与计价汇总表(表—12)

编制招标工程量清单，应汇总"暂列金额"和"专业工程暂估价"，以提供给投标人报价。

编制招标控制价，应按有关计价规定估算"计日工"和"总承包服务费"。如招标工程量清单中未列"暂列金额"，应按有关规定编列。编制投标报价，应按招标文件工程量提供的"暂列金额"和"专业工程暂估价"填写金额，不得变动。"计日工"、"总承包服务费"自主确定报价。编制或核对竣工结算，"专业工程暂估价"按实际分包结算价填写，"计日工"、"总承包服务费"按双方认可的费用填写，如发生"索赔"或"现场签证"费用，按双方认可的金额计入本表。

其他项目清单与计价汇总表见表 2-22。

表 2-22 　　　　　　　　　　　其他项目清单与计价汇总表

工程名称：　　　　　　　　　　　标段：　　　　　　　　　　第　页共　页

序　号	项目名称	金额(元)	结算金额(元)	备　注
1	暂列金额			明细详见表—12—1
2	暂估价			
2.1	材料(工程设备)暂估价/结算价	—		明细详见表—12—2
2.2	专业工程暂估价/结算价			明细详见表—12—3
3	计日工			明细详见表—12—4
4	总承包服务费			明细详见表—12—5
5	索赔与现场签证			明细详见表—12—6
合　计				

注：材料(工程设备)暂估单价计入清单项目综合单价，此处不汇总。

　　　　　　　　　　　　　　　　　　　　　　　　　　　　　　　表—12

2. 暂列金额明细表(表—12—1)

　　暂列金额在实际履约过程中可能发生，也可能不发生。表中要求招标人能将暂列金额与拟用项目列出明细，但如确实不能详列也可只列暂定金额总额，投标人应将上述暂列金额计入投标总价中。

　　暂列金额明细表见表 2-23。

表 2-23 　　　　　　　　　　　　暂列金额明细表

工程名称：　　　　　　　　　　　标段：　　　　　　　　　　第　页共　页

序号	项　目　名　称	计量单位	暂定金额(元)	备　注
1				
2				
3				
4				
5				
6				
7				
8				
合　计				—

注：此表由招标人填写，如不能详列，也可只列暂定金额总额，投标人应将上述暂列金额计入投标总价中。

　　　　　　　　　　　　　　　　　　　　　　　　　　　　　　　表—12—1

3. 材料(工程设备)暂估单价及调整表(表—12—2)

　　暂估价是在招标阶段预见肯定要发生，只是因为标准不明确或者需要由专业承包人完成，暂时无法确定材料、工程设备的具体价格而采用的一种临时性计价方式。暂估价的材料、工程设备数量应在表内填写，拟用项目应在备注栏给予补充说明。

"13 计价规范"要求招标人针对每一类暂估价给出相应的拟用项目,即按照材料、工程设备的名称分别给出,这样的材料、工程设备暂估价能够纳入到清单项目的综合单价中。

材料(工程设备)暂估单价及调整表见表 2-24。

表 2-24　　　　　　　　材料(工程设备)暂估单价及调整表

工程名称:　　　　　　　　　　　标段:　　　　　　　　　　第　页共　页

序号	材料(工程设备)名称、规格、型号	计量单位	数量		暂估(元)		确认(元)		差额±(元)		备注
			暂估	确认	单价	合价	单价	合价	单价	合价	
合　计											

注:此表由招标人填写"暂估单价",并在备注栏说明暂估价的材料、工程设备拟用在哪些清单项目上,投标人应将上述材料、工程设备暂估单价计入工程量清单综合单价报价中。

表—12—2

4. 专业工程暂估价及结算价表(表—12—3)

专业工程暂估价应在表内填写工程名称、工作内容、暂估金额,投标人应将上述金额计入投标总价中。专业工程暂估价项目及其表中列明的专业工程暂估价,是指分包人实施专业工程的含税金后的完整价,除了合同约定的发包人应承担的总包管理、协调、配合和服务责任所对应的总承包服务费以外,承包人为履行其总包管理、配合、协调和服务所需产生的费用应包括在投标报价中。

专业工程暂估价及结算价表见表 2-25。

表 2-25　　　　　　　　专业工程暂估价及结算价表

工程名称:　　　　　　　　　　　标段:　　　　　　　　　　第　页共　页

序号	工程名称	工程内容	暂估金额(元)	结算金额(元)	差额±(元)	备注
合　计						

注:此表"暂估金额"由招标人填写,招标人应将"暂估金额"计入投标总价中。结算时按合同约定结算金额填写。

表—12—3

5. 计日工表(表—12—4)

编制工程量清单时,"项目名称"、"单位"、"暂定数量"由招标人填写。编制招标控制价时,人工、材料、机械台班单价由招标人按有关计价规定填写并计算合价。编制投标报价时,人工、材料、机械台班单价由投标人自主确定,按已给暂估数量计算合计计入投标总价中。

计日工表见表 2-26。

表 2-26　　　　　　　　　　　　　　　　**计日工表**

工程名称:　　　　　　　　　　标段:　　　　　　　　　　第　页共　页

编号	项目名称	单位	暂定数量	实际数量	综合单价（元）	合价(元)	
						暂定	实际
一	人工						
1							
2							
3							
4							
人工小计							
二	材料						
1							
2							
3							
4							
5							
材料小计							
三	施工机械						
1							
2							
3							
4							
施工机械小计							
四、企业管理费和利润							
总　　计							

注:此表项目名称、暂定数量由招标人填写,编制招标控制价时,单价由招标人按有关计价规定确定;投标时,单价由投标人自主报价,按暂定数量计算合价计入投标总价中。结算时,按发承包双方确认的实际数量计算合价。

表－12－4

6. 总承包服务费计价表(表－12－5)

编制招标工程量清单时,招标人应将拟定进行专业分包的专业工程、自行采购的材料设备等决定清楚,填写项目名称、服务内容,以使投标人决定报价。编制招标控制价时,招标人按有关计价规定计价。编制投标报价时,由投标人根据工程量清单中的总承包服务内容,自主决定报价。办理竣工结算时,发承包双方应按承包人已标价工程量清单中的报价计算,如有发承包双方确定调整的,按调整后的金额计算。

总承包服务费计价表见表 2-27。

表 2-27　　　　　　　　　　　**总承包服务费计价表**

工程名称：　　　　　　　　　　　标段：　　　　　　　　　第　页 共　页

序号	项 目 名 称	项目价值(元)	服务内容	计算基础	费率(%)	金额(元)
1	发包人发包专业工程					
2	发包人供应材料					
	·					
	合 计		—	—		

注：此表项目名称、服务内容由招标人填写，编制招标控制价时，费率及金额由招标人按有关计价规定确定；投标时，费率及金额由投标人自主报价，计入投标总价中。

表—12—5

7. 索赔与现场签证计价汇总表(表—12—6)

索赔与现场签证计价汇总表是对发承包双方签证双方认可的"费用索赔申请(核准)"表和"现场签证表"的汇总。

索赔与现场签证计价汇总表见表 2-28。

表 2-28　　　　　　　　　　　**索赔与现场签证计价汇总表**

工程名称：　　　　　　　　　　　标段：　　　　　　　　　第　页 共　页

序号	签证及索赔项目名称	计量单位	数量	单价(元)	合价(元)	索赔及签证依据
—	本页小计					
—	合 计				—	

注：签证及索赔依据是指经双方认可的签证单和索赔依据的编号。

表—12—6

8. 费用索赔申请(核准)表(表—12—7)

填写费用索赔申请(核准)表时，承包人代表应按合同条款的约定，阐述原因，附上索赔证据、费用计算报发包人，经监理工程师复核(按发包人的授权不论是监理工程师或发包人现场代表均可)，经造价工程师(此处造价工程师可以是发包人现场管理人员，也可以是发包人委托的工程造价咨询企业的人员),经发包人审核后生效,该表以在选择栏中的"□"内做标识"√"表示。

费用索赔申请(核准)表见表 2-29。

表 2-29 **费用索赔申请(核准)表**

工程名称: 标段: 编号:

致:_____(发包人全称)

根据施工合同条款第____条的约定,由于_____原因,我方要求索赔金额(大写)_____(小写_____),请予核准。
附:1. 费用索赔的详细理由和依据:
  2. 索赔金额的计算:
  3. 证明材料:
 	
  承包人(章)
造价人员_____ 承包人代表_____ 日 期_____

复核意见:	复核意见:

根据施工合同条款第____条的约定,你方提出的费用索赔申请经复核:
□不同意此项索赔,具体意见见附件。
□同意此项索赔,索赔金额的计算,由造价工程师复核。
 	
  监理工程师_____
  日 期_____
	根据施工合同条款第____条的约定,你方提出的费用索赔申请经复核,索赔金额为(大写)____(小写____)。
	
	  造价工程师_____
	  日 期_____

审核意见:
□不同意此项索赔。
□同意此项索赔,与本期进度款同期支付。
 	
  发包人(章)
  发包人代表_____
  日 期_____

注:1. 在选择栏中的"□"内做标识"√"。

  2. 本表一式四份,由承包人填报,发包人、监理人、造价咨询人、承包人各存一份。

表—12—7

9. 现场签证表(表—12—8)

现场签证表是对"计日工"的具体化,考虑到招标时,招标人对计日工项目的预估难免会有遗漏,带来实际施工发生后,无相应的计日工单价时,现场签证只能包括单价一并处理。因此,在汇总时,有计日工单价的,可归并于计日工,如无计日工单价,归并于现场签证,以示区别。

现场签证表见表 2-30。

表 2-30　　　　　　　　　　　　　**现场签证表**

工程名称：　　　　　　　　　　标段：　　　　　　　　　　编号：

施工部位		日期	

致：_____（发包人全称）

　　根据_____（指令人姓名）　年　月　日的口头指令或你方_____（或监理人）　年　月　日的书面通知，我方要求完成此项工作应支付价款金额为（大写）_____（小写_____），请予核准。

附：1. 签证事由及原因：

　　2. 附图及计算式：

　　　　　　　　　　　　　　　　　　　　　　　　　　　　　　　　承包人（章）

造价人员_____　　　　　　　承包人代表_____　　　　　　　日　期_____

复核意见：　　你方提出的此项签证申请经复核：□不同意此项签证，具体意见见附件。□同意此项签证，签证金额的计算，由造价工程师复核。　　　　　　　　　　　　　　　　　监理工程师_____　　　　　　　日　期_____	复核意见：　　□此项签证按承包人中标的计日工单价计算，金额为（大写）____元，（小写____元）。　　□此项签证因无计日工单价，金额为（大写）____元，（小写____）。　　　　　　　　　　　　　　　　　造价工程师_____　　　　　　　日　期_____

审核意见：

□不同意此项签证。

□同意此项签证，价款与本期进度款同期支付。

　　　　　　　　　　　　　　　　　　　　　　　　　　　　　　　发包人（章）

　　　　　　　　　　　　　　　　　　　　　　　　　　　　　　　发包人代表_____

　　　　　　　　　　　　　　　　　　　　　　　　　　　　　　　日　期_____

注：1. 在选择栏中的"□"内做标识"√"。

　　2. 本表一式四份，由承包人在收到发包人（监理人）的口头或书面通知后填写，发包人、监理人、造价咨询人、承包人各存一份。

　　　　　　　　　　　　　　　　　　　　　　　　　　　　　　　　　表—12—8

（七）规费、税金项目计价表（表—13）

　　规费、税金项目计价表按住房和城乡建设部、财政部印发的《建筑安装工程费用项目组成》（建标〔2013〕44 号）列举的规费项目列项，在施工实践中，有的规费项目，如工程排污费，并非每个工程所在地都要征收，实践中可作为按实计算的费用处理。

　　规费、税金项目计价表见表 2-31。

表 2-31 　　　　　　　　　　　　　　规费、税金项目计价表

工程名称：　　　　　　　　　　　　标段：　　　　　　　　第　页 共　页

序号	项目名称	计算基础	计算基数	计算费率(%)	金额(元)
1	规费	定额人工费			
1.1	社会保险费	定额人工费			
(1)	养老保险费	定额人工费			
(2)	失业保险费	定额人工费			
(3)	医疗保险费	定额人工费			
(4)	工伤保险费	定额人工费			
(5)	生育保险费	定额人工费			
1.2	住房公积金	定额人工费			
1.3	工程排污费	按工程所在地环境保护部门收取标准,按实计入			
2	税金	分部分项工程费＋措施项目费＋其他项目费＋规费—按规定不计税的工程设备金额			
合　计					

编制人：　　　　　　　　　　复核人(造价工程师)：

表—13

(八)工程计量申请(核准)表(表—14)

工程计量申请(核准)表填写的"项目编码"、"项目名称"、"计量单位"应与已标价工程量清单中一致,承包人应在合同约定的计量周期结束时,将申报数量填写在申报数量栏,发包人核对后如与承包人填写的数量不一致,则在核实数量栏填上核实数量,经发承包双方共同核对确认的计量结果填在确认数量栏。

工程计量申请(核准)表见表 2-32。

表 2-32 　　　　　　　　　　　　　　工程计量申请(核准)表

工程名称：　　　　　　　　　　　　标段：　　　　　　　　第　页共　页

序号	项目编码	项目名称	计量单位	承包人申请数量	发包人核实数量	发承包人确认数量	备注

承包人代表：	监理工程师：	造价工程师：	发包人代表：
日期：	日期：	日期：	日期：

表—14

(九)合同价款支付申请(核准)表

合同价款支付申请(复核)表是合同履行、价款支付的重要凭证。"13 计价规范"对此类表格共设计了 5 种,包括专用于预付款支付的《预付款支付申请(核准)表》(表－15)、用于施工过程中无法计量的总价项目及总价合同进度款支付的《总价项目进度款支付分解表》(表－16)、专用于进度款支付的《进度款支付申请(核准)表》(表－17)、专用于竣工结算价款支付的《竣工结算款支付申请(核准)表》(表－18)和用于缺陷责任期到期,承包人履行了工程缺陷修复责任后,对其预留的质量保证金最终结算的《最终结清支付申请(核准)表》(表－19)。

合同价款支付申请(复核)表包括的 5 种表格,均由承包人代表在每个计量周期结束后向发包人提出,由发包人授权的现场代表复核工程量,由发包人授权的造价工程师复核应付款项,经发包人批准实施。

1. 预付款支付申请(核准)表(表－15)

预付款支付申请(核准)表见表 2-33。

表 2-33　　　　　　　　　　预付款支付申请(核准)表

工程名称:　　　　　　　　　　标段:　　　　　　　　　　编号:

致:_____(发包人全称)

　　我方根据施工合同的约定,现申请支付工程预付款额为(大写)_____(小写_____),请予核准。

序号	名　称	申请金额(元)	复核金额(元)	备　注
1	已签约合同价款金额			
2	其中:安全文明施工费			
3	应支付的预付款			
4	应支付的安全文明施工费			
5	合计应支付的预付款			

　　　　　　　　　　　　　　　　　　　　　　　　　　　　　　　承包人(章)

造价人员_____　　　　　　承包人代表_____　　　　日　期_____

复核意见: □与合同约定不相符,修改意见见附件。 □与合同约定相符,具体金额由造价工程师复核。 　　　　监理工程师_____ 　　　　日　期_____	复核意见: 　　你方提出的支付申请经复核,应支付预付款金额为(大写)_____(小写_____)。 　　　　造价工程师_____ 　　　　日　期_____

审核意见:
□不同意。
□同意,支付时间为本表签发后的 15 天内。

　　　　　　　　　　　　　　　　　　　　　　　　　　　　　　　发包人(章)
　　　　　　　　　　　　　　　　　　　　　　　　　　　　发包人代表_____
　　　　　　　　　　　　　　　　　　　　　　　　　　　　日　期_____

注:1. 在选择栏中的"□"内做标识"√"。
　　2. 本表一式四份,由承包人填报,发包人、监理人、造价咨询人、承包人各存一份。

2. 总价项目进度款支付分解表(表－16)

总价项目进度款制度分解表见表 2-34。

表 2-34　　　　　　　　　　**总价项目进度款支付分解表**

工程名称：　　　　　　　　　标段：　　　　　　　　　单位:元

序号	项目名称	总价金额	首次支付	二次支付	三次支付	四次支付	五次支付	
	安全文明施工费							
	夜间施工增加费							
	二次搬运费							
	社会保险费							
	住房公积金							
	合计							

编制人(造价人员)：　　　　　　　　　　　　　　　复核人(造价工程师)：

注:1. 本表应由承包人在投标报价时根据发包人在招标文件明确的进度款支付周期与报价填写,签订合同时,发承包双方可就支付分解协商调整后作为合同附件。

2. 单价合同使用本表,"支付"栏时间应与单价项目进度款支付周期相同。

3. 总价合同使用本表,"支付"栏时间应与约定的工程计量周期相同。

3. 进度款支付申请(核准)表(表－17)

进度款支付申请(核准)表见表 2-35。

表 2-35　　　　　　　　　　　　进度款支付申请(核准)表

工程名称：　　　　　　　　　　　标段：　　　　　　　　　　　　　编号：

致：＿＿＿＿＿＿＿＿＿＿＿＿＿＿＿＿＿＿＿＿＿＿＿＿＿＿＿＿＿＿＿＿＿＿(发包人全称)

　　我方于＿＿＿＿至＿＿＿＿期间已完成了＿＿＿＿＿工作,根据施工合同的约定,现申请支付本周期的合同款额为(大写)＿＿＿＿＿＿(小写＿＿＿＿＿),请予核准。

序号	名　称	实际金额(元)	申请金额(元)	复核金额(元)	备　注
1	累计已完成的合同价款				
2	累计已实际支付的合同价款				
3	本周期合计完成的合同价款				
3.1	本周期已完成单价项目的金额				
3.2	本周期应支付的总价项目的金额				
3.3	本周期已完成的计日工价款				
3.4	本周期应支付的安全文明施工费				
3.5	本周期应增加的合同价款				
4	本周期合计应扣减的金额				
4.1	本周期应抵扣的预付款				
4.2	本周期应扣减的金额				
5	本周期应支付的合同价款				

附:上述 3、4 详见附件清单。

承包人(章)

造价人员＿＿＿＿＿　　　承包人代表＿＿＿＿＿　　　日　期＿＿＿＿＿

复核意见： 　□与实际施工情况不相符,修改意见见附件。 　□与实际施工情况相符,具体金额由造价工程师复核。 　　　　　监理工程师＿＿＿＿＿ 　　　　　日　期＿＿＿＿＿	复核意见： 　　你方提出的支付申请经复核,本期间已完成合同款额为(大写)＿＿＿＿＿(小写＿＿＿＿＿),周期应支付金额为(大写)＿＿＿＿＿(小写＿＿＿＿＿)。 　　　　　造价工程师＿＿＿＿＿ 　　　　　日　期＿＿＿＿＿

审核意见：
　□不同意。
　□同意,支付时间为本表签发后的 15 天内。

发包人(章)

发包人代表＿＿＿＿＿

日　期＿＿＿＿＿

注:1. 在选择栏中的"□"内做标识"√"。

　　2. 本表一式四份,由承包人填报,发包人、监理人、造价咨询人、承包人各存一份。

4. 竣工结算款支付申请(核准)表(表－18)

竣工结算款支付申请(核准)表见表2-36。

表2-36　　　　　　　　　　　　竣工结算款支付申请(核准)表

工程名称：　　　　　　　　　　标段：　　　　　　　　　　编号：

致：_____(发包人全称)

　　我方于_____至_____期间已完成合同约定的工作,工程已经完工,根据施工合同的约定,现申请支付竣工结算合同款额为(大写)_____(小写_____),请予核准。

序号	名　　称	申请金额(元)	复核金额(元)	备　注
1	竣工结算合同价款总额			
2	累计已实际支付的合同价款			
3	应预留的质量保证金			
4	应支付的竣工结算款金额			

　　　　　　　　　　　　　　　　　　　　　　　　承包人(章)

造价人员_____　　　　承包人代表_____　　　日　期_____

复核意见：	复核意见：
□与实际施工情况不相符,修改意见见附件。 □与实际施工情况相符,具体金额由造价工程师复核。 　　　　　　　　监理工程师_____ 　　　　　　　　日　期_____	你方提出的竣工结算支付申请经复核,竣工结算款总额为(大写)_____(小写_____),扣除前期支付以及质量保证金后应支付金额为(大写)_____(小写_____)。 　　　　　　　　造价工程师_____ 　　　　　　　　日　期_____

审核意见：

　□不同意。

　□同意,支付时间为本表签发后的15天内。

　　　　　　　　　　　　　　　　　　　　　　　　发包人(章)
　　　　　　　　　　　　　　　　　　　　　　　　发包人代表_____
　　　　　　　　　　　　　　　　　　　　　　　　日　期_____

注:1. 在选择栏中的"□"内做标识"√"。

　　2. 本表一式四份,由承包人填报,发包人、监理人、造价咨询人、承包人各存一份。

5. 最终结清支付申请(核准)表(表—19)

最终结清支付申请(核准)表见表 2-37。

表 2-37   最终结清支付申请(核准)表

工程名称：   标段：   编号：

致：_____(发包人全称)

　　我方于_____至_____期间已完成了缺陷修复工作,根据施工合同的约定,现申请支付最终结清合同款额为(大写)_____(小写_____),请予核准。

序号	名　　称	申请金额(元)	复核金额(元)	备　注
1	已预留的质量保证金			
2	应增加因发包人原因造成缺陷的修复金额			
3	应扣减承包人不修复缺陷、发包人组织修复的金额			
4	最终应支付的合同价款			

上述 3、4 详见附件清单。

　　　　　　　　　　　　　　　　　　　　　　　　　　　　　　承包人(章)

造价人员_____   承包人代表_____   日　期_____

复核意见： □与实际施工情况不相符,修改意见见附件。 □与实际施工情况相符,具体金额由造价工程师复核。 　　　　　　　监理工程师_____ 　　　　　　　日　　期_____	复核意见： 　　你方提出的支付申请经复核,最终应支付金额为(大写)_____(小写_____)。 　　　　　　　造价工程师_____ 　　　　　　　日　　期_____

审核意见：

□不同意。

□同意,支付时间为本表签发后的 15 天内。

　　　　　　　　　　　　　　　　　　　　　　　　　　　　　　发包人(章)

　　　　　　　　　　　　　　　　　　　　　　　　　　　　　　发包人代表_____

　　　　　　　　　　　　　　　　　　　　　　　　　　　　　　日　　期_____

注:1. 在选择栏中的"□"内做标识"√"。如监理人已退场,监理工程师栏可空缺。

　　2. 本表一式四份,由承包人填报,发包人、监理人、造价咨询人、承包人各存一份。

表—19

（十）主要材料、工程设备一览表

1. 发包人提供材料和工程设备一览表（表－20）

表 2-38　　　　　　　　　　发包人提供材料和工程设备一览表

工程名称：　　　　　　　　　　　　标段：　　　　　　　　　第　页共　页

序号	材料（工程设备）名称、规格、型号	单位	数量	单价（元）	交货方式	送达地点	备注

注：此表由招标人填写，供投标人在投标报价、确定总承包服务费时参考。

表－20

2. 承包人提供主要材料和工程设备一览表（适用于造价信息差额调整法）（表－21）

表 2-39　　　　　　　　承包人提供主要材料和工程设备一览表

（适用于造价信息差额调整法）

工程名称：　　　　　　　　　　　　标段：　　　　　　　　　第　页共　页

序号	名称、规格、型号	单位	数量	风险系数（%）	基准单价（元）	投标单价（元）	发承包人确认单价（元）	备注

注：1. 此表由招标人填写除"投标报价"栏的内容，投标人在投标时自主确定投标单价。

　　2. 招标人应优先采用工程造价管理机构发布的单价作为基准单价，未发布的，通过市场调查确定其基准单价。

表－21

3. 承包人提供主要材料和工程设备一览表（适用于价格指数差额调整法）（表－22）

表 2-40　　　　　　　　承包人提供主要材料和工程设备一览表

（适用于价格指数差额调整法）

工程名称：　　　　　　　　　　　　标段：　　　　　　　　　第　页共　页

序号	名称、规格、型号	变值权重 B	基本价格指数 F_0	现行价格指数 F_t	备注

续表

序号	名称、规格、型号	变值权重 B	基本价格指数 F_0	现行价格指数 F_t	备注
	定值权重 A		—	—	
	合　计	1	—	—	

注：1. "名称、规格、型号"、"基本价格指数"栏由招标人填写，基本价格指数应首先采用工程造价管理机构发布的价格指数，没有时，可采用发布的价格代替。如人工、机械费也采用本法调整，由招标人在名称"名称"栏填写。

2. "变值权重"栏由投标人根据该项人工、机械费和材料、工程设备价值在投标总报价中所占比例填写，1 减去其比例为定值权重。

3. "现行价格指数"按约定付款证书相关周期最后一天的前 42 天的各项价格指数填写，该指数应首先采用工程造价管理机构发布的价格指数，没有时，可采用发布的价格代替。

表－22

二、工程计价表格的使用范围

1. 工程量清单编制

（1）工程量清单编制使用表格包括：封－1、扉－1、表－01、表－08、表－11、表－12（不含表－12－6～表－12－8）、表－13、表－20、表－21 或表－22。

（2）扉页应按规定的内容填写、签字、盖章。由造价员编制的工程量清单应有负责审核的造价工程师签字、盖章，受委托编制的工程量清单，应有造价工程师签字、盖章以及工程造价咨询人盖章。

2. 招标控制价、投标报价、竣工结算编制

（1）招标控制价使用表格包括：封－2、扉－2、表－01、表－02、表－03、表－04、表－08、表－09、表－11、表－12（不含表－12－6～表－12－8）、表－13、表－20、表－21 或表－22。

（2）投标报价使用的表格包括：封－3、扉－3、表－01、表－02、表－03、表－04、表－08、表－09、表－11、表－12（不含表－12－6～表－12－8）、表－13、表－16，招标文件提供的表－20、表－21 或表－22。

（3）竣工结算使用的表格包括：封－4、扉－4、表－01、表－05、表－06、表－07、表－08、表－09、表－10、表－11、表－12、表－13、表－14、表－15、表－16、表－17、表－18、表－19、表－20、表－21 或表－22。

（4）扉页应按规定的内容填写、签字、盖章，除承包人自行编制的投标报价和竣工结算外，受委托编制的招标控制价、投标报价、竣工结算，由造价员编制的应有负责审核的造价工程师签字、盖章以及工程造价咨询人盖章。

3. 工程造价鉴定

（1）工程造价鉴定使用表格包括：封－5、扉－5、表－01、表－05～表－20、表－21 或表－22。

（2）扉页应按规定内容填写、签字、盖章，应有承担鉴定和负责审核注册造价工程师签字、盖执业专用章。

第三章　安装工程定额计价

第一节　工程量定额计价概述

一、定额的概念

定额,就是进行生产经营活动时,在人力、物力和财力消耗方面所应遵守或达到的数量标准。在建筑生产中,为了完成建筑产品,必须消耗一定数量的人工、材料和机械台班以及相应的资金,在一定的生产条件下,用科学方法制定出的生产质量合格的单位建筑产品所需要的人工、材料和机械台班等的数量标准,称为建筑工程定额。

二、劳动定额

劳动定额又称人工定额,是建筑安装工人在正常的施工(生产)条件下、在一定的生产技术和生产组织条件下、在平均先进水平的基础上制定的。它表明每个建筑安装工人生产单位合格产品所必须消耗的劳动时间,或在单位时间所生产的合格产品的数量。

(1)劳动定额的表现形式。劳动定额的表现形式分为时间定额和产量定额两种形式。

1)时间定额就是某种专业(工种)、某种技术等级的工人小组或个人,在合理的劳动组合、合理的使用材料、合理的施工机械配合条件下,生产某一单位合格产品所必需的工作时间,包括准备与结束时间、基本生产时间、辅助生产时间、不可避免的中断时间以及工人必要的休息时间。时间定额以工日为单位,每一工日按 8h 计算。其计算公式如下:

$$单位产品时间定额(工日)=\frac{1}{每工产量}$$

或

$$单位产品时间定额(工日)=\frac{小组成员工日数总和}{台班产量}$$

2)产量定额就是在合理的劳动组合、合理的使用材料、合理的机械配合条件下,某种专业(工种)、某种技术等级的工人小组或个人,在单位工日中所完成的合格产品的数量。

产量定额根据时间定额计算,其计算公式如下:

$$每工产量=\frac{1}{单位产品时间定额(工日)}$$

或

$$台班产量=\frac{小组成员工日数的总和}{单位产品时间定额(工日)}$$

产量定额的计量单位,通常以自然单位或物理单位来表示。如台、套、个、米、平方米、立方米等。

产量定额的高低与时间定额成反比,两者互为倒数。生产某一单位合格产品所消耗的工时越少,则在单位时间内的产品产量就越高;反之就越低。

$$时间定额×产量定额＝1$$

(2)劳动定额的编制。

1)分析基础资料,拟定编制方案。

①影响工时消耗因素的确定。

技术因素:包括完成产品的类别;材料、构配件的种类和型号等级;机械和机具的种类、型号和尺寸;产品质量等。

组织因素:包括操作方法和施工的管理与组织;工作地点的组织;人员组成和分工;工资与奖励制度;原材料和构配件的质量及供应的组织;气候条件等。

②计时观察资料的整理:对每次计时观察的资料进行整理之后,要对整个施工过程的观察资料进行系统的分析研究和整理。

③日常积累资料的整理和分析:日常积累的资料主要有四类:第一类是现行定额的执行情况及存在问题的资料;第二类是企业和现场补充定额的资料,如因现行定额漏项而编制的补充定额资料,因解决采用新技术、新结构、新材料和新机械而产生的定额缺项所编制的补充定额资料;第三类是已采用的新工艺和新的操作方法的资料;第四类是现行的施工技术规范、操作规程、安全规程和质量标准等的资料。

④拟定定额的编制方案:编制方案的内容包括:提出对拟编定额的定额水平总的设想;拟定定额分章、分节、分项的目录;选择产品和人工、材料、机械的计量单位;设计定额表格的形式和内容。

2)确定正常的施工条件。

①拟定工作地点的组织:工作地点是工人施工活动场所。拟定工作地点的组织时,要特别注意使人在操作时不受妨碍,所使用的工具和材料,应按使用顺序放置于工人最便于取用的地方,以减少疲劳和提高工作效率,工作地点应保持清洁和秩序井然。

②拟定工作组成:拟定工作组成就是将工作过程按照劳动分工的可能划分为若干工序,以达到合理使用技术工人。可以采用两种基本方法:一种是把工作过程中各简单的工序,划分给技术熟练程度较低的工人去完成;另一种是分出若干个技术程度较低的工人,去帮助技术程度较高的工人工作。采用后一种方法就把个人完成的工作过程,变成小组完成的工作过程。

③拟定施工人员编制:拟定施工人员编制即确定小组人数、技术工人的配备,以及劳动的分工和协作。原则是使每个工人都能充分发挥作用,均衡地担负工作。

3)确定劳动定额消耗量的方法。时间定额是在拟定基本工作时间、辅助工作时间、不可避免中断时间、准备与结束的工作时间,以及休息时间的基础上制定的。

①拟定基本工作时间:基本工作时间在必需消耗的工作时间中占的比重最大。在确定基本工作时间时,必须细致、精确。基本工作时间消耗一般应根据计时观察资料来确定。其做法是:首先确定工作过程每一组成部分的工时消耗,然后综合出工作过程的工时消耗。如果组成部分的产品计量单位和工作过程的产品计量单位不符,就需求出不同计量单位的换算系数,进行产品计量单位的换算,最后相加,求得工作过程的工时消耗。

②拟定辅助工作时间和准备与结束工作时间:辅助工作和准备与结束工作时间的确定方

法与基本工作时间相同。但是,如果这两项工作时间在整个工作班工作时间消耗中所占比重不超过5%～6%,则可归纳为一项,以工作过程的计量单位表示,确定出工作过程的工时消耗。

如果在计时观察时不能取得足够的资料,也可采用工时规范或经验数据来确定。如具有现行的工时规范,可以直接利用工时规范中规定的辅助和准备与结束工作时间的百分比来计算。例如,根据工时规范规定,各个工程的辅助和准备与结束工作、不可避免中断时间、休息时间等项,在工作日或作业时间中各占的百分比。

③拟定不可避免中断时间:在确定不可避免中断时间的定额时,必须注意由工艺特点所引起的不可避免中断时间才可列入工作过程的时间定额。不可避免中断时间也需要根据测时资料通过整理分析获得,也可以根据经验数据或工时规范,以占工作日的百分比表示此项工时消耗的时间定额。

④拟定休息时间:休息时间应根据工作班作息制度、经验资料、计时观察资料,以及对工作的疲劳程度作全面分析来确定。同时,应考虑尽可能利用不可避免中断时间作为休息时间。

从事不同工种、不同工作的工人,疲劳程度有很大差别。为了合理确定休息时间,往往要对从事各种工作的工人进行观察、测定,以及进行生理和心理方面的测试,以便确定其疲劳程度。国内外往往按工作轻重和工作条件好坏,将各种工作划分为不同的级别。如我国某地区工时规范将体力劳动分为六类:最沉重、沉重、较重、中等、较轻、轻便。划分出疲劳程度的等级,就可以合理规定休息需要的时间。在上述引用的规范中,按六个等级划分其休息时间,见表3-1。

表3-1　　　　　　　　　　　　　　休息时间占工作日的比重

疲劳程度	轻便	较轻	中等	较重	沉重	最沉重
等级	1	2	3	4	5	6
占工作日比重(%)	4.16	6.25	8.33	11.45	16.7	22.9

⑤拟定定额时间:确定的基本工作时间、辅助工作时间、准备与结束工作时间、不可避免中断时间和休息时间之和,就是劳动定额的时间定额。根据时间定额可计算出产量定额,时间定额和产量定额互为倒数。利用工时规范,可以计算劳动定额的时间定额。其计算公式如下:

$$作业时间＝基本工作时间＋辅助工作时间$$
$$规范时间＝准备与结束工作时间＋不可避免的中断时间＋休息时间$$
$$工序作业时间＝基本工作时间＋辅助工作时间$$
$$＝基本工作时间/[1－辅助时间(\%)]$$
$$定额时间＝\frac{作业时间}{1－规范时间(\%)}$$

三、机械台班使用定额

机械台班使用定额或称机械台班消耗定额,是指在正常施工条件下,合理的劳动组合和使用机械,完成单位合格产品或某项工作所必需的机械工作时间,包括准备与结束时间、基本工作时间、辅助工作时间、不可避免中断时间以及使用机械的工人生理需要与休息时间。

(1)机械台班使用定额的形式。机械台班使用定额的形式按其用途不同,可分为时间定额和产量定额。

1)机械时间定额是指在合理劳动组织与合理使用机械条件下,完成单位合格产品所必需的工作时间,包括有效工作时间(正常负荷下的工作时间和降低负荷下的工作时间)、不可避免中断时间、不可避免无负荷工作时间。机械时间定额以"台班"表示,即一台机械工作一个作业班时间。一个作业班时间为 8h。

$$单位产品机械时间定额(台班) = \frac{1}{台班产量}$$

由于机械必须由工人小组配合,所以完成单位合格产品的时间定额,同时列出人工时间定额。即:

$$单位产品人工时间定额(工日) = \frac{小组成员总人数}{台班产量}$$

2)机械产量定额是指在合理劳动组织与合理使用机械条件下,机械在每个台班时间内应完成合格产品的数量。机械时间定额和机械产量定额互为倒数关系。即:

$$机械台班产量定额 = \frac{1}{机械时间定额(台班)}$$

复式表示法有如下形式:

$$\frac{人工时间定额}{机械台班产量} \quad 或 \quad \frac{人工时间定额}{机械台班产量}\bigg|台班车次$$

(2)机械台班使用定额的编制。

1)确定正常的施工条件。拟定机械工作正常条件,主要是拟定工作地点的合理组织和合理的工人编制。

①工作地点的合理组织,就是对施工地点机械和材料的放置位置、工人从事操作的场所,做出科学合理的平面布置和空间安排。要求施工机械和操纵机械的工人在最小范围内移动,但又不阻碍机械运转和工人操作;应使机械的开关和操纵装置尽可能集中地装置在操纵工人的近旁,以节省工作时间和减轻劳动强度;应最大限度发挥机械的效能,减少工人的手工操作。

②拟定合理的工人编制,就是根据施工机械的性能和设计能力,工人的专业分工和劳动工效,合理确定操纵机械的工人和直接参加机械化施工过程的工人的编制人数。应要求保持机械的正常生产率和工人正常的劳动工效。

2)确定机械 1h 纯工作正常生产率。确定机械正常生产率时,必须先确定出机械纯工作1h 的正常生产率。

机械纯工作时间,就是指机械的必需消耗时间。机械 1h 纯工作正常生产率,就是在正常施工组织条件下,具有必需的知识和技能的技术工人操纵机械 1h 的生产率。

根据机械工作特点的不同,机械 1h 纯工作正常生产率的确定方法,也有所不同。对于循环动作机械,确定机械纯工作 1h 正常生产率的计算公式为:

$$\begin{matrix}机械一次循环的\\正常延续时间\end{matrix} = \sum\left(\begin{matrix}循环各组成部分\\正常延续时间\end{matrix}\right) - 交叠时间$$

$$\frac{机械纯工作1h}{循环次数} = \frac{60\times60(s)}{一次循环的正常延续时间}$$

$$\frac{机械纯工作1h}{正常生产率} = \frac{机械纯工作1h}{正常循环次数} \times \frac{一次循环生产}{的产品数量}$$

从公式中可以看出,计算循环机械纯工作1h正常生产率的步骤是:根据现场观察资料和机械说明书确定各循环组成部分的延续时间;将各循环组成部分的延续时间相加,减去各组成部分之间的交叠时间,求出循环过程的正常延续时间;计算机械纯工作1h的正常循环次数;计算循环机械纯工作1h的正常生产率。

对于连续动作机械,确定机械纯工作1h正常生产率要根据机械的类型和结构特征,以及工作过程的特点来进行。其计算公式为:

$$\frac{连续动作机械纯工作}{1h正常生产率} = \frac{工作时间内生产的产品数量}{工作时间(h)}$$

工作时间内的产品数量和工作时间的消耗,要通过多次现场观察和机械说明书来取得数据。

对于同一机械进行作业属于不同的工作过程,如挖掘机所挖土壤的类别不同,碎石机所破碎的石块硬度和粒径不同,均需分别确定其纯工作1h的正常生产率。

3)确定施工机械的正常利用系数。确定施工机械的正常利用系数是指机械在工作班内对工作时间的利用率。机械的利用系数和机械在工作班内的工作状况有着密切的关系。所以,要确定机械的正常利用系数,首先要拟定机械工作班的正常工作状况,保证合理利用工时。

确定机械正常利用系数,要计算工作班正常状况下准备与结束工作,机械启动、机械维护等工作所必需消耗的时间,以及机械有效工作的开始与结束时间,从而进一步计算出机械在工作班内的纯工作时间和机械正常利用系数。机械正常利用系数的计算公式为:

$$\frac{机械正常}{利用系数} = \frac{机械在一个工作班内纯工作时间}{一个工作班延续时间(8h)}$$

4)计算施工机械台班定额。计算施工机械定额是编制机械定额工作的最后一步。在确定了机械工作正常条件、机械1h纯工作正常生产率和机械正常利用系数之后,采用下列公式计算施工机械的产量定额:

$$\frac{施工机械台班}{产量定额} = \frac{机械1h纯工作}{正常生产率} \times \frac{工作班纯工作}{时间}$$

四、材料消耗定额

(1)材料消耗定额的概念。材料消耗定额是指在正常的施工(生产)条件下,在节约和合理使用材料的情况下,生产单位合格产品所必须消耗的一定品种、规格的材料、半成品、构配件等的数量标准。

(2)施工中材料消耗的组成。施工中材料的消耗,可分为必须消耗的材料和损失的材料两类性质。

必须消耗的材料是指在合理用料的条件下,生产合格产品所需消耗的材料。它包括:直接用于建筑和安装工程的材料;不可避免的施工废料;不可避免的材料损耗。

必须消耗的材料属于施工正常消耗,是确定材料消耗定额的基本数据。其中,直接用于建筑和安装工程的材料,编制材料净用量定额;不可避免的施工废料和材料损耗,编制材料损耗定额。

材料各种类型的损耗量之和称为材料损耗量,除去损耗量之后净用于工程实体上的数量称为材料净用量,材料净用量与材料损耗量之和称为材料总消耗量,损耗量与总消耗量之比称为材料损耗率,它们的关系用公式表示就是:

$$损耗率 = \frac{损耗量}{总消耗量} \times 100\%$$

$$损耗量 = 总消耗量 - 净用量$$

$$净用量 = 总消耗量 - 损耗量$$

$$总消耗量 = \frac{净用量}{1 - 损耗率}$$

或　　　　　　　$$总消耗量 = 净用量 + 损耗量$$

为了简便,通常将损耗量与净用量之比,作为损耗率。即:

$$损耗率 = \frac{损耗量}{净用量} \times 100\%$$

$$总消耗量 = 净用量 \times (1 + 损耗率)$$

材料的损耗率可通过观测和统计而确定。

五、施工定额

(1)施工定额的概念。施工定额是以同一性质的施工过程或工序为测定对象,确定建筑安装工人在正常施工条件下,为完成单位合格产品所需人工、机械、材料消耗的数量标准,建筑安装企业定额一般称为施工定额。施工定额是施工企业直接用于建筑工程施工管理的一种定额。施工定额由劳动定额、材料消耗定额和机械台班定额组成,是最基本的定额。

(2)施工定额的作用。施工定额是施工企业进行科学管理的基础。施工定额的作用体现在:①是施工企业编制施工预算,进行工料分析和"两算对比"的基础;②是编制施工组织设计、施工作业设计和确定人工、材料及机械台班需要量计划的基础;③是施工企业向工作班(组)签发任务单、限额领料的依据;④是组织工人班(组)开展劳动竞赛、实行内部经济核算、承发包、计取劳动报酬和奖励工作的依据;⑤是编制预算定额和企业补充定额的基础。

(3)施工定额的编制水平。定额水平是指规定消耗在单位产品上的劳动、机械和材料数量的多寡。施工定额的水平应直接反映劳动生产率水平,同时,也反映劳动和物质消耗水平。

所谓平均先进水平,是指在正常条件下,多数施工班组或生产者经过努力可以达到,少数班组或生产者可以接近,个别班组或生产者可以超过的水平。通常,它低于先进水平,略高于平均水平。这种水平使先进的班组和工人感到有一定压力,大多数处于中间水平的班组或工人感到定额水平可望也可及。平均先进水平不迁就少数落后者,而是使他们产生努力工作的责任感,尽快达到定额水平。所以,平均先进水平是一种鼓励先进、勉励中间、鞭策后进的定额水平。贯彻"平均先进"的原则,才能促进企业科学管理和不断提高劳动生产率,进而达到提高企业经济效益的目的。

第二节 建筑安装工程预算定额

一、《全国统一安装工程预算定额》的分类

《全国统一安装工程预算定额》(以下简称《全统定额》)是由建设部组织修订和批准执行的。《全统定额》共分十三册,包括:

第一册 机械设备安装工程 GYD—201—2000;
第二册 电气设备安装工程 GYD—202—2000;
第三册 热力设备安装工程 GYD—203—2000;
第四册 炉窑砌筑工程 GYD—204—2000;
第五册 静置设备与工艺金属结构制作安装工程 GYD—205—2000;
第六册 工业管道工程 GYD—206—2000;
第七册 消防及安全防范设备安装工程 GYD—207—2000;
第八册 给排水、采暖、燃气工程 GYD—208—2000;
第九册 通风空调工程 GYD—209—2000;
第十册 自动化控制仪表安装工程 GYD—210—2000;
第十一册 刷油、防腐蚀、绝热工程 GYD—211—2000;
第十二册 通信设备及线路工程 GYD—212—2000;
第十三册 建筑智能化系统设备安装工程 GYD—213—2003。

二、《全统定额》的组成

《全统定额》共分十三册,每册均包括总说明、册说明、目录、章说明、定额项目表、附录。

(1)总说明主要说明定额的内容、适用范围、编制依据、作用,定额中人工、材料、机械台班消耗量的确定及其有关规定。

(2)册说明主要介绍该册定额的适用范围、编制依据、定额包括的工作内容和不包括的工作内容、有关费用(如脚手架搭拆费、高层建筑增加费)的规定以及定额的使用方法和使用中应注意的事项及有关问题。

(3)目录。开列定额组成项目名称和页次,以方便查找相关内容。

(4)章说明主要说明定额章中以下几个方面的问题:①定额适用的范围;②界线的划分;③定额包括的内容和不包括的内容;④工程量计算规则和规定。

(5)定额项目表是预算定额的主要内容,包括:①分项工程的工作内容(一般列入项目表的表头);②一个计量单位的分项工程人工、材料、机械台班消耗量;③一个计量单位的分项工程人工、材料、机械台班单价;④分项工程人工、材料、机械台班基价。

例如:表3-2是《全统定额》第十三册《建筑智能化系统设备安装工程》第一章综合布线系统工程中敷设光缆其中的一部分定额项目表的内容。

表3-2　　　　　　　　　　　光　缆　接　续

工作内容:检验器材、确定接头位置、熔接纤芯、接续加强芯、盘绕固定预留光纤、复测衰减、安装接头盒及托架等。

（计量单位:头）

定　额　编　号		13-1-74	13-1-75	13-1-76	13-1-77	13-1-78	13-1-79	13-1-80	13-1-81
项　　目		在室外光缆接续(芯以下)							
		12	24	36	48	60	72	84	96
名　　称	单位	数　　量							
人工　综合工日	工日	1.50	3.00	4.50	6.00	7.50	9.00	10.50	12.00
材料　光缆接头盒(含接续器材)	套	1.01	1.01	1.01	1.01	1.01	1.01	1.01	1.01
接头盒保护套(埋式光缆接头用)	套	1.01	1.01	1.01	1.01	1.01	1.01	1.01	1.01
机械　载重汽车 4t	台班	0.50	0.80	1.00	1.20	1.40	1.60	1.80	2.00
汽油发电机≤10kW	台班	0.50	0.80	1.00	1.20	1.40	1.60	1.80	2.00
仪器仪表　光时域反射仪 HP8146A	台班	0.50	0.80	1.00	1.20	1.40	1.60	1.80	2.00
光纤熔接机 AV33119	台班	0.50	0.80	1.00	1.20	1.40	1.60	1.80	2.00

（6）附录放在每册定额表之后,为使用定额提供参考数据。主要内容包括:①工程量计算方法及有关规定;②材料、构件、元件等重量表,配合比表,损耗率;③选用的材料价格表;④施工机械台班单价表;⑤仪器仪表台班单价表等。

三、《全统定额》的特点

（1）《全统定额》扩大了适用范围。《全统定额》基本实现了各有关工业部门之间的共性较强的通用安装定额,在项目划分、工程量计算规则、计量单位和定额水平等方面的统一,改变了过去同类安装工程定额水平相差悬殊的状况。

（2）《全统定额》反映了现行技术标准规范的要求。随着国家和有关部门先后发布了许多新的设计规范和施工验收规范、质量标准等,《全统定额》根据现行技术标准、规范的要求,对原定额进行了修订、补充,从而使全统定额更为先进合理,有利于正确确定工程造价和提高工程质量。

（3）《全统定额》尽量做到了综合扩大、少留活口。如脚手架搭拆费,由原来规定按实际需要计算改为按系数计算或计入定额子目;又如场内水平运距,《全统定额》规定场内水平运距是综合考虑的,不得因实际运距与定额不同而进行调整;再如金属桅杆和人字架等一般起重机具摊销费,经过测算综合取定了摊销费列入定额子目,各个地区均按取定值计算,不允许调整。

（4）凡是已有定点批量生产的产品,《全统定额》中未编制定额,应当以商品价格列入安装工程预算。如非标准设备制作,采用了原机械部和化工部联合颁发的非标准设备统一计价办法,保温用玻璃棉毡、席、岩棉瓦块以及仪表接头加工件等,均按成品价格计算。

（5）《全统定额》增加了一些新的项目,使定额内容更加完善,扩大了定额的覆盖面。

（6）根据现有的企业施工技术装备水平,在《全统定额》中合理地配备了施工机械,适当提高了机械化水平,减少了工人的劳动强度,提高了劳动效率。

四、《全统定额》的适用范围

（1）电气设备安装工程预算定额适用于工业与民用新建、扩建工程中，10kV 以下变配电设备及线路安装工程、车间动力电气设备及电气照明器具、防雷及接地装置安装、配管配线、电梯电气装置、电气调整试验等安装工程。

（2）给排水、采暖煤气工程预算定额适用于新建、扩建工程，生活用给水、排水、煤气、采暖热源管道以及附件配件安装、小型容器制作安装。

（3）通风空调工程预算定额适用于新建、扩建工程，工业与民用通风空调工程。

（4）建筑智能化系统设备安装工程预算定额适用于智能化大厦、智能小区新建和扩建项目中的智能化系统设备的安装调试工程。

五、《全统定额》的界限划分

（1）电气设备安装工程。

1）与"机械设备"定额的分界。

①各种电梯的机械部分执行机械设备定额。电气设备安装，即线槽、配管配线、电缆敷设、电机检查接线、照明装置、风扇和控制信号装置的安装与调试均执行该定额。

②起重运输设备、各种金属加工机床等的安装执行机械设备定额，其中的电气盘箱、开关控制设备、配管配线、照明装置和电气调试执行该定额。

③电机安装执行机械设备定额，电机检查、接线执行该定额。

2）与"通信设备"定额的分界。

①变电所和电控室的电气设备、照明器具的安装执行该定额，从通信用的电源盘开始执行。

②载波通信用的设备，如阻波器等，凡安装在变电所范围内的均执行该定额。

③通信设备的接地工程执行该定额。

3）与"自控仪表"定额的分界。

①自动化控制装置工程中的电气盘及其他电气设备的安装执行该定额，自动化控制装置专用盘箱的安装执行该定额。

②自动化控制装置的电缆敷设执行自控仪表定额，其人工费乘以系数 1.05。

③自动化控制装置中的电气配管执行该定额，其人工费乘以系数 1.07。

④自动化控制装置的接地工程执行该定额。

⑤电气调试中新技术项目调试用的仪表使用费按自控仪表执行。

4）与"工艺管道"定额的分界。大型水冷变压器的安装，其水冷系统，以冷却器进出口的第一个法兰盘为界，由法兰盘开始的一次门及供水母管与回水管的安装执行工艺管道定额。

（2）给排水、采暖、燃气工程。

1）工业管道、生产生活共用的管道、锅炉房和泵类配管以及高层建筑内加压泵间的管道，执行"工艺管道"定额。

2）水泵、风机等传动设备的安装，执行"机械设备"定额。

3）压力表、温度计的安装，执行"自控仪表"定额。

4）锅炉的安装，执行"热力设备"定额的有关子目。

5)刷油、保温部分，执行"刷油、绝热、防腐蚀"定额的有关子目。

6)埋地管道土石方及砌筑工程，执行各地区建筑工程预算定额。

7)管道长度小于 10km 的水源管道，执行"工艺管道"定额；管道长度大于 10km 或不足 10km 而有穿、跨越的管道，执行"长距离输送管道"定额。水源管道若为城市供水管道时，执行"市政工程"相应定额。

8)给水管道室内外界限，以建筑物外墙面 1.5m 处为界；入口处设阀门者，以阀门为界。

9)与市政管道的界限，以水表井为界；无水表井者，以与市政管道碰头点为界。

10)排水管道室内外界限，以第一个排水检查井为界。

11)排水管室外管道与市政管道之间，以室外管道与市政管道碰头井为界。

12)采暖热源管道室内外界限，以入口阀门或建筑物外墙面 1.5m 处为界；与工艺管道间的界限，以锅炉房或泵站外墙面 1.5m 处为界；工厂车间内采暖管道以采暖系统与工业管道碰头点为界；设在高层建筑内的加压泵间管道，以泵间外墙面为界。

13)室内外煤气管道的界限划分：若是地下引入室内的管道，以室内第一个阀门为界；地上引入室内的管道，以墙外三通为界；室外管道与市政管道间，以两者的碰头点为界。

(3)通风空调工程。

1)该定额和机械设备安装工程预算定额中，都编有通风机安装项目，两定额同时列有相同风机安装项目，属于通风空调工程的均执行该定额。

2)该定额和化工设备安装工程预算定额都编有玻璃钢冷却塔安装项目，凡通风空调工程中的玻璃钢冷却塔的安装，必须执行该定额。

3)通风空调工程中的刷油、绝热、防腐蚀工程使用"刷油、绝热、防腐蚀工程"定额。

(4)建筑智能化系统设备安装工程。

1)电源线、控制电缆敷设、电缆托架铁件制作、电线槽安装、桥架安装、电线管敷设、电缆沟工程、电缆保护管敷设，执行《全统定额》第二册《电气设备安装工程》相关定额。

2)通信工程中的立杆工程、天线基础、土石方工程、建筑物防雷及接地系统工程执行《全统定额》第二册《电气设备安装工程》和其他相关定额。

六、《全统定额》有关系数的取定

为了减少活口，便于操作，所有定额均规定了一些系数。如高层建筑增加费系数、超高系数、脚手架搭拆系数、安装与生产同时进行增加费系数、有害身体健康环境中施工增加费系数、系统调试费系数等。

(1)脚手架搭拆费。安装工程脚手架搭拆及摊销费，在《全统定额》中采取两种取定方法：①把脚手架搭拆人工及材料摊销量编入定额各子目中；②绝大部分的脚手架则是采用系数的方法计算其脚手架搭拆费的。

(2)高层建筑增加费。

1)《全统定额》所指的高层建筑，是指六层以上(不含六层)的多层建筑，单层建筑物自室外设计标高±0.000 至檐口(或最高层地面)高度在 20m 以上(不含 20m)，不包括屋顶水箱、电梯间、屋顶平台出入口等高度的建筑物。

2)计算高层建筑增加费的范围包括暖气、给排水、生活用煤气、通风空调、电气照明工程及其保温、刷油等。费用内容包括人工降效、材料、工具垂直运输增加的机械台班费用，施工用水加压泵的台班费用及工人上下班所乘坐的升降设备台班费等。

3)高层建筑增加费的计算方法。以高层建筑安装全部人工费(包括六层或20m以下部分的安装人工费)为基数乘以高层建筑增加费率。同一建筑物有部分高度不同时,可按不同高度分别计算。单层建筑物在20m以上的高层建筑计算高层建筑增加费时,先将高层建筑物的高度除以(每层高度)3m,计算出相当于多层建筑物的层数,再按"高层建筑增加费用系数表"所列的相应层数的增加费率计算。

(3)场内运输费用。场内水平和垂直搬运是指施工现场设备、材料的运输。《全统定额》对运输距离作了如下规定:

1)材料和机具运输距离以工地仓库至安装地点300m计算,管道或金属结构预制件的运距以现场预制厂至安装地点计算。上述运距已在定额内作了综合考虑,不得由于实际运距与定额不一致而调整。

2)设备运距按安装现场指定堆放地点至安装地点70m以内计算。设备出库搬运不包括在定额内,应另行计算。

3)垂直运输的基准面,在室内为室内地平面,在室外为安装现场地平面。设备或操作物高度离楼地面超过定额规定高度时,应按规定系数计算超高费。设备的高度以设备基础为基准面,其他操作物以工程量的最高安装高度计算。

(4)安装与生产同时进行增加费。它是指扩建工程在生产车间或装置内施工,因生产操作或生产条件限制(如不准动火)干扰了安装正常进行,致使降低工效所增加的费用,不包括为了保证安全生产和施工所采取的措施费用。安装工作不受干扰则不应计此费用。

(5)在有害身体健康的环境中施工降效增加费。这是指在民法通则有关规定允许的前提下,改建、扩建工程中由于车间装置范围内有害气体或高分贝噪声超过国家标准以致影响身体健康而降低效率所增加的费用。不包括劳保条例规定应享受的工种保健费。

(6)定额调整系数的分类与计算办法。《全统定额》中规定的调整系数或费用系数分为两类:一类是子目系数,是在定额各章、节规定的各种调整系数,如超高系数、高层建筑增加系数等,均属于子目系数;另一类是综合系数,是在定额总说明或册说明中规定的一些系数,如脚手架系数、安装与生产同时进行增加费系数、在有害身体健康的环境中施工降效增加费系数等。子目系数是综合系数的计算基础。上述两类系数计算所得的数值构成直接费。

七、安装工程预算定额基价的确定

《全统定额》是完成规定计量单位分项工程计价所需的人工、材料、施工机械台班、仪器仪表台班的消耗量标准,是统一全国安装工程预算工程量计算规则、项目划分、计量单位的依据;是编制安装工程地区单位估价表、施工图预算、招标控制价(标底)、确定工程造价的依据;是编制概算定额(指标)、投资估算指标的基础;也可作为制订企业定额和投标报价的参考。《全统定额》是依据国家有关现行产品标准、设计规范、施工及验收规范、技术操作规程、质量评定标准和安全操作规程编制的,也参考了行业、地方标准,以及有代表性的工程设计、施工资料和其他资料,是按目前国内大多数施工企业采用的施工方法、机械化装备程度、合理的工期、施工方法、施工工艺和劳动组织条件进行编制的。

(1)人工工日消耗量的确定。《全统定额》的人工工日不分列工种和技术等级,一律以综合工日表示,内容包括基本用工和人工幅度差。

（2）材料消耗量的确定。

1）《全统定额》中的材料消耗量包括直接消耗在安装工作内容中的主要材料、辅助材料和零星材料等，并计入了相应损耗。其内容和范围包括：从工地仓库、现场集中堆放地点或现场加工地点到操作或安装地点的运输损耗、施工操作损耗、施工现场堆放损耗。

2）凡定额中材料数量内带有括号的材料均为主材。

（3）施工机械台班消耗量的确定。

1）《全统定额》中的施工机械台班消耗量是按正常合理的机械配备、机械施工工效测算确定的。

2）凡单位价值在 2000 元以内、使用年限在两年以内的、不构成固定资产的低值易耗的小型机械未列入定额，应在建筑安装工程费用定额中考虑。

（4）施工仪器仪表台班消耗量的确定。

1）《全统定额》的施工仪器仪表台班消耗量是按正常合理的仪器仪表配备、仪器仪表施工工效测算综合取定的。

2）凡单位价值在 2000 元以内、使用年限在两年以内的、不构成固定资产的低值易耗的小型仪器仪表未列入定额，应在建筑安装工程费用定额中考虑。

（5）关于水平和垂直运输。

1）设备：包括自安装现场指定堆放地点运至安装地点的水平和垂直运输。

2）材料、成品、半成品：包括自施工单位现场仓库或现场指定堆放地点运至安装地点的水平和垂直运输。

3）垂直运输基准面：室内是以室内地平面为基准面，室外是以安装现场地平面为基准面。

第三节　建筑工程概预算的编制

一、建设工程投资估算的编制

1. 项目建议书阶段投资估算

（1）项目建议书阶段的投资估算一般要求编制总投资估算，总投资估算表中工程费用的内容应分解到主要单项工程，工程建设其他费用可在总投资估算表中分项计算。

（2）项目建议书阶段建设项目投资估算可采用生产能力指数法、系数估算法、比例估算法、混合法（生产能力指数法与比例估算法、系数估算法与比例估算法等综合使用）、指标估算法等。

1）生产能力指数法。生产能力指数法是根据已建成的类似建设项目生产能力和投资额，进行粗略估算拟建建设项目相关投资额的方法，其计算公式为：

$$C = C_1 (Q/Q_1)^x f$$

式中　　C——拟建建设项目的投资额；

C_1——已建成类似建设项目的投资额；

Q——拟建建设项目的生产能力；

Q_1——已建成类似建设项目的生产能力；

X——生产能力指数($0 \leqslant X \leqslant 1$)；

f——不同的建设时期、不同的建设地点而产生的定额水平、设备购置和建筑安装材料价格、费用变更和调整等综合调整系数。

2)系数估算法。系数估算法是根据已知的拟建建设项目主体工程费或主要生产工艺设备费为基数，以其他辅助费或配套工程费占主体工程费或主要生产工艺设备费的百分比为系数，进行估算拟建建设项目相关投资额的方法，其计算公式为：

$$C = E(1 + f_1 P_1 + f_2 P_2 + f_3 P_3 + \cdots) + I$$

式中　　　C——拟建建设项目的投资额；

　　　　　E——拟建建设项目的主体工程费或主要生产工艺设备费；

$P_1 、 P_2 、 P_3$——已建成类似建设项目的辅助或配套工程费占主体工程费或主要生产工艺设备费的比重；

$F_1 、 f_2 、 f_3$——由于建设时间、地点不同而产生的定额水平、建筑安装材料价格、费用变更和调整等综合调整系数；

　　　　　I——根据具体情况计算的拟建建设项目各项其他基本建设费用。

3)比例估算法。比例估算法是根据已知的同类建设项目主要生产工艺设备投资占整个建设项目的投资比例，先逐项估算出拟建建设项目主要生产工艺设备投资，再按比例进行估算拟建建设项目相关投资额的方法，其计算公式为：

$$C = \sum_{i=1}^{n} Q_i P_i / k$$

式中　C——拟建建设项目的投资额；

　　　k——主要生产工艺设备费占拟建建设项目投资额的比例；

　　　n——主要生产工艺设备的种类；

　　　Q_i——第 i 种主要生产工艺设备的数量；

　　　P_i——第 i 种主要生产工艺设备购置费(到厂价格)。

4)混合法。混合法是根据主体专业设计的阶段和深度，投资估算编制者所掌握的国家及地区、行业或部门相关投资估算基础资料和数据(包括造价咨询机构自身统计和积累的相关造价基础资料)，对一个拟建建设项目采用生产能力指数法与比例估算法或系数估算法与比例估算法混合估算其相关投资额的方法。

5)指标估算法。指标估算法是把拟建建设项目以单项工程或单位工程，按建设内容纵向划分为各个主要生产设施、辅助及公用设施、行政及福利设施以及各项其他基本建设费用，按费用性质横向划分为建筑工程、设备购置、安装工程等，根据各种具体的投资估算指标，进行各单位工程或单项工程投资的估算，在此基础上汇集编制成拟建建设项目的各个单项工程费用和拟建建设项目的工程费用投资估算。再按相关规定估算工程建设其他费用、预备费、建设期贷款利息等，形成拟建建设项目总投资。

2. 可行性研究阶段投资估算

(1)可行性研究阶段建设项目投资估算原则上应采用指标估算法，对投资有重大影响的主体工程应估算出分部分项工程量，参考相关综合定额(概算指标)或概算定额编制主要单项工程的投资估算。

（2）可行性研究阶段、方案设计阶段建设项目投资估算视设计深度，应参照可行性研究阶段的编制办法进行。

（3）在一般的设计条件下，可行性研究投资估算深度在内容上应达到规定要求。对于子项目单一的大型民用公共建筑，主要单项工程估算应细化到单位工程估算书。可行性研究投资估算深度应满足项目的可行性研究与评估要求，并最终满足国家和地方有关部门批复或备案的要求。

3. 投资估算过程中的方案比选、优化设计和限额设计

（1）工程建设项目由于受资源、市场、建设条件等因素的限制，为了提高工程建设投资效果，拟建项目可能存在建设场址、建设规模、产品方案、所选用的工艺流程不同等多个整体设计方案。而在一个整体设计方案中也可存在厂区总平面布置、建筑结构形式等不同的多个设计方案。当出现多个设计方案时，工程造价咨询机构和注册造价工程师有义务与工程设计者配合，为建设项目投资决策者提供方案比选的意见。

1）建设项目设计方案比选的内容：在宏观方面有建设规模、建设场址、产品方案等；在建设项目本身方面有厂区（或居住小区）总平面布置、主体工艺流程选择、主要设备选型等；微观方面有工程设计标准、工业与民用建筑的结构形式、建筑安装材料的选择等。

2）建设项目设计方案比选的方法：建设项目多方案整体宏观方面的比选，一般采用投资回收期法、计算费用法、净现值法、净年值法、内部收益率法以及上述几种方法同时使用等。建设项目本身局部多方案的比选，除了可用上述宏观方案的比较方法外，一般采用价值工程原理或多指标综合评分法（对参与比选的设计方案设定若干评价指标，并按其各自在方案中的重要程度给定各评价指标的权重和评分标准，计算各设计方案的权重加得分的方法）比选。

（2）优化设计的投资估算编制是针对在方案比选确定的设计方案基础上，通过设计招标、方案竞选、深化设计等措施，以降低成本或提高功能为目的的优化设计或深化过程中，对投资估算进行调整的过程。

（3）限额设计的投资估算编制前提条件是严格按照基本建设程序进行，前期设计的投资估算应准确合理，限额设计的投资估算编制应进一步细化建设项目投资估算，按项目实施内容和标准合理分解投资额度和预留调节金。

二、建设工程设计概算的编制

1. 建设项目总概算的编制

（1）概算编制说明应包括以下主要内容：

1）项目概况：简述建设项目的建设地点、设计规模、建设性质（新建、扩建或改建）、工程类别、建设期（年限）、主要工程内容、主要工程量、主要工艺设备及数量等。

2）主要技术经济指标：项目概算总投资（有引进的给出所需外汇额度）主要分项投资及主要技术经济指标（主要单位工程投资指标）等。

3）资金来源：按资金来源不同渠道分别说明，发生资产租赁的说明租赁方式及租金。

4）编制依据。

5）其他需要说明的问题。

6）总说明附表。

①建筑、安装工程工程费用计算程序表。

②引进设备、材料清单及从属费用计算表。

③具体建设项目概算要求的其他附表及附件。

（2）总概算表。概算总投资由工程费用、其他费用、预备费及应列入项目概算总投资中的几项费用组成：

1）第一部分　工程费用。按单项工程综合概算组成编制，采用二级编制的按单位工程概算组成编制。

①市政民用建设项目一般排列顺序：主体建（构）筑物、辅助建（构）筑物和配套系统。

②工业建设项目一般排列顺序：主要工艺生产装置、辅助工艺生产装置、公用工程、总图运输、生产管理服务性工程、生活福利工程、厂外工程。

2）第二部分　其他费用。一般按其他费用概算顺序列项，具体见下述"2. 其他费用、预备费、专项费用概算编制"。

3）第三部分　预备费。包括基本预备费和价差预备费，具体见下述"2. 其他费用、预备费、专项费用概算编制"。

4）第四部分　应列入项目概算总投资中的几项费用。一般包括建设期利息、铺底流动资金、固定资产投资方向调节税（暂停征收）等，具体见下述"2. 其他费用、预备费、专项费用概算编制"。

综合概算以单项工程所属的单位工程概算为基础，采用"综合概算表"进行编制，分别按各单位工程概算汇总成若干个单项工程综合概算。

对单一的、具有独立性的单项工程建设项目，按二级编制形式编制，直接编制总概算。

2. 其他费用、预备费、专项费用概算编制

（1）一般建设项目其他费用包括建设用地费、建设管理费、勘察设计费、可行性研究费、环境影响评价费、劳动安全卫生评价费、场地准备及临时设施费、工程保险费、联合试运转费、生产准备及开办费、特殊设备安全监督检验费、市政公用设施建设及绿化补偿费、引进技术和引进设备材料其他费、专利及专有技术使用费、研究试验费等。引进工程其他费用中的国外技术人员现场服务费、出国人员旅费和生活费折合人民币列入，用人民币支付的其他几项费用直接列入其他费用中。

（2）预备费包括基本预备费和价差预备费。基本预备费以总概算第一部分"工程费用"和第二部分"其他费用"之和为基数的百分比计算；价差预备费一般按下列公式计算：

$$P = \sum_{t=1}^{n} I_t \left[(1+f)^m (1+f)^{0.5} (1+f)^{t-1} - 1 \right]$$

式中　P——价差预备费；

　　　n——建设期（年）数；

　　　I_t——建设期第 t 年的投资；

　　　f——投资价格指数；

　　　t——建设期第 t 年；

　　　m——建设前年数（从编制概算到开工建设年数）。

（3）应列入项目概算总投资中的几项费用：

1）建设期利息：根据不同资金来源及利率分别计算。

$$Q = \sum_{j=1}^{n} (P_{j-1} + A_j/2)i$$

式中　Q——建设期利息；

　P_{j-1}——建设期第 $j-1$ 年末贷款累计金额与利息累计金额之和；

　　A_j——建设期第 j 年贷款金额；

　　　i——贷款年利率；

　　　n——建设期年数。

2)铺底流动资金：按国家或行业有关规定计算。

3)固定资产投资方向调节税(暂停征收)。

3. 单位工程概算的编制

(1)单位工程概算是编制单项工程综合概算(或项目总概算)的依据,单位工程概算项目根据单项工程中所属的每个单体按专业分别编制。

(2)单位工程概算一般分为建筑工程和设备及安装工程两大类。建筑工程单位工程概算按下述(3)的要求编制；设备及安装工程单位工程概算按下述(4)的要求编制。

(3)建筑工程单位工程概算。

1)建筑工程概算费用内容及组成见本书第一章。

2)建筑工程概算要采用"建筑工程概算表"编制,按构成单位工程的主要分部分项工程编制,根据初步设计工程量按工程所在省、市、自治区颁发的概算定额(指标)、行业概算定额(指标)以及工程费用定额计算。

3)对于通用结构建筑可采用"造价指标"编制概算；对于特殊或重要的建(构)筑物,必须按构成单位工程的主要分部分项工程编制,必要时结合施工组织设计进行详细计算。

(4)设备及安装工程单位工程概算。

1)设备及安装工程概算费用由设备购置费和安装工程费组成。

①设备购置费。

定型或成套设备费＝设备出厂价格＋运输费＋采购保管费

引进设备费用分外币和人民币两种支付方式,外币部分按美元或其他国际主要流通货币计算。

非标准设备原价有多种不同的计算方法,如综合单价法、成本计算估价法、系列设备插入估价法、分部组合估价法、定额估价法等。一般采用不同种类设备综合单价法计算,计算公式为：

设备费 ＝ $\sum$ 综合单价(元 /t)×设备单重(t)

工、器具及生产家具购置费一般以设备购置费为计算基数,按照部门或行业规定的工、器具及生产家具费率计算。

②安装工程费。安装工程费用内容组成以及工程费用计算方法见本书第一章,其中,辅助材料费按概算定额(指标)计算；主要材料费以及消耗量按工程所在地当年预算价格(或市场价)计算。

2)引进材料费用计算方法与引进设备费用计算方法相同。

3)设备及安装工程概算采用"设备及安装工程概算表"形式,按构成单位工程的主要分部分项工程编制；初步设计工程量按工程所在省、市、自治区颁发的概算定额(指标)或行业概算定额(指标),以及工程费用定额计算。

4)概算编制深度可参照"13计价规范"深度执行。

(5)当概算定额或指标不能满足概算编制要求时,应编制"补充单位估价表"。

4. 调整概算的编制

(1)设计概算批准后一般不得调整。由于特殊原因需要调整概算时,由建设单位调查分析变更原因,报主管部门审批同意后,由原设计单位核实编制、调整概算,并按有关审批程序报批。

(2)调整概算的原因。

1)超出原设计范围的重大变更。

2)超出基本预备费规定范围内不可抗拒的重大自然灾害引起的工程变动和费用增加。

3)超出工程造价调整预备费的国家重大政策性的调整。

(3)影响工程概算的主要因素已经清楚,工程量完成了一定量后方可进行调整,一个工程只允许调整一次概算。

(4)调整概算编制深度与要求、文件组成及表格形式与原设计概算相同,调整概算还应对工程概算调整的原因做详尽分析和说明,所调整的内容在调整概算总说明中要逐项与原批准概算对比,并编制调整前后概算对比表,分析主要变更原因。

(5)在上报调整概算时,应同时提供有关文件和调整依据。

5. 设计概算审查的步骤

设计概算审查是一项复杂而细致的技术经济工作,审查人员既应懂得有关专业技术知识,又应具有熟练编制概算的能力,一般情况下可按如下步骤进行:

(1)概算审查的准备。概算审查的准备工作包括:了解设计概算的内容组成、编制依据和方法;了解建设规模、设计能力和工艺流程;熟悉设计图纸和说明书,掌握概算费用的构成和有关技术经济指标;明确概算各种表格的内涵;搜集概算定额、概算指标、取费标准等有关规定的文件资料等。

(2)进行概算审查。根据审查的主要内容,分别对设计概算的编制依据、单位工程设计概算、综合概算、总概算进行逐级审查。

(3)进行技术经济对比分析。利用规定的概算定额或指标以及有关技术经济指标与设计概算进行分析对比,根据设计和概算列明的工程性质、结构类型、建设条件、费用构成、投资比例、占地面积、生产规模、设备数量、造价指标、劳动定员等与国内外同类型工程规模进行对比分析,从大的方面找出和同类型工程的距离,为审查提供线索。

(4)研究、定案、调整概算。对概算审查中出现的问题要在对比分析、找出差距的基础上深入现场进行实际调查研究。了解设计是否经济合理,概算编制依据是否符合现行规定和施工现场实际,有无扩大规模、多估投资或预留缺口等情况,并及时核实概算投资。对于当地没有同类型的项目而不能进行对比分析时,可向国内同类型企业进行调查,搜集资料,作为审查的参考。经过会审决定的定案问题应及时调整概算,并经原批准单位下发文件。

三、建设工程施工图预算的编制

1. 施工图预算编制的方法

(1)工料单价法是指分部分项工程量的单价为直接费,直接费以人工、材料、机械的消耗量及其相应价格与措施费确定。间接费、利润、税金按照有关规定另行计算。

1）传统施工图预算使用工料单价法，其计算步骤如下：

①准备资料，熟悉施工图。准备的资料包括施工组织设计、预算定额、工程量计算标准、取费标准、地区材料预算价格等。

②计算工程量。第一，要根据工程内容和定额项目，列出分项工程目录；第二，根据计算顺序和计算规划列出计算式；第三，根据图纸上的设计尺寸及有关数据，代入计算式进行计算；第四，对计算结果进行整理，使之与定额中要求的计量单位保持一致，并予以核对。

③套工料单价。核对计算结果后，按单位工程施工图预算直接费计算公式求得单位工程人工费、材料费和机械使用费之和。

④编制工料分析表。根据各分部分项工程项目实物工程量和预算定额中项目所列的人工及材料数量，计算各分部分项工程所需人工及材料数量，汇总后算出该单位工程所需各类人工及材料的数量。

⑤计算并汇总造价。根据规定的税、费率和相应的计取基础，分别计算措施费、间接费、利润、税金等。将上述费用累计后进行汇总，求出单位工程预算造价。

⑥复核。对项目填列、工程量计算公式、计算结果、套用的单价、采用的各项取费费率、数字计算、数据精确度等进行全面复核，以便及时发现差错，及时修改，提高预算的准确性。

⑦填写封面、编制说明。封面应写明工程编号、工程名称、工程量、预算总造价和单方造价、编制单位名称、负责人和编制日期以及审核单位的名称、负责人和审核日期等。编制说明主要应写明预算所包括的工程内容范围、依据的图纸编号、承包企业的等级和承包方式、有关部门现行的调价文件号、套用单价需要补充说明的问题及其他需要说明的问题等。

现在编制施工图预算时要特别注意，所用的工程量和人工、材料量是统一的计算方法和基础定额；所用的单价是地区性的（定额、价格信息、价格指数和调价方法）。由于在市场条件下价格是变动的，要特别重视定额价格的调整。

2）实物法编制施工图预算的步骤：实物法编制施工图预算是先算工程量、人工、材料量、机械台班（即实物量），然后再计算费用和价格的方法。此方法适合在市场经济条件下编制施工图预算，在改革中应当努力实现此方法的普遍应用。其编制步骤如下：

①准备资料，熟悉施工图纸。

②计算工程量。

③套基础定额，计算人工、材料、机械数量。

④根据当时、当地的人工、材料、机械单价，计算并汇总人工费、材料费、机械使用费，得出单位工程直接工程费。

⑤计算措施费、间接费、利润和税金，并进行汇总，得出单位工程造价（价格）。

⑥复核。

⑦填写封面、编写说明。

从上述步骤可见，实物法与定额单价法不同，实物法的关键在于第三步和第四步，尤其是第四步，使用的单价已不是定额中的单价了，而是在由当地工程价格权威部门（主管部门或专业协会）定期发布价格信息和价格指数的基础上，自行确定人工单价、材料单价和施工机械台班单价。这样便不会使工程价格脱离实际，并为价格的调整减少了许多麻烦。

（2）综合单价法是指分部分项工程量的单价为全费用单价，既包括直接费、间接费、利润

(酬金)和税金,也包括合同约定的所有工、料价格变化风险等一切费用,是一种国际上通行的计价方式。

按照《建筑工程施工发包承包管理办法》的规定,综合单价是由分项工程的直接费、间接费、利润和税金组成的,而直接费是以人工、材料、机械的消耗量及相应价格与措施费确定的。因此,计价步骤如下:

1)准备资料,熟悉施工图纸。

2)划分项目,按统一规定计算工程量。

3)计算人工、材料和机械数量。

4)套综合单价,计算各分项工程造价。

5)汇总得出分部工程造价。

6)各分部工程造价汇总后得出单位工程造价。

7)复核。

8)填写封面、编写说明。

"综合单价"的产生是使用该方法的关键。显然编制全国统一的综合单价是不现实或不可能的,而由地区编制较为可行。理想的是由企业编制"企业定额"产生综合单价。由于在每个分项工程上确定利润和税金比较困难,故可以编制含有直接费和间接费的综合单价,待求出单位工程总的直接费和间接费后,再统一计算单位工程的利润和税金,汇总得出单位工程造价。

2. 施工图预算审查的步骤

(1)做好审查前的准备工作。

1)熟悉施工图纸。施工图纸是编制预算分项工程数量的重要依据,必须全面熟悉了解。一是核对所有的图纸,清点无误后,依次识读;二是参加技术交底,解决图纸中的疑难问题,直至完全掌握图纸。

2)了解预算包括的范围。根据预算编制说明,了解预算包括的工程内容。例如,配套设施、室外管线、道路以及会审图纸后的设计变更等。

3)弄清编制预算采用的单位工程估价表。任何单位工程估价表或预算定额都有一定的适用范围。根据工程性质,搜集熟悉相应的单价、定额资料。特别是市场材料单价和取费标准等。

(2)选择合适的审查方法,按相应内容审查。由于工程规模、繁简程度不同,施工企业情况也不同,所编工程预算繁简和质量也不同,因此需针对情况选择相应的审查方法进行审核。

(3)综合整理审查资料,编制调整预算。经过审查,如发现有差错,需要进行增加或核减的,经与编制单位逐项核实,统一意见后,修正原施工图预算,汇总增加或核减量。

四、建设工程结算的编制

(一)建设工程结算的编制原则

(1)工程结算按工程的施工内容或完成阶段,可分为竣工结算,分阶段结算、合同终止结算和专业分包结算等形式进行编制。

(2)工程结算的编制应对相应的施工合同进行编制。当合同范围内涉及整个项目的,应按建设项目组成,将各单位工程汇总为单项工程,再将个单位工程汇总为建设项目,编制相应的建设项目工程结算成果文件。

(3)实行分阶段结算的建设项目,应按合同要求进行分阶段结算,出具各阶段工程结算成果文件。在竣工结算时,将各阶段工程结算汇总,编制相应竣工结算成果文件。

(4)除合同另有约定外,分阶段结算的工程项目,其工程结算文件用于价款支付时,应包括下列内容:

1)本周期已完成工程的价款;

2)累计已完成的工程价款;

3)累计已支付的工程价款;

4)本周期已完成计日工金额;

5)应增加和扣减的变更金额;

6)应增加和扣减的索赔金额;

7)应抵扣的工程预付款;

8)应扣减的质量保证金;

9)根据合同应增加和扣减的其他金额;

10)本付款周期实际应支付的工程价款。

(5)进行合同终止结算时,应按已完工程的实际工程量和施工合同的有关约定,编制合同终止结算。

(6)实行专业分包结算的工程,应将各专业分包合同的要求,对各专业分包分别编制工程结算。总承包人应按工程总承包合同的要求将各专业分包结算汇总在相应的单位工程或单项工程结算内进行工程总承包结算。

(7)工程结算编制应区分施工合同类型及工程结算的计价模式采用相应的工程结算编制方法。

1)施工合同类型按计价方式可分为总价合同、单价合同、成本加酬金合同;

2)工程结算的计价模式应分为单价法和实物量法,单价法分为定额单价法和工程量清单单价法。

(8)工程结算编制时,采用总价合同的,应在合同价基础上对设计变更、工程洽商以及工程索赔等合同约定可以调整的内容进行调整。

(9)工程结算编制时,采用单价合同的,工程结算的工程量应按照经发承包双方在施工合同中约定的方法对合同价款进行调整。

(10)工程结算的编制时,采用成本加酬金合同的,应依据合同约定的方法计算各个分部分项工程以及设计变更、工程洽商、施工措施等内容的工程成本,并计算酬金及有关税费。

(二)建设工程结算的编制方法

(1)采用工程量清单方式计价的工程,一般采用单价合同,应按工程量清单单价法编制工程依据结算。

(2)分部分项工程费应依据施工合同相应约定以及实际完成的工程量、投标时的综合单价等进行计算。

(3)工程结算中涉及工程单价调整时,应当遵循以下原则:

1)合同中已有适用于变更工程、新增工程单价的,按已有的单价结算;

2)合同中有类似变更工程、新增工程单价的,可以参照类似单价作为结算依据;

3)合同中没有适用或类似变更工程、新增工程单价的,结算编制受委托人可商洽承包人或发包人提出适当的价格,经对方确认后作为结算依据。

(4)工程结算编制时措施项目费应依据合同约定的项目和金额计算,发生变更、新增的措施项目,以发承包双方合同约定的计价方式计算,其中措施项目清单中的安全文明费用应按照国家或省级、行业建设主管部门的规定计算。施工合同中未约定措施项目费结算方法时,措施项目费可按以下方法结算:

1)与分部分项工程实体相关的措施项目,应随该分部分项工程的实体工程量的变化,依据双方确定的工程量、合同约定的综合单价进行结算。

2)独立性的措施项目,应充分体现其竞争性,一般应固定不变,按合同价中相应的措施项目费用进行结算。

3)与整个建设项目相关的综合取定的措施项目费用,可按照投标时的取费基数及费率基数及费率进行结算。

(5)其他项目费应按以下方法进行结算:

1)计日工按发包人实际签证的数量和确定的事项进行结算;

2)暂估价中的材料单价按发承包双方最终确认价在分部分项工程费中对相应综合单价进行调整,计入相应的分部分项工程;

3)专业工程结算价应按中标价或发包人、承包人与分包人最终确认的分包工程价进行结算;

4)总承包服务费因依据合同约定的结算方式进行结算;

5)暂列金额应按合同约定计算实际发生的费用,并分别列入相应的分部分项工程费、措施项目费中。

(6)招标工程量清单漏项、设计变更、工程洽商等费用应依据施工图,以及发承包双方签证资料确认的数量和合同约定的计价方式进行结算,其费用列入相应的分部分项工程费或措施项目费中。

(7)工程索赔费用应依据发承包双方确认的索赔事项和合同约定的计价方式进行结算,其费用列入相应的分部分项工程费或措施项目费中。

(8)规费和税金应按国家、省级或行业建设主管部门的规费规定计算。

第四章　电气设备安装工程量计算

第一节　变压器安装工程量计算

一、变压器基础知识

1. 油浸电力变压器

油浸电力变压器依靠油作为冷却介质,如油浸自冷、油浸风冷、油浸水冷及强迫油循环等。一般升压站的主变都是油浸式的,变比 20kV/500kV 或 20kV/220kV,一般发电厂用于带动自身负载(比如磨煤机、引风机、送风机、循环水泵等)的厂用变压器,也是油浸式变压器,它的变比是 20kV/6kV。

2. 干式变压器

干式变压器是铁芯和绕组均不浸于绝缘液体中的变压器,其可分为下面三类:

(1)全封闭干式变压器:置于无压力的密封外壳内,通过内部空气循环进行冷却的变压器。

(2)封闭干式变压器:置于通风的外壳内,通过外部空气循环进行冷却的变压器。

(3)非封闭干式变压器:不带防护外壳,通过空气自然循环或强迫空气循环进行冷却的变压器。

3. 整流变压器

(1)整流变压器是整流设备的电源变压器,其功能如下:

1)供给整流系统适当的电压。

2)减小因整流系统造成的波形畸变对电网的污染。

(2)整流变压器的应用条件如下:

1)环境温度(周围气温自然变化值):最高气温＋40℃,最高日平均气温＋30℃,最高年平均气温＋20℃,最低气温－30℃。

2)海拔高度:变压器安装地点的海拔高度不超过 1000m。

3)空气最大相对湿度:当空气温度为＋25℃时,相对湿度不超过 90％。

4)安装场所无严重影响变压器绝缘的气体、蒸汽、化学性沉积、灰尘、污垢及其他爆炸性和侵蚀性介质。

5)安装场所无严重的振动和颠簸。

4. 自耦式变压器

自耦式变压器是指它的绕组一部分是高压边和低压边共同的;另一部分只属于高压边。按其结构分一般有可调压式和固定式两种。

5. 有载调压变压器

变压器在负载运行中能完成分接电压切换的称为有载调压变压器。

6. 电炉变压器

电炉变压器是作为各种电炉的电源用的变压器,容量一般为 1800~12500kV·A,具有损耗低、噪声小、维护简便、节能效果显著等特点。电炉变压器按用途不同可分为电弧炉变压器、工频感应器、工频感应炉变压器、电阻炉变压器、矿热炉变压器、盐浴炉变压器。

7. 消弧线圈

消弧线圈是一种绕组带有多个分接头、铁芯带有气隙的电抗器。消弧线圈的作用是当电网发生单相接地故障后,提供一电感电流补偿接地电容电流,使接地电流减小,也使得故障相接地电弧两端的恢复电压迅速降低,达到熄灭电弧的目的。当消弧线圈正确调谐时,不仅可以有效地减少产生弧光接地过电压的概率,还可以有效地抑制过电压的辐值,同时,也最大限度地减小了故障点热破坏作用及接地网的电压等。

二、变压器安装工程分项工程划分明细

1. 清单模式下变压器安装工程的划分

变压器安装工程清单模式下共分为 7 个项目,包括:油浸电力变压器、干式变压器、整流变压器、自耦变压器、有载调压变压器、电炉变压器、消弧线圈。

(1)油浸电力变压器工作内容包括:本体安装,基础型钢制作、安装,油过滤,干燥,接地,网门、保护门制作、安装,补刷(喷)油漆。

(2)干式变压器工作内容包括:本体安装,基础型钢制作、安装,温控箱安装,接地,网门、保护门制作、安装,补刷(喷)油漆。

(3)整流变压器、自耦变压器、有载调压变压器工作内容包括:本体安装,基础型钢制作、安装,油过滤,干燥,网门、保护门制作、安装,补刷(喷)油漆。

(4)电炉变压器工作内容包括:本体安装,基础型钢制作、安装,网门、保护门制作、安装,补刷(喷)油漆。

(5)消弧线圈工作内容包括:本体安装,基础型钢制作、安装,油过滤,干燥,补刷(喷)油漆。

2. 定额模式下变压器安装工程的划分

变压器安装工程定额模式下共分为 5 个项目,包括:油浸电力变压器安装、干式变压器安装、消弧线圈安装、电力变压器安装、变压器油过滤等。

(1)油浸电力变压器安装。工作内容包括:开箱检查,本体就位,器身检查,套管、油枕及散热器清洗,油柱试验,风扇油泵电机解体检查接线,附件安装,垫铁、止轮器制作、安装,补充注油及安装后整体密封试验,接地,补漆,配合电气试验。

(2)干式变压器安装。工作内容包括:开箱检查,本体就位,垫铁、止轮器制作安装,附件安装,接地,补漆,配合电气试验。

(3)消弧线圈安装。工作内容包括:开箱检查,本体就位,器身检查,垫铁、止轮器制作安装,附件安装,补充注油及安装后整体密封试验,接地,补漆,配合电气试验。

(4)电力变压器安装。工作内容包括:准备,干燥及维护、检查,记录整理,清扫,收尾及

注油。

(5)变压器油过滤。工作内容包括:过滤前准备及过滤后清理,油过滤,取油样,配合试验。

三、油浸电力变压器安装工程量计算

(一)计算规则与注意事项

1. 清单工程量计算规则与注意事项

(1)油浸电力变压器安装工程量计算规则见表 4-1。

表 4-1　　　　　　　　油浸电力变压器安装工程量计算规则

项目编码	项目名称	项目特征	计量单位	工程量计算规则
030401001	油浸电力变压器	1. 名称 2. 型号 3. 容量(kV·A) 4. 电压(kV) 5. 油过滤要求 6. 干燥要求 7. 基础型钢形式、规格 8. 网门、保护门材质、规格 9. 温控箱型号、规格	台	按设计图示数量计算

(2)变压器油如需试验、化验、色谱分析应按《通用安装工程工程量计算规范》(GB 50856—2013)附录 N 措施项目相关项目编码列项。

2. 定额工程量计算规则与注意事项

(1)油浸电力变压器安装,按不同容量以"台"为计量单位。

(2)变压器通过试验,判定绝缘受潮时才需进行干燥,所以只有需要干燥的变压器才能取此项费用(编制施工图预算时可列此项,工程结算时根据实际情况再作处理),以"台"为计量单位。

(3)变压器油过滤不论过滤多少次,直到过滤合格为止,以"t"为计量单位,其具体计算方法如下:

1)变压器安装定额未包括绝缘油的过滤,需要过滤时,可按制造厂规定的油量计算。

2)油断路器及其他充油设备的绝缘油过滤,可按制造厂规定的充油量计算。其计算公式为:

$$油过滤数量(t) = 设备油的质量(t) \times (1 + 损耗率)$$

(二)工程量计算实例

【例 4-1】某工程按设计图示,需要安装油浸电力变压器 S9-1000kV·A/10kV 2 台,并需要做干燥处理,绝缘油需要过滤,变压器的绝缘油重为 750kg,基础型钢为 10# 槽钢 40m。求油浸电力变压器工程量。

【解】　(1)油浸电力变压器清单工程量计算见表 4-2。

表 4-2 油浸电力变压器清单工程量计算表

项目编码	项目名称	项目特征描述	计量单位	工程量
030401001001	油浸电力变压器	油浸电力变压器 S9-1000kV·A/10kV	台	2

(2)油浸电力变压器定额工程量计算。

1)油浸电力变压器定额工程量:2 台。

2)油浸电力变压器干燥定额工程量:2 台。

3)绝缘油需要过滤定额工程量:0.75t。

四、干式变压器安装工程量计算

(一)计算规则与注意事项

1. 清单工程量计算规则与注意事项

干式变压器安装工程量计算规则见表 4-3。

表 4-3 干式变压器安装工程量计算规则

项目编码	项目名称	项目特征	计量单位	工程量计算规则
030401002	干式变压器	1. 名称 2. 型号 3. 容量(kV·A) 4. 电压(kV) 5. 油过滤要求 6. 干燥要求 7. 基础型钢形式、规格 8. 网门、保护门材质、规格 9. 温控箱型号、规格	台	按设计图示数量计算

2. 定额工程量计算规则与注意事项

(1)干式变压器安装,按不同容量以"台"为计量单位。

(2)干式变压器如果带有保护外罩时,人工和机械乘以系数 2.0。

(二)工程量计算实例

【例 4-2】某工程按设计图示,需要安装干式变压器 SG10-400kV·A/10kV 1 台,基础型钢为 10# 槽钢 10m。求干式变压器工程量。

【解】 (1)干式变压器清单工程量计算见表 4-4。

表 4-4 干式变压器清单工程量计算表

项目编码	项目名称	项目特征描述	计量单位	工程量
030401002001	干式变压器	干式变压器 SG10-400kV·A/10kV	台	1

(2)干式变压器定额工程量:1 台。

五、消弧线圈安装工程量计算

(一)计算规则与注意事项

1. 清单工程量计算规则与注意事项

消弧线圈工程量计算规则见表4-5。

表4-5　　　　　　　　　　　　　消弧线圈工程量计算规则

项目编码	项目名称	项目特征	计量单位	工程量计算规则
030401007	消弧线圈	1. 名称 2. 型号 3. 容量(kV·A) 4. 电压(kV) 5. 油过滤要求 6. 干燥要求 7. 基础型钢形式、规格	台	按设计图示数量计算

2. 定额模式计算规则与注意事项

(1)消弧线圈的干燥按同容量电力变压器干燥定额执行,以"台"为计量单位。

(2)消弧线圈的干燥执行同容量变压器干燥定额。电炉变压器执行同容量变压器干燥定额乘以系数2.0。

(二)工程量计算实例

【例4-3】某工程按设计图示,需要安装消弧线圈 XHZ10-300kV·A/10kV 2台,求消弧线圈的工程量。

【解】 (1)消弧线圈清单工程量计算见表4-6。

表4-6　　　　　　　　　　　　　消弧线圈清单工程量计算表

项目编码	项目名称	项目特征描述	计量单位	工程量
030401007001	消弧线圈	消弧线圈 XHZ10-300kV·A/10kV	台	2

(2)消弧线圈定额工程量:2台。

六、其他变压器

(一)计算规则与注意事项

其他变压器安装工程量计算规则见表4-7。

表 4-7　　　　　　　　　　　其他变压器安装工程量计算规则

项目编码	项目名称	项目特征	计量单位	工程量计算规则
030401003	整流变压器	1. 名称 2. 型号 3. 容量(kV·A) 4. 电压(kV) 5. 油过滤要求 6. 干燥要求 7. 基础型钢形式、规格 8. 网门、保护门材质、规格	台	按设计图示数量计算
030401004	自耦变压器			
030401005	有载调压变压器			
030401006	电炉变压器	1. 名称 2. 型号 3. 容量(kV·A) 4. 电压(kV) 5. 基础型钢形式、规格 6. 网门、保护门材质、规格		

(二)工程量计算实例

【例 4-4】按工程设计图示,需要安装整流变压器 ZS-800/10　3 台,求整流变压器工程量。

【解】　整流变压器清单工程量计算见表 4-8。

表 4-8　　　　　　　　　　　整流变压器清单工程量计算表

项目编码	项目名称	项目特征描述	计量单位	工程量
030401003001	整流变压器	整流变压器 ZS-800/10	台	3

第二节　配电装置安装工程量计算

一、配电装置基础知识

1. 油断路器

油断路器是指以密封的绝缘油作为断开故障灭弧介质的一种开关设备,有多油断路器和少油断路器两种形式。当油断路器开断电路时,只要电路中的电流超过 0.1A、电压超过几十伏,在断路器的动触头和静触头之间就会出现电弧,而且电流可以通过电弧继续流通,只有当触头之间分开足够的距离时,电弧熄灭后电路才断开。10kV 少油断路器开断 20kA 时的电弧功率可达一万千瓦以上,断路器触头之间产生的电弧弧柱温度可达六七千摄氏度,甚至超过一万摄氏度。

2. 真空断路器

真空断路器由真空灭火弧室、电磁或弹簧操动机构和支架及其他部件三部分组成,并因其灭弧介质和灭弧后触头间隙的绝缘介质都是高真空而得名,其具有体积小、质量轻、适用于频繁操作、灭弧不用检修的优点,在配电网中广泛应用。

真空断路器在电路中做接通、分断和承载额定工作电流和短路、过载等故障电流,并能在线路和负载发生过载、短路、欠压等情况下,迅速分断电路,进行可靠的保护。真空断路器的动、静触头及触杆设计形式多样,但提高断路器的分断能力是主要目的。目前,利用一定的触头结构,限制分断时短路电流峰值的限流原理,对提高断路器的分断能力起到明显的作用,因而被广泛采用。

3. SF₆ 断路器

SF_6 断路器的额定压力一般是 0.4~0.6MPa(表压),通常是指环境温度为 20℃ 时的压力值。温度不同时,SF_6 气体的压力也不同。充气或检查时,必须核对 SF_6 气体温度压力曲线,同时要比对产品说明书。

4. 空气断路器

空气断路器是利用高压空气灭弧的一种断路器,压缩空气压力可分为 1.5MPa、2.0MPa、2.5MPa 等,造价为油断路器的 1.5~2 倍,而且要有压缩空气设备。

5. 真空接触器

(1)真空接触器的组成部分与一般空气接触器相似,不同的是真空接触器的触头密封在真空灭弧中。其特点是接通和分断电流大,额定操作电压较高。

(2)真空接触器用于交流 50Hz,主回路额定工作电压 1140V、660V、380V 的配电系统。供频繁操作较大的负荷电流用,在工业企业被广泛选用,特别适用于环境恶劣和易燃易爆的危险场所。

6. 隔离开关

隔离开关是将电气设备与电源进行电气隔离或连接的设备。刀开关是最简单的手动控制设备,其功能是不频繁地接通电路。按闸刀的构造分,可分为胶盖刀开关和铁壳刀开关两种;按极数分,可分为单极、双极和三极三种,每种又有单投和双投之分。

7. 负荷开关

负荷开关是一种介于隔离开关与断路器之间的电气设备,负荷开关比普通隔离开关多了一套灭弧装置和快速分断机构。

负荷开关安装时手柄向上合闸,不得倒装或平装,以防止闸刀在切断电流时刀片和夹座间产生电弧。并应使刀片和夹座成直线接触,且应接触紧密,支座应有足够压力,刀片或夹座不应歪扭。接线时,应把电源接在开关的上方进线接线座上,电动机的引线接下方的出线座。

8. 互感器

互感器是一种特种变压器,按用途不同可分为电压互感器和电流互感器。互感器的功能是将高电压或大电流按比例变换成标准低电压(100V)或标准小电流(5A 或 10A,均指额定值),以便实现测量仪表、保护设备及自动控制设备的标准化、小型化。互感器还可用来隔开高电压系统,以保证人身和设备的安全。

9. 高压熔断器

高压熔断器主要用于高压输电线路、电压变压器、电压互感器等电器设备的过载和短路保护。高压熔断器的结构一般包括熔丝管、接触导电部分、支持绝缘子和底座等部分,熔丝管中填充用于灭弧的石英砂细粒。

10. 避雷器

避雷器是指能释放雷电或兼能释放电力系统操作过电压能量,保护电工设备免受过电压危害,又能截断续流,不致引起系统接地短路的电器装置。避雷器通常接于带电导线和地之间,且与被保护设备并联。当过电压值达到规定的动作电压时,避雷器立即动作,流过电荷,限制过电压幅值,保护设备绝缘;当电压值正常后,避雷器又迅速恢复原状,以保证系统正常供电。

11. 干式电抗器

干式电抗器是指绕组和铁芯(如果有)不浸于液体绝缘介质中的电抗器。电抗器的作用主要有:

(1)轻空载或轻负荷线路上的电容效应,以降低工频暂态过电压。

(2)改善长输电线路上的电压分布。

(3)使轻负荷时线路中的无功功率尽可能就地平衡,防止无功功率不合理流动,同时,也减少了线路上的功率损失。

(4)在大机组与系统并列时,降低高压母线上的工频稳态电压,便于发电机同期并列。

(5)防止发电机带长线路可能出现的自励磁谐振现象。

(6)当采用电抗器中性点经小电抗接地装置时,还可用小电抗器补偿线路相间及接地电容,以加速潜供电流自动熄灭,便于采用。

12. 油浸电抗器

油浸电抗器是指绕组和铁芯(如果有)均浸渍于液体绝缘介质中的电抗器。

13. 移相及串联电容器

电容器有并联电容器、串联电容器及集合式电容器。并联电容器是指并联连接于电力网中,主要用来补偿感性无功功率以改善功率因数的电容器;串联电容器是指串联连接于电力线路中,主要用来补偿电力线路感抗的电容器。

14. 集合式并联电容器

集合式并联电容器是指将电容器单元集中装于一个容器(或油箱)中的电容器。

15. 并联补偿电容器组架

并联补偿电容器组架一般是以金属薄膜为电极,绝缘低或其他绝缘材料制成的薄膜为介质,再由多个电容元件串联和并联组成的电容部件。并联电容器是一种无功补偿设备,通常(集中补偿式)接在变电站的低压母线上,其主要作用是补偿系统的无功功率,提高功率因数,从而降低电能损耗、提高电压质量和设备利用率,常与有载调压变压器配合使用。

16. 交流滤波装置组架

交流滤波装置组架由电感、电容和电阻适当组合而成,用来滤除电源里除 50Hz 交流电之外其他频率的杂波、尖峰、浪涌的干扰,使下游设备得到较纯净的 50Hz 交流电。

17. 高压成套配电柜

高压成套配电柜是指按电气主要接线的要求,以一定顺序将电气设备成套布置在一个或多个金属柜内的配电装置。

18. 组合型成套箱式变电站

组合型成套箱式变电站是指把所有的电气设备按配电要求组成电路,集中装于一个或数个箱子内构成的变电站。

二、配电装置安装工程分项工程划分明细

1. 清单模式下配电装置安装工程的划分

配电装置安装工程清单模式下共分为 18 个项目,包括:油断路器、真空断路器、SF_6 断路器、空气断路器、真空接触器、隔离开关、负荷开关、互感器、真空熔断器、避雷器、干式电抗器、油浸电抗器、移相及串联电容器、集合式并联电容器、并联补偿电容器组架、交流滤波装置组架、高压成套配电柜、组合型成套箱式变电站。

(1)油断路器工作内容包括:本体安装、调试,基础型钢制作、安装,油过滤,补刷(喷)油漆,接地。

(2)真空断路器、SF_6 断路器、空气断路器、高压成套配电柜工作内容包括:本体安装、调试;基础型钢制作、安装;补刷(喷)油漆,接地。

(3)真空接触器、隔离开关、负荷开关工作内容包括:本体安装、调试,补刷(喷)油漆,接地。

(4)互感器工作内容包括:本体安装、调试,干燥,油过滤,接地。

(5)高压熔断器工作内容包括:本体安装、调试,接地。

(6)避雷器、移相及串联电容器、集合式并联电容器、并联补偿电容器组架、交流滤波装置组架工作内容包括:本体安装,接地。

(7)干式电抗器工作内容包括:本体安装、干燥。

(8)油浸电抗器工作内容包括:本体安装、油过滤、干燥。

(9)组合型成套箱式变电站工作内容包括:本体安装,基础浇筑,进箱母线安装,补刷(喷)油漆,接地。

2. 定额模式下配电装置安装工程的划分

配电装置安装工程定额模式下共分为 12 个项目,包括:油断路器安装,真空断路器、SF_6 断路器安装,大型空气断路器、真空接触器安装,隔离开关、负荷开关安装,互感器安装,熔断器、避雷器安装,电抗器安装,电抗器干燥,电力电容器安装,并联补偿电容器组架及交流滤波装置安装,高压成套配电柜安装,组合型成套箱式变电站安装等。

(1)油断路器安装。工作内容包括:开箱、解体检查、组合、安装及调整、传动装置安装调整、动作检查、消弧室干燥、注油、接地。

(2)真空断路器、SF_6 断路器安装。工作内容包括:开箱、解体检查、组合、安装及调整、传动装置安装调整、动作检查、消弧室干燥、注油、接地。

(3)大型空气断路器、真空接触器安装。工作内容包括:开箱检查、划线、安装固定、绝缘柱杆组装、传动机构及接点调整、接地。

(4)隔离开关、负荷开关安装。工作内容包括:开箱检查,安装固定,调整,拉杆配置和安装,操作机构联锁装置及信号装置接头检查、安装、接地。

(5)互感器安装。工作内容包括:开箱检查、打眼、安装固定、接地。

(6)熔断器、避雷器安装。工作内容包括:开箱检查、打眼、安装固定、接地。

(7)电抗器安装。工作内容包括:开箱检查、安装固定、接地。

(8)电抗器干燥。工作内容包括:准备、通电干燥、维护值班、测量、记录、清理。

(9)电力电容器安装。工作内容包括:开箱检查、安装固定、接地。

(10)并联补偿电容器组架及交流滤波装置安装。工作内容包括:开箱检查、安装固定、接线、接地。

(11)高压成套配电柜安装。工作内容包括:开箱检查、安装固定、放注油、导电接触面的检查、附件拆装、接地。

(12)组合型成套箱式变电站安装。工作内容包括:开箱检查、安装固定、接线、接地。

三、断路器安装工程量计算

(一)计算规则与注意事项

1. 清单工程量计算规则与注意事项

(1)断路器安装工程量计算规则见表 4-9。

表 4-9　　　　　　　　　　　　　断路器安装工程量计算规则

项目编码	项目名称	项目特征	计量单位	工程量计算规则
030402001	油断路器	1. 名称 2. 型号 3. 容量(A)	台	按设计图示数量计算
030402002	真空断路器	4. 电压等级(kV) 5. 安装条件 6. 操作机构名称及型号 7. 基础型钢规格 8. 接线材质、规格 9. 安装部位		
030402003	SF$_6$断路器	10. 油过滤要求		
030402004	空气断路器	1. 名称 2. 型号 3. 容量(A) 4. 电压等级(kV) 5. 安装条件 6. 操作机构名称及型号 7. 接线材质、规格 8. 安装部位		
030402005	真空接触器			

(2)空气断路器的储气罐及储气罐至断路器的管路应按《通用安装工程工程量计算规范》(GB 50856—2013)附录 H 工业管道工程相关项目编码列项。

2. 定额工程量计算规则与注意事项

(1)断路器的安装,以"台(个)"为计量单位。

(2)设备本体所需的绝缘油、六氟化硫气体、液压油等均按设备带有考虑。

(3)本设备安装定额不包括下列工作内容:

1)端子箱安装。

2)设备支架制作及安装。

3)绝缘油过滤。

4)基础槽(角)钢安装。

其工程量应按相应定额另行计算。

(二)工程量计算实例

【例 4-5】某工程设计图示,要求外墙上安装 3 台户外真空断路器,其型号为 ZW10-12,试计算其真空断路器工程量。

【解】 (1)真空断路器清单工程量计算见表 4-10。

表 4-10　　　　　　　　　　　真空断路器清单工程量计算表

项目编码	项目名称	项目特征描述	计量单位	工程量
030402002001	真空断路器	真空断路器 ZW10-12	台	3

(2)真空断路器定额工程量:3 台。

四、交流滤波装置组架安装工程量计算

(一)计算规则与注意事项

1. 清单工程量计算规则与注意事项

交流滤波装置组架工程量计算规则见表 4-11。

表 4-11　　　　　　　　　　　交流滤波装置组架工程量计算规则

项目编码	项目名称	项目特征	计量单位	工程量计算规则
030402016	交流滤波装置组架	1. 名称 2. 型号 3. 规格	台	按设计图示数量计算

2. 定额工程量计算规则与注意事项

交流滤波装置的安装以"台"为计量单位。每套滤波装置包括三台组架安装,不包括设备本身及铜母线的安装,其工程量应按相应定额另行计算。

(二)工程量计算实例

【例 4-6】某工程设计图示,要求安装 3 台交流滤波装置组架,其型号为 C3NB-50A,试计算其交流滤波装置组架安装工程量。

【解】 (1)交流滤波装置组架安装清单工程量计算见表 4-12。

表 4-12　　　　　　　　　　　交流滤波装置组架安装清单工程量计算表

项目编码	项目名称	项目特征描述	计量单位	工程量
030402016001	交流滤波装置组架	交流滤波装置组架 C3NB-50A	台	3

(2)交流滤波装置组架安装定额工程量:3 台。

五、高压成套配电柜

(一)计算规则与注意事项

1. 清单工程量计算规则与注意事项

(1)高压成套配电柜安装工程量计算规则见表 4-13。

表 4-13   高压成套配电柜安装工程量计算规则

项目编码	项目名称	项目特征	计量单位	工程量计算规则
030402017	高压成套配电柜	1. 名称 2. 型号 3. 规格 4. 母线配置方式 5. 种类 6. 基础型钢形式、规格	台	按设计图示数量计算

(2)设备安装未包括地脚螺栓、浇注(二次灌浆、抹面),如需安装应按《房屋建筑与装饰工程工程量计算规范》(GB 50854—2013)相关项目编码列项。

2. 定额工程量计算规则与注意事项

(1)高压设备安装定额内均不包括绝缘台的安装,其工程量应按施工图设计执行相应定额。

(2)高压成套配电柜和箱式变电站的安装以"台"为计量单位,均未包括基础槽钢、母线及引下线的配置安装。

(3)高压成套配电柜安装定额是综合考虑的,不分容量大小,也不包括母线配制及设备干燥。

(4)组合型成套箱式变电站主要是指 10kV 以下的箱式变电站,一般布置形式为变压器在箱的中间,箱的一端为高压开关位置,另一端为低压开关位置。组合型低压成套配电装置,外形像一个大型集装箱,内装 6~24 台低压配电箱(屏),箱的两端开门,中间为通道,称为集装箱式低压配电室。该内容列入定额的控制设备及低压电器中。

(5)设备安装用的地脚螺栓按土建预埋考虑,不包括二次灌浆。

(二)工程量计算实例

【例 4-7】某工程设计图示,安装高压成套配电柜 3 台,其型号为 GFC-15(F),额定电压为 3~10kV,试计算其工程量。

【解】 (1)高压成套配电柜清单工程量计算见表 4-14。

表 4-14   高压成套配电柜清单工程量计算表

项目编码	项目名称	项目特征描述	计量单位	工程量
030402017001	高压成套配电柜	高压成套配电柜 GFC-15(F),额定电压为 3~10kV	台	3

(2)高压成套配电柜定额工程量:3 台。

六、开关装置工程量计算

(一)计算规则与注意事项

1. 清单工程量计算规则与注意事项

开关装置安装工程量计算规则见表 4-15。

表 4-15　　　　　　　　　　　　开关装置安装工程量计算规则

项目编码	项目名称	项目特征	计量单位	工程量计算规则
030402006	隔离开关	1. 名称 2. 型号 3. 容量(A) 4. 电压等级(kV) 5. 安装条件 6. 操作机构名称及型号 7. 接线材质、规格 8. 安装部位	组	按设计图示数量计算
030402007	负荷开关			

2. 定额工程量计算规则与注意事项

(1)电流互感器、电压互感器、油浸电抗器、电力电容器及电容器柜的安装,以"台(个)"为计量单位。

(2)隔离开关、负荷开关、熔断器、避雷器、干式电抗器的安装,以"组"为计量单位,每组按三相计算。

(3)互感器安装定额是按单相考虑的,不包括抽芯及绝缘油过滤。特殊情况另作处理。

(4)电抗器安装定额是按三相叠放、三相平放和二叠一平的安装方式综合考虑,不论何种安装方式,均不作换算,一律执行该定额。干式电抗器安装定额适用于混凝土电抗器、铁芯干式电抗器和空心电抗器等干式电抗器的安装。

(5)配电设备安装的支架、抱箍及延长轴、轴套、间隔板等,按施工图设计的需要量计算,执行《全统定额》第二册《电气设备安装工程》第四章铁构件制作安装定额或成品价。

(6)绝缘油、六氟化硫气体、液压油等均按设备带有考虑。电气设备以外的加压设备和附属管道的安装应按相应定额另行计算。

(7)配电设备的端子板外部接线,应按相应定额另行计算。

(8)低压无功补偿电容器屏(柜)安装列入定额的控制设备及低压电器中。

(二)工程量计算实例

【例 4-8】某工程设计图示,要求外墙上安装 2 组 10kV 户外交流高压负荷开关,其型号为 FW1-10,试计算其工程量。

【解】(1)负荷开关清单工程量计算见表 4-16。

表 4-16　　　　　　　　　　　　负荷开关清单工程量计算表

项目编码	项目名称	项目特征描述	计量单位	工程量
030402007001	负荷开关	负荷开关 FW1-10	组	2

（2）负荷开关定额工程量：2组。

七、其他配电装置安装工程量计算

（一）计算规则与注意事项

（1）其他配电装置安装工程量计算规则见表4-17。

表 4-17　　　　　　　　　其他配电装置安装工程量计算规则

项目编码	项目名称	项目特征	计量单位	工程量计算规则
030402008	互感器	1. 名称 2. 型号 3. 规格 4. 类型 5. 油过滤要求	台	
030402009	高压熔断器	1. 名称 2. 型号 3. 规格 4. 安装部位		
030402010	避雷器	1. 名称 2. 型号 3. 规格 4. 电压等级 5. 安装部位	组	
030402011	干式电抗器	1. 名称 2. 型号 3. 规格 4. 质量 5. 安装部位 6. 干燥要求		按设计图示数量计算
030402012	油浸电抗器	1. 名称 2. 型号 3. 规格 4. 容量(kV·A) 5. 油过滤要求 6. 干燥要求	台	
030402013	移相及串联电容器	1. 名称 2. 型号 3. 规格 4. 质量 5. 安装部位	个	
030402014	集合式并联电容器			
030402015	并联补偿电容器组架	1. 名称 2. 型号 3. 规格 4. 结构形式	台	
030402016	交流滤波装置组架	1. 名称 2. 型号 3. 规格		

（2）干式电抗器项目适用于混凝土电抗器、铁芯干式电抗器、空心干式电抗器等。

(二)工程量计算实例

【例 4-9】某工程设计图示,需安装 BH-0.66 互感器 4 台,试计算其工程量。

【解】 互感器清单工程量计算见表 4-18。

表 4-18 互感器清单工程量计算表

项目编码	项目名称	项目特征描述	计量单位	工程量
030402008001	互感器	BH-0.66 互感器	台	4

第三节 母线安装工程量计算

一、母线基础知识

1. 软母线

软母线是指在发电厂和变电所的各级电压配电装置中,将发动机、变压器与各种电器连接的导线。软母线一般用于室外,因空间大、导线有所摆动而不至于造成线间距不够。软母线截面为圆形,容易弯曲,制作方便,造价低廉。

常用的软母线采用的是铝绞线(由很多铝丝缠绕而成),有的为了加大强度,采用钢芯铝绞线。按软母线的截面面积不同可分为 $50mm^2$、$70mm^2$、$95mm^2$、$120mm^2$、$150mm^2$、$240mm^2$ 等。

2. 组合软母线

组合软母线安装按三相为一组计算,跨距(包括水平悬挂部分和两端引下部分之和)是按 45m 内考虑,跨度的长短不得调整。

3. 带形母线

带形母线散热条件较好,集肤效应较小,在容许发热温度下通过的允许工作电流大。

4. 槽形母线

槽形母线一般用于 4000~8000A 的配电装置中,其机械强度较好,载流量较大,集肤效应系数也较小。

5. 共箱母线

共箱母线是指将多片标准型铝母线(铜母线)装设在支柱式绝缘子上,外用金属(一般为铝)薄板制成罩箱,用于保护多相导体的一种电力传输装置。

6. 低压封闭式插接母线槽

低压封闭式插接母线槽安装包括进、出分线箱安装,刷(喷)油漆。低压封闭式插接母线槽质量应符合下列要求:

(1)每一相母线组件在外壳上应有明显标志,表明所属相段、编号及安装方向。

(2)母线和外壳不应有裂纹、裂口、严重锤痕和凹凸不平现象。

(3)母线与外壳的不同心度,允许偏差为±5mm。

(4)外壳法兰端面应与外壳轴线垂直,法兰盘不变形,法兰加工精度良好。

(5)螺栓连接的接触面加工后镀锡,锡层要求平整、均匀、光洁,不允许有麻面、起皮及未覆盖部分。

(6)外壳内表面及母线外表面涂无光泽黑漆,漆层应良好。需要现场焊接或螺栓连接的部分不涂。

7. 重型母线

重型母线安装时,母线与设备连接处应采用软连接,连接线的截面不应小于母线截面;母线的紧固螺栓、铝母线应用铝合金螺栓,铜母线应用铜螺栓,紧固螺栓时应用力矩扳手。在运行温度高的场所,母线不应有铜铝过渡接头;母线在固定点的活动滚杆应无卡阻,部位的机械强度及绝缘电阻值应符合设计要求。

二、母线安装工程分项工程划分明细

1. 清单模式下的母线安装工程的划分

母线安装工程清单模式下共分为 8 个项目,包括:软母线,组合母线,带形母线,槽形母线,共箱母线,低压封闭式插接母线槽,始端箱、分线箱,重型母线工程等。

(1)软母线、组合软母线工作内容包括:母线安装,绝缘子耐压试验,跳线安装,绝缘子安装。

(2)带形母线工作内容包括:母线安装,穿通板制作、安装,支持绝缘子、穿墙套管的耐压试验、安装,引下线安装,伸缩节安装,过渡板安装,刷分相漆。

(3)槽形母线工作内容包括:母线制作、安装,与发电机、变压器连接,与断路器、隔离开关连接,刷分相漆。

(4)共箱母线、低压封闭式插接母线槽工作内容包括:母线安装,补刷(喷)油漆。

(5)始端箱、分线箱工作内容包括:本体安装,补刷(喷)油漆。

(6)重型母线工作内容包括:母线制作、安装,伸缩器及导板制作、安装,支持绝缘子安装,补刷(喷)油漆。

2. 定额模式下母线、绝缘子工程的划分

母线、绝缘子工程定额模式下共分为 15 个项目,包括:绝缘子安装,穿墙套管安装,软母线安装,软母线引下线、跳线及设备连线,组合软母线安装,带形母线安装,带形母线引下线安装,带形母线用伸缩节头及铜过渡板安装,槽型母线安装,槽型母线与设备连接,共箱母线安装,低压封闭式插接母线槽安装,重型母线安装,重型母线伸缩器及导板制作、安装,重型铝母线接触面加工等。

(1)绝缘子安装。工作内容包括:开箱检查、清扫、测绝缘、组合安装、固定、接地、刷漆。

(2)穿墙套管安装。工作内容包括:开箱检查、清扫、安装、固定、接地、刷漆。

(3)软母线安装。工作内容包括:检查、下料、压接、组装、悬挂、调整弛度、紧固、配合绝缘子测试。

(4)软母线引下线、跳线及设备连线。工作内容包括:测量、下料、压接、安装连接、调整弛度。

(5)组合软母线安装。工作内容包括:检查、下料、压接、组装、悬挂紧固、调整弛度、横联装置安装。

(6)带形母线安装。含带形铜母线、带形铝母线。工作内容包括:平直、下料、煨弯、母线安装、接头、刷分相漆。

(7)带形母线引下线安装。含带形铜母线引下线、带形铝母线引下线。工作内容包括平直、下料、煨弯、钻眼、安装固定、刷相色漆。

(8)带形母线用伸缩节头及铜过渡板安装。含带形铜母线用伸缩节头及铜过渡板、带形铝母线用伸缩节头。工作内容包括：钻眼、锉面、挂锡、安装。

(9)槽型母线安装。工作内容包括：平直、下料、煨弯、锯头、钻孔、对口、焊接、安装固定、刷分相漆。

(10)槽型母线与设备连接。分为与发电机、变压器连接，与断路器、隔离开关连接。工作内容包括：平直、下料、煨弯、钻孔、锉面、连接固定。

(11)共箱母线安装。工作内容包括：配合基础铁件安装、清点检查、安装、调整箱体、连接固定(包括母线连接)、接地、刷漆、配合实验。

(12)低压封闭式插接母线槽安装。含低压封闭式插接母线槽和封闭母线槽进出分线箱两项。工作内容包括：开箱检查、接头清洗处理、绝缘测试、吊装就位、线槽连接、固定、接地。

(13)重型母线安装。工作内容包括：平直、下料、煨弯、钻孔、接触面搪锡、焊接、组合、安装。

(14)重型母线伸缩器及导板制作、安装。工作内容包括：加工制作、焊接、组装、安装。

(15)重型铝母线接触面加工。工作内容包括：接触面加工。

三、母线安装工程量计算

(一)计算规则与注意事项

1. 清单工程量计算规则与注意事项

(1)母线安装工程量计算规则见表 4-19。

表 4-19　　　　　　　　　　　母线安装工程量计算规则

项目编码	项目名称	项目特征	计量单位	工程量计算规则
030403001	软母线	1. 名称 2. 材质 3. 型号		
030403002	组合软母线	4. 规格 5. 绝缘子类型、规格		
030403003	带形母线	1. 名称 2. 型号 3. 规格 4. 材质 5. 绝缘子类型、规格 6. 穿墙套管材质、规格 7. 穿通板材质、规格 8. 母线桥材质、规格 9. 引下线材质、规格 10. 伸缩节、过渡板材质、规格 11. 分相漆品种	m	按设计图示尺寸以单相长度计算(含预留长度)
030403004	槽形母线	1. 名称 2. 型号 3. 规格 4. 材质 5. 连接设备名称、规格 6. 分相漆品种		

（2）软母线安装预留长度见表 4-20。

表 4-20　　　　　　　　　　　　　　软母线安装预留长度　　　　　　　　　　（单位：m/根）

项　　目	耐张	跳线	引下线、设备连接线
预留长度	2.5	0.8	0.6

（3）硬母线配置安装预留长度见表 4-21。

表 4-21　　　　　　　　　　　　硬母线配置安装预留长度　　　　　　　　　（单位：m/根）

序号	项　　目	预留长度	说　　明
1	带形、槽形母线终端	0.3	从最后一个支持点算起
2	带形、槽形母线与分支线连接	0.5	分支线预留
3	带形母线与设备连接	0.5	从设备端子接口算起
4	多片重型母线与设备连接	1.0	从设备端子接口算起
5	槽形母线与设备连接	0.5	从设备端子接口算起

2. 定额工程量计算规则与注意事项

（1）软、硬母体安装。

1）软母线安装，是指直接由耐张绝缘子串悬挂部分，按软母线截面大小分别以"跨/三相"为计量单位。设计跨距不同时，不得调整。导线、绝缘子、线夹、弛度调节金具等均按施工图设计用量加定额规定的损耗率计算。

2）软母线引下线，是指由 T 型线夹或并沟线夹从软母线引向设备的连接线，以"组/三相"为计量单位，每三相为一组。软母线经终端耐张线夹引下（不经 T 型线夹或并沟线夹引下）与设备连接的部分均执行引下线定额，不得换算。

3）两跨软母线间的跳引线安装，以"组/三相"为计量单位，每三相为一组。不论两端的耐张线夹是螺栓式或压接式，均执行软母线跳线定额，不得换算。

4）设备连接线安装，指两设备间的连接部分。不论引下线、跳线、设备连接线，均应分别按导线截面、三相为一组计算工程量。

5）组合软母线安装，按三相为一组计算，跨距（包括水平悬挂部分和两端引下部分之和）按 45m 以内考虑，跨度的长与短不得调整。导线、绝缘子、线夹、金具按施工图设计用量加定额规定的损耗率计算。

6）软母线安装预留长度按表 4-20 的规定计算。

7）硬母线配置安装预留长度按表 4-21 的规定计算。

（2）带型、槽型母线安装。

1）带型母线安装及带型母线引下线安装包括铜排、铝排，分别以不同截面和片数以"m/单相"为计量单位。母线和固定母线的金具均按设计量加损耗率计算。

2）钢带型母线安装，按同规格的铜母线定额执行，不得换算。

3）母线伸缩接头及铜过渡板安装，均以"个"为计量单位。

4)槽型母线安装以"m/单相"为计量单位。槽型母线与设备连接,分别以连接不同的设备以"台"为计量单位。槽型母线及固定槽型母线的金具按设计用量加损耗率计算。壳的大小尺寸以"m"为计量单位,长度按设计共箱母线的轴线长度计算。

5)带型母线、槽型母线安装均不包括支持瓷瓶安装和钢构件配置安装,其工程量应分别按设计成品数量执行相应定额。

(3)绝缘子安装。

1)悬垂绝缘子串安装,指垂直或 V 型安装的提挂导线、跳线、引下线、设备连接线或设备等所用的绝缘子串安装,按单、双串分别以"串"为计量单位。耐张绝缘子串的安装,已包括在软母线安装定额内。

2)支持绝缘子安装分别按安装在户内、户外、单孔、双孔、四孔固定,以"个"为计量单位。

3)穿墙套管安装不分水平、垂直安装,均以"个"为计量单位。

(4)本定额不包括支架、铁构件的制作、安装,发生时执行相应定额。

(5)软母线、带型母线、槽型母线的安装定额内不包括母线、金具、绝缘子等主材,具体可按设计数量加损耗计算。

(6)组合软导线安装定额不包括两端铁构件制作、安装和支持瓷瓶、带型母线的安装,发生时应执行相应定额。其跨距是按标准跨距综合考虑的,如实际跨距与定额不符时不作换算。

(7)软母线安装定额是按单串绝缘子考虑的,如设计为双串绝缘子,其定额人工乘以系数 1.08。

(8)软母线的引下线、跳线、设备连线均按导线截面分别执行定额。不区分引下线、跳线和设备连线。

(9)带型钢母线安装执行铜母线安装定额。

(10)带型母线伸缩节头和铜过渡板均按成品考虑,定额只考虑安装。

(二)工程量计算实例

【例 4-10】某工程组合软母线 3 根,跨度为 65m,求组合软母线工程量。

【解】 (1)组合软母线清单工程量计算见表 4-22。

表 4-22　　　　　　　　　　　　组合软母线清单工程量计算表

项目编码	项目名称	项目特征描述	计量单位	工程量
030403002001	组合软母线	组合软母线安装	m	65

(2)组合软母线定额工程量:1 跨/三相。

四、共箱母线及低压封闭式插接母线槽安装工程量计算

(一)计算规则与注意事项

1. 清单工程量计算规则与注意事项

共箱母线及低压封闭式插接母线槽安装工程量计算规则见表 4-23。

表 4-23 共箱母线及低压封闭式插接母线槽安装工程量计算规则

项目编码	项目名称	项目特征	计量单位	工程量计算规则
030403005	共箱母线	1. 名称 2. 型号 3. 规格 4. 材质		按设计图示尺寸以中心线长度计算
030403006	低压封闭式插接母线槽	1. 名称 2. 型号 3. 规格 4. 容量(A) 5. 线制 6. 安装部位	m	

2. 定额工程量计算规则与注意事项

(1)低压(指 380V 以下)封闭式插接母线槽安装,分别按导体的额定电流大小以"m"为计量单位,长度按设计母线的轴线长度计算,分线箱以"台"为计量单位,分别以电流大小按设计数量计算。

(2)高压共箱母线和低压封闭式插接母线槽均按制造厂供应的成品考虑,定额只包含现场安装。封闭式插接母线槽在竖井内安装时,人工和机械乘以系数 2.0。

(二)工程量计算实例

【例 4-11】某工程设计图示,低压封闭式插接母线槽 CFW-2-400,300m,进、出分线箱 400A,3 台,型钢支架制安 800kg,以上工作内容安装高度 6m。求低压封闭式插接母线槽的工程量。

【解】 (1)低压封闭式插接母线槽清单工程量计算见表 4-24。

表 4-24 低压封闭式插接母线槽清单工程量计算表

项目编码	项目名称	项目特征描述	计量单位	工程量
030403006001	低压封闭式插接母线槽	低压封闭式插接母线槽 CFW-2-400	m	300

(2)低压封闭式插接母线槽定额工程量:300m。

进、出分线箱定额工程量:3 台。

五、其他母线安装工程量计算

(一)计算规则与注意事项

其他母线安装工程量计算规定应符合表 4-25 的规定。

表 4-25　　　　　　　　　　　其他母线安装工程量计算规定

项目编码	项目名称	项目特征	计量单位	工程量计算规则
030403007	始端箱、分线箱	1. 名称 2. 型号 3. 规格 4. 容量(A)	台	按设计图示数量计算
030403008	重型母线	1. 名称 2. 型号 3. 规格 4. 容量(A) 5. 材质 6. 绝缘子类型、规格 7. 伸缩器及导板规格	t	按设计图示尺寸以质量计算

(二)工程量计算实例

【例 4-12】某工程设计图示,需要安装重型母线 1000kg,规格 T2,型钢支架制作 800kg,以上工作内容安装高度 6m。求重型母线安装的工程量。

【解】　(1)重型母线安装清单工程量计算见表 4-26。

表 4-26　　　　　　　　　　重型母线安装清单工程量计算表

项目编码	项目名称	项目特征描述	计量单位	工程量
030403008001	重型母线	重型母线 T2	t	1

(2)重型母线安装定额工程量:1t。

第四节　控制设备及低压电器安装工程量计算

一、控制设备及低压电器基础知识

1. 控制屏

控制屏是指装有控制和显示变电站运行或系统运行所需设备的屏。

2. 信号屏

信号屏分事故信号和预告信号两种,具有灯光、音响报警功能,有事故信号、预告信号的试验按钮和解除按钮。信号屏有带冲击继电器和不带冲击继电器两种。信号屏技术要求见表 4-27。

表 4-27　　　　　　　　　　　　　　　　信号屏技术要求

项目	技　术　要　求
环境条件	(1)海拔高度:≤1000m。 (2)环境温度:-5～+40℃。 (3)日温度:20℃。 (4)相对湿度:≤90%(相对环境温度 20℃±5℃)。 (5)抗震能力:地面水平加速度 0.38g;地面垂直加速度 0.15g;同时作用持续三个正弦波,安全系数不小于 1.67。 (6)室内垂直安装
基本参数	(1)直流系统电压、电流:额定电压 220V;额定电流 10A;单模块额定电流 10A。 (2)模块数量:2 只。 (3)充电屏型号:100AH/220V。 　　控制馈出回路数:2 路 　　合闸馈出回路数:4 路 (4)交流电流:20A。 　　额定电压:380V。 　　工作频率:50Hz±1Hz。 (5)绝缘和耐压:直流母线对地绝缘电阻应小于 10MΩ,所有二次回路对地绝缘电阻应小于 2MΩ。整流模块、直流母线和绝缘强度,应能承受工频 2kV 的试验电压,耐压 1min,无绝缘击穿和闪络现象。 (6)蓄电池:电池类型阀控式密封铅酸蓄电池

3. 模拟屏

模拟屏对使用场所的要求如下:

(1)使用场所不允许有超过产品标准规定的振动和冲击。

(2)使用场所不得有爆炸危险的介质,周围介质中不应含有腐蚀性和破坏电气绝缘的气体及导电介质,不允许充满水蒸气及有较严重的霉菌。

(3)使用场所不允许有较强的外磁场感应强度,其任一方向不超过 0.5mT。

4. 低压开关柜(屏)

低压开关柜(屏)适用于发电厂、石油、化工、冶金、纺织、高层建筑等行业,作为输电、配电及电能转换之用。

5. 弱电控制返回屏

弱电控制返回屏具有设备小型化、控制屏面积较小、监视面集中、便于操作等优点。

6. 箱式配电室

箱式配电室安装使用条件应符合表 4-28 的要求。

表 4-28　　　　　　　　　　　　　　箱式配电室安装使用条件

项　　目	使用环境要求
空气温度	周围空气温度不高于+40℃,不低于-25℃,24h 平均温度不高于+35℃
海　拔	户外安装使用,使用地点的海拔高度不超过 2000m
相对湿度	周围空气相对湿度在最高温度为+50℃时不超过 50%,在较低温度时允许有较大的相对湿度(例如+20℃时为 90%),但应考虑到温度的变化可能会偶然产生凝露影响

项　目	使用环境要求
与垂直面的倾斜度	配电室安装时与垂直面的倾斜度不超过 10°
选址	配电室应安装在无剧烈振动和冲击的地方

7. 硅整流柜

硅整流柜是指柜内的硅整流器已由厂家安装好,柜的安装为整体吊装,柜的名字由其内装设备而得名。硅整流柜的使用环境应符合表 4-29 的要求。

表 4-29　　　　　　　　　　　　硅整流柜使用环境要求

项　目	使用环境要求
海　拔	海拔高度不超过 2000m
环境温度	环境温度:户内不低于+5℃,不高于+45℃;户外不低于−30℃,不高于+45℃
冷却水温度	冷却水温度:主冷却水进口水温不低于+5℃,不高于+35℃
相对湿度	周围空气最大相对湿度不超过 90%
与垂直面的倾斜度	无剧烈振动冲击以及安装垂直斜度不超过 5°的场所

8. 可控硅柜

可控硅柜是一种大功率直流输出装置,可以用于给发电机的转子提供励磁电压和电流,其输出的直流电压和直流电流是可以调节的。其内部基本原理是将输入的交流电源经过由可控硅组成的全波桥式整流电路,通过移相触发改变可控硅导通角大小的方式控制输出直流电的大小。可控硅柜内的可控硅整流器已由厂家安装好,柜的安装为整体吊装,柜的名字由其内装设备而得名。

9. 低压电容器柜

低压电容器柜是在变压器的低压侧运行,一般受功率因数控制而自动运行。因所带负载的种类不同而确定电容的容量及电容组的数量,当供用电系统正常时,由控制器捕捉功率因数来控制投入电容组的数量。

10. 自动调节励磁屏

自动调节励磁屏主要用于励磁机励磁回路中对励磁调节器的控制。励磁调节器是一个滑动变阻器,用来改变回路中电阻的大小,从而改变回路中电流的大小。

11. 励磁灭磁屏

励磁装置是指同步发电机的励磁系统中,除励磁电源以外的对励磁电流中起控制和调节作用的电气调控装置。励磁系统包括励磁电源和励磁装置,是电站设备中不可缺少的部分。其中,励磁电源的主体是励磁机或励磁变压器;励磁装置则根据不同的规格、型号和使用要求,分别由调节屏、控制屏、灭磁屏和整流屏四部分组合而成。

12. 蓄电池屏(柜)

蓄电池屏(柜)采用反电势充电法实现其整流电功能。蓄电池屏(柜)的主要特性为:额定容量 50kV·A,输入三相交流,输出脉动直流,最大充电电流 100A,充电电压 250~350V,可调,具有缺相保护、输出短路保护、蓄电池充满转浮充限流等保护功能。

13. 直流馈电屏

直流馈电屏作为操作电源和信号显示报警,为较大较复杂的高低压(高压更常用)配电系统的自动或电动操作提供电能源,另外可以与中央信号屏综合设计在一起。直流馈电屏由交流电源、整流装置、充电(稳流＋稳压)机、蓄电池组和直流配电系统组成。

14. 事故照明切换屏

事故照明切换屏是指当正常照明电源出现故障时,由事故照明电源来继续供电,以保证发电厂、变电所和配电室等重要部门的照明。因正常照明电源转换和事故照明电源的切换装置安装在一个屏内,故该屏称为事故照明切换屏。

15. 控制台

控制台是指自调光器输出控制信号,进行调光控制的工作台。控制台安装应符合下列要求:

(1)控制台位置应符合设计要求。

(2)控制台应安放竖直,台面水平。

(3)附件完整、无损伤,螺丝紧固,台面整洁无划痕。

(4)台内接插件和设备接触应可靠,安装应牢固;内部接线应符合设计要求,无扭曲脱落现象。

16. 控制箱

控制箱是指包含电源开关、保险装置、继电器(或者接触器)等装置,可以用于指定的设备控制的装置。

17. 配电箱

配电箱是指专为供电用的箱,内装断路器、隔离开关、空气开关或刀开关、保险器以及检测仪表等设备元件。配电箱根据用途不同可分为电力配电箱和照明配电箱两种。

(1)电力配电箱过去被称为动力配电箱,由于后一种名称不太确切,所以在新编制的各种国家标准和规范中,统一称为电力配电箱。

(2)照明配电箱适用于工业及民用建筑在交流 50Hz、额定电压 500V 以下的照明和小动力控制回路中,做线路的过载、短路保护以及线路的正常转换之用。

18. 控制开关

控制开关是指控制电路闭合和断开的开关,主要包括刀开关、铁壳开关等。

(1)刀开关安装。刀开关应垂直安装在开关板上(或控制屏、箱上),并要使夹座位于上方。如夹座位于下方,则在刀开关打开时,如果支座松动,闸刀在自重作用下向下掉落而发生错误动作,会造成严重事故。刀开关用做隔离开关时,合闸顺序为先合上刀开关,再合上其他用以控制负载的开关;分闸顺序则相反。严格按照产品说明书规定的分断能力来分断负荷,无灭弧罩的刀开关一般不允许分断负载,否则,有可能导致稳定持续燃弧,使刀开关寿命缩短,严重的还会造成电源短路,开关烧毁,甚至发生火灾。刀片与固定触头的接触良好,大电流的触头或刀片可适量加润滑油(脂);有消弧触头的刀开关,各相的分闸动作应迅速一致。双掷刀开关在分闸位置时,刀片应能可靠地接地固定,不得使刀片有自行合闸的可能。

(2)铁壳开关安装。铁壳开关应垂直安装,安装的位置应以便于操作和安全为原则。铁壳开关外壳应做可靠接地和接零。铁壳开关进、出线孔均应有绝缘垫圈或护帽。接线时将电源线与开关的静触头相连,电动机的引出线与负荷开关熔丝的下桩头相连,开关拉断后,闸刀与熔丝不带电,便于维修和更换熔丝。

19. 低压熔断器

当电流超过一定限度时,熔断器中的熔丝(又名保险丝)就会熔压甚至烧断,将电路切断以保护电器装置的安全。熔断器大致可分为插入式熔断器、螺旋式熔断器、封闭式熔断器、快速熔断器、管式熔断器、高分断力熔断器和限流线等。

20. 限位开关

限位开关上装有一弹簧"碰臂",当机械碰到时,开关就会断开,主要用于刨床的台面行走极限和桥式起重机的大车行走极限。当机械运动到一定位置时开关就会断开,使机器停下来,故限位开关又名极限开关。限位开关按结构分,大致可分为按钮式、滚轮式、微动式和组合式等,具体见表 4-30。

表 4-30　　　　　　　　　　限位开关的分类及特点

序号	类别	特　点	序号	类别	特　点
1	按钮式	结构与按钮相仿 优点:结构简单,价格便宜 缺点:通断速度受操作速度影响	3	微动式	由微动开关组成 优点:体积小,质量轻,动作灵敏 缺点:寿命较短
2	滚轮式	挡块撞击滚轮,常动触点瞬时动作 优点:开断电流大,动作可靠 缺点:体积大,结构复杂,价格高	4	组合式	几个行程开关组装在一起 优点:结构紧凑,接线集中,安装方便 缺点:专用性强

21. 控制器

控制器是一种具有多种切换线路的控制元件,目前,应用最普遍的有主令控制器和凸轮控制器。其中,凸轮控制器是一种大型手动控制器,主要适用于起重设备中直接控制中小型绕线式异步电动机的启动、停止、调速、换向和制动,也适用于有相同要求的其他电力拖动场合。凸轮控制器主要由触头、转轴、凸轮、杠杆、手柄、灭弧罩及定位机构等组成。凸轮控制器中有多组触点,并由多个凸轮分别控制,以实现对一个较复杂电路中的多个触点进行同时控制。由于凸轮控制器可直接控制电动机工作,所以其触头容量大并有灭弧装置。凸轮控制器的优点为控制线路简单、开关元件少、维修方便等;缺点为体积较大、操作笨重,不能实现远距离控制。

22. 接触器

接触器是指工业中利用线圈流过电流产生磁场,使触头闭合,以达到控制负载的电器。按其触头通过电流的种类可分为交流接触器和直流接触器。接触器具有操作频率高、使用寿命长、工作可靠、性能稳定、成本低廉、维修简便等优点,主要用于控制电动机、电热设备、电焊机、电容器组等,是电力拖动自动控制线路中应用广泛的控制电器之一。

23. 磁力启动器

磁力启动器是产生开关电动机的力(电磁力)的启动装置。

24. Y-△自耦减压启动器

Y-△自耦减压启动器是一种电器开关,一般由变压器,开关的静、动触头,热继电器,欠压继电器及启动按钮构成。

25. 电磁铁(电磁制动器)

电磁铁(电磁制动器)是指接通电源能产生电磁力的装置,通常制成条形或梯形。电磁铁有许多优点:电磁铁磁性的有无可以用通、断电流控制;磁性的大小可以用电流的强弱或线圈的匝数来控制,也可通过改变电阻控制电流大小来控制磁性的大小。

26. 快速自动开关

快速自动开关是自动开关的一种,其切断电流的速度比一般自动开关快,故称快速自动开关。特点是:切断电流的容量大,其规格为 1000~4000A,带有分项隔离的消弧罩。

27. 电阻器

电阻器是一个限流主件,将电阻接在电路中后,可限制通过它所连支路的电流大小。如果一个电阻器的电阻值接近零欧姆(如两个点之间的大截面导线),则该电阻器对电流没有阻碍作用,串接这种电阻器的回路被短路,电流无限大。如果一个电阻器具有无限大或很大的电阻,则串接该电阻器的回路可看做开路,电流为零。工业中,常用的电阻器介于两种极端情况之间,其具有一定的电阻,可通过一定的电流,但电流不像短路时那样大。电阻器的限流作用类似于接在两根大直径管子之间的小直径管子限制水流量的作用。

28. 油浸频敏变阻器

油浸频敏变阻器是可以调节电阻大小的装置,接在电路中能调整电流的大小。一般的油浸频敏变阻器用电阻较大的导线和可以改变接触点以调节电阻线有效长度的装置构成。

29. 分流器

分流器根据直流电流通过电阻时在电阻两端产生电压的原理制成。分流器广泛用于扩大仪表测量电流范围,有固定式定值分流器和精密合金电阻器,均可用于通信系统、电子整机、自动化控制的电源等回路做限流、均流取样检测。用于直流电流测量的分流器有插槽式和非插槽式。分流器有锰镍铜合金电阻棒和铜带,并镀有镍层。其额定压降是 60mV,但也可被用做 75mV、100mV、120mV、150mV 及 300mV。插槽式分流器额定电流有以下几种:5A、10A、15A、20A 和 25A;非插槽式分流器的额定电流从 30A~15kA 标准间隔均有。

30. 小电器

小电器包括插座、开关、按钮、电扇、电铃、继电器等,在设置清单项目时,按具体名称设置,如电视插座、延时开关、吊扇等。

二、控制设备及低压电器安装工程分项工程划分明细

1. 清单计价模式下控制设备及低压电器安装工程的划分

控制设备及低压电器安装工程清单计价模式下共分为 31 个项目,包括:控制屏,继电、信号屏,模拟屏,低压开关柜(屏),弱电控制返回屏,箱式配电室,硅整流柜,可控硅柜,低压电容器柜,自动调节励磁屏,励磁灭磁屏,蓄电池屏(柜),直流馈电屏,事故照明切换屏,控制台,控制箱,配电箱,插座箱,控制开关,低压熔断器,限位开关,控制器,接触器,磁力启动器,Y-△自耦减压启动器,电磁铁(电磁制动器),快速自动开关,电阻器,油浸频敏变阻器,分流器,小电器,端子箱,风扇,照明开关,插座,其他电器。

(1)控制屏,继电、信号屏,模拟屏,弱电控制返回屏工作内容包括:①本体安装;②基础型

钢制作、安装;③端子板安装;④焊、压接线端子;⑤盘柜配线、端子接线;⑥小母线安装;⑦屏边安装;⑧补刷(喷)油漆;⑨接地。

(2)低压开关柜工作内容包括:①本体安装;②基础型钢制作、安装;③端子板安装;④焊、压接线端子;⑤盘柜配线、端子接线;⑥屏边安装;⑦补刷(喷)油漆;⑧接地。

(3)箱式配电室工作内容包括:①本体安装;②基础型钢制作、安装;③基础浇筑;④补刷(喷)油漆;⑤接地。

(4)硅整流柜、可控硅柜工作内容包括:①本体安装;②基础型钢制作、安装;③补刷(喷)油漆;④接地。

(5)低压电容器柜、自动调节励磁屏、励磁灭磁屏、蓄电池屏(柜)、直流馈电屏、事故照明切换屏工作内容包括:①本体安装;②基础型钢制作、安装;③端子板安装;④焊、压接线端子;⑤盘柜配线、端子接线;⑥小母线安装;⑦屏边安装;⑧补刷(喷)油漆;⑨接地。

(6)控制台工作内容包括:①本体安装;②基础型钢制作、安装;③端子板安装;④焊、压接线端子;⑤盘柜配线、端子接线;⑥小母线安装;⑦补刷(喷)油漆;⑧接地。

(7)控制箱、配电箱工作内容包括:①本体安装;②基础型钢制作、安装;③焊、压接线端子;④补刷(喷)油漆;⑤接地。

(8)插座箱工作内容包括:①本体安装;②接地。

(9)控制开关、低压熔断器、限位开关、控制器、接触器、磁力启动器、Y-△自耦减压启动器、电磁铁(电磁制动器)、快速自动开关、电阻器、油浸频敏变阻器、分流器、小电器工作内容包括:①本体安装;②焊、压接线端子;③接线。

(10)端子箱、照明开关、插座工作内容包括:①本体安装;②接线。

(11)风扇工作内容包括:①本体安装;②调速开关安装。

(12)其他电器工作内容包括:①安装;②接线。

2. 定额模式下控制设备及低压电器工程的划分

控制设备及低压电器工程定额模式下共分为 24 个项目,包括:控制、继电、模拟及配电屏安装,硅整流柜安装,可控硅柜安装,直流屏及其他电气屏(柜)安装,控制台、控制箱安装,成套配电箱安装,控制开关安装,熔断器、限位开关安装,控制器、接触器、起动器、电磁铁、快速自动开关安装,电阻器、变阻器安装,按钮、电笛、电铃安装,水位电气信号装置,仪表、电器、小母线安装,分流器安装,盘柜配线,端子箱、端子板安装及端子板外部接线,焊铜接线端子,压铜接线端子,压铝接线端子,穿通板制作、安装,基础型钢、角钢安装,铁构件制作、安装及箱盒制作,木配电箱制作,配电板制作、安装等。

(1)控制、继电、模拟及配电屏安装。工作内容包括:开箱检查,安装,电器、表计及继电器等附件的拆装、送交实验,盘内整理及一次校线,接线。

(2)硅整流柜安装、可控硅柜安装。工作内容包括:开箱检查、安装、一次接线、接地。

(3)直流屏及其他电气屏(柜)安装。工作内容包括:开箱检查,安装,电器、表计及继电器等附件的拆装、送交实验,盘内整理及一次校线,接线。

(4)控制台、控制箱安装。工作内容包括:开箱检查,安装,电器、表计及继电器等附件的拆装、送交实验,盘内整理,接线。

(5)成套配电箱安装,控制开关安装,熔断器、限位联安装。工作内容包括:开箱检查、安装、查校线、接地。

(6)控制器、接触器、启动器、电磁铁、快速自动开关安装。工作内容包括:开箱检查、安装、触头调整、注油、接线、接地。

(7)电阻器、变阻器安装。工作内容包括:开箱检查、安装、触头调整、注油、接线、接地。

(8)按钮、电笛、电铃安装。工作内容包括:开箱检查、安装、接线、接地。

(9)水位电气信号装置。工作内容包括:测位、划线、安装、配管、穿线、接线、刷油。

(10)仪表、电器、小母线安装。工作内容包括:开箱检查、盘上划线、钻眼、安装固定、写字编号、下料布线、上卡子。

(11)分流器安装。工作内容包括:接触面加工、钻眼、连接、固定。

(12)盘柜配线。工作内容包括:放线、下料、包绝缘带、排线、卡线、校线、接线。

(13)端子箱、端子板安装及端子板外部接线。工作内容包括:开箱检查、安装、表计拆装、试验、校线、套绝缘管、压焊端子、接线。

(14)焊铜接线端子、压铜接线端子、压铝接线端子。工作内容包括:削线头、套绝缘管、焊接头、包缠绝缘带。

(15)穿通板制作、安装。工作内容包括:平直、下料、制作、焊接、打洞、安装、接地、油漆。

(16)基础槽钢、角钢安装。工作内容包括:平直、下料、钻孔、安装、接地、油漆。

(17)铁构件制作、安装及箱盒制作。工作内容包括:平直、划线、下料、钻孔、组对、焊接、刷油、安装、补油漆。

(18)木配电箱制作。工作内容包括:选料、下料、制榫、净面、拼缝、拼装、砂光、油漆。

(19)配电板制作、安装。工作内容包括:下料、制榫、拼缝、钻孔、拼装、砂光、油漆、包钉铁皮、安装、接线、接地。

三、控制设备安装工程量计算

(一)计算规则与注意事项

1. 清单工程量计算规则与注意事项

(1)控制设备安装工程量计算规则见表 4-31。

表 4-31 控制设备安装工程量计算规则

项目编码	项目名称	项目特征	计量单位	工程量计算规则
030404001	控制屏	1. 名称 2. 型号 3. 规格 4. 种类 5. 基础型钢形式、规格 6. 接线端子材质、规格 7. 端子板外部接线材质、规格 8. 小母线材质、规格 9. 屏边规格	台	按设计图示数量计算
030404002	继电、信号屏			
030404003	模拟屏			
030404005	弱电控制返回屏			

项目编码	项目名称	项目特征	计量单位	工程量计算规则
030404006	箱式配电室	1. 名称 2. 型号 3. 规格 4. 质量 5. 基础规格、浇筑材质 6. 基础型钢形式、规格	套	按设计图示数量计算
030404007	硅整流柜	1. 名称 2. 型号 3. 规格 4. 容量（A） 5. 基础型钢形式、规格		
030404008	可控硅柜	1. 名称 2. 型号 3. 规格 4. 容量（kW） 5. 基础型钢形式、规格		
030404010	自动调节励磁屏	1. 名称 2. 型号 3. 规格 4. 基础型钢形式、规格 5. 接线端子材质、规格 6. 端子板外部接线材质、规格 7 小母线材质、规格 8. 屏边规格	台	
030404011	励磁灭磁屏			
030404012	蓄电池屏（柜）			
030404013	直流馈电屏			
030404014	事故照明切换屏			
030404015	控制台	1. 名称 2. 型号 3. 规格 4. 基础型钢形式、规格 5. 接线端子材质、规格 6. 端子板外部接线材质、规格 7. 小母线材质、规格		
030404016	控制箱	1. 名称 2. 型号 3. 规格 4. 基础形式、材质、规格 5. 接线端子材质、规格 6. 端子板外部接线材质、规格 7. 安装方式	台	按设计图示数量计算
030404017	配电箱			
030404018	插座箱	1. 名称 2. 型号 3. 规格 4. 安装方式		
030404019	控制开关	1. 名称 2. 型号 3. 规格 4. 接线端子材质、规格 5. 额定电流（A）	个	

(2)盘、箱、柜的外部进出电线预留长度见表 4-32。

表 4-32　　　　　　　　　　盘、箱、柜的外部进出电线预留长度　　　　　　　　　（单位:m/根）

序号	项　目	预留长度	说　明
1	各种箱、柜、盘、板、盒	高＋宽	盘面尺寸
2	单独安装的铁壳开关、自动开关、刀开关、启动器、箱式电阻器、变阻器	0.5	从安装对象中心算起
3	继电器、控制开关、信号灯、按钮、熔断器等小电器	0.3	从安装对象中心算起
4	分支接头	0.2	分支线预留

(3)控制开关包括:自动空气开关、刀型开关、铁壳开关、胶盖刀闸开关、组合控制开关、万能转换开关、风机盘管三速开关、漏电保护开关等。

2. 定额工程量计算规则与注意事项

(1)控制设备安装均以"台"为计量单位。以上设备安装均未包括基础型钢、角钢的制作安装,其工程量应按相应定额另行计算。

(2)铁构件制作安装均按施工图设计尺寸,以成品质量"kg"为计量单位。

(3)网门、保护网制作安装,按网门或保护网设计图示的框外围尺寸,以"m²"为计量单位。

(4)盘柜配线分不同规格,以"m"为计量单位。

(5)盘、箱、柜的外部进出线预留长度按表 4-32 计算。

(6)配电板制作安装及包铁皮,按配电板图示外形尺寸,以"m²"为计量单位。

(7)焊(压)接线端子定额只适用于导线。电缆终端头制作安装定额中已包括压接线端子,不得重复计算。

(8)端子板外部接线按设备盘、箱柜、台的外部接线图计算,以"个头"为计量单位。

(9)盘、柜配线定额只适用于盘上小设备元件的少量现场配线,不适用于工厂的设备修、配、改工程。

(二)工程量计算实例

【例 4-13】某工程按设计图安装 SYLP2000 智能型不下位落地式模拟屏 3 台,试计算其工程量。

【解】　(1)模拟屏安装工程清单工程量计算见表 4-33。

表 4-33　　　　　　　　　　模拟安装工程清单工程量计算表

项目编码	项目名称	项目特征描述	计量单位	工程量
030404003001	模拟屏	SYLP2000 智能型不下位落地式	台	3

(2)低压配电屏安装定额工程量:3 台。

四、低压电器安装工程量计算

(一)计算规则与注意事项

1. 清单工程量计算规则与注意事项

(1)低压电器安装工程量计算规则见表 4-34。

表 4-34　　　　　　　　　　低压电器安装工程量计算规则

项目编码	项目名称	项目特征	计量单位	工程量计算规则
030404004	低压开关柜(屏)	1. 名称 2. 型号 3. 规格 4. 种类 5. 基础型钢形式、规格 6. 接线端子材质、规格 7. 端子板外部接线材质、规格 8. 小母线材质、规格 9. 屏边规格	台	按设计图示数量计算
030404009	低压电容器	1. 名称 2. 型号 3. 规格 4. 基础型钢形式、规格 5. 接线端子材质、规格 6. 端子板外部接线材质、规格 7. 小母线材质、规格 8. 屏边规格	台	按设计图示数量计算
030404020	低压熔断器	1. 名称 2. 型号 3. 规格 4. 接线端子材质、规格	个	
030404021	限位开关		个	
030404022	控制器		台	
030404023	接触器		台	
030404024	磁力启动器		台	
030404025	Y-△自耦减压启动器		台	
030404026	电磁铁(电磁制动器)		台	
030404027	快速自动开关		台	
030404028	电阻器		箱	
030404029	油浸频敏变阻器		台	

续表

项目编码	项目名称	项目特征	计量单位	工程量计算规则
030404030	分流器	1. 名称 2. 型号 3. 规格 4. 容量(A) 5. 接线端子材质、规格	个	按设计图示数量计算
030404031	小电器	1. 名称 2. 型号 3. 规格 4. 接线端子材质、规格	个 (套、台)	
030404032	端子箱	1. 名称 2. 型号 3. 规格 4. 安装部位	台	
030404033	风扇	1. 名称 2. 型号 3. 规格 4. 安装方式		
030404034	照明开关	1. 名称 2. 材质	个	
030404035	插座	3. 规格 4. 接线端子材质、规格		
030404036	其他电器	1. 名称 2. 规格 3. 安装方式	个 (套、台)	

(2)小电器包括按钮、电笛、电铃、水位电气信号装置、测量表计、继电器、电磁锁、屏上辅助设备、辅助电压互感器、小型安全变压器等。

(3)其他电器安装:指本节未列的电器项目。

(4)其他电器必须根据电器实际名称确定项目名称,明确描述工作内容、项目特征、计量单位、计算规则。

2. 定额工程量计算规则与注意事项

(1)低压电器安装均以"台"为计量单位。以上设备安装均未包括基础型钢、角钢的制作安装,其工程量应按相应定额另行计算。

(2)控制设备安装,除限位开关及水位电气信号装置外,其他均未包括支架制作、安装,发生时可执行相应定额。

(二)工程量计算实例

【例 4-14】如图 4-1 所示为混凝土砖石结构房,室内安装定型照明配电箱(AZM)2 台,普通照明灯(60W)8 盏,拉线开关 4 套,试计算其工程量。

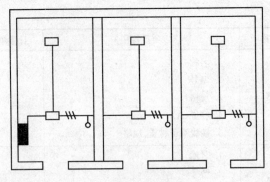

图 4-1　混凝土砖石结构房

【解】　清单工程量计算见表 4-35。

表 4-35　　　　　　　　　　　　　清单工程量计算表

序号	项目编码	项目名称	项目特征描述	计量单位	工程量
1	030404017001	配电箱	配电箱 AZM 吸顶灯及其他灯具	台	2
2	030404034001	照明开关	拉线开关	套	4

【例 4-15】某贵宾室照明系统平面图,如图 4-2 所示。照明配电箱 XM-7-3/0 尺寸为 400mm×350mm×280mm(宽×高×厚),电源由本层总配电箱引来,室内中间装饰灯为 XD-CZ-50,8×100W,四周装饰灯为 FZS-164,1×100W,两者均为吸顶安装;单联、三联单控开关

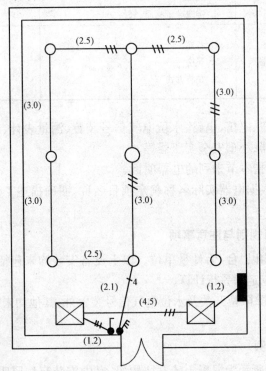

图 4-2　某贵宾室照明系统平面图

均为 10A、250V,均暗装,安装高度为 1.4m,两排风扇为 280mm×280mm,1×40W,吸顶安装;开关控制装饰灯 FZS-164 为隔一控一;配管水平长度见图示括号内数字,单位为 m。试计算其工程量。

【解】 清单工程量计算见表 4-36。

表 4-36 清单工程量计算表

序号	项目编码	项目名称	项目特征描述	计量单位	工程量
1	030404017001	配电箱	XM-7-3/0,400mm×350mm×280mm,嵌入式安装	台	1
2	030404019001	控制开关	单联单控开关安装 10A 250V	个	1
3	030404019002	控制开关	三联单控开关安装 10A 250V	个	1
4	030404033001	风扇	排风扇 280mm×280mm 1×40W	台	2

第五节 蓄电池安装工程量计算

一、蓄电池安装基础知识

蓄电池是电池中的一种,其作用是能把有限的电能储存起来,在合适的地方使用。它的工作原理是把化学能转化为电能。

蓄电池用填满海绵状铅的铅板做负极,填满二氧化铅的铅板做正极,并用 22%~28% 的稀硫酸做电解质。在充电时,电能转化为化学能,放电时,化学能又转化为电能。电池在放电时,金属铅是负极,发生氧化反应,被氧化为硫酸铅;二氧化铅是正极,发生还原反应,被还原为硫酸铅。电池在用直流电充电时,两极分别生成铅和二氧化铅。移去电源后,它又恢复到放电前的状态,组成化学电池。铅蓄电池是能反复充电、放电的电池,叫做二次电池。它的电压是 2V,通常把三个铅蓄电池串联起来使用,电压是 6V。

二、蓄电池安装工程分项工程划分明细

1. 清单模式下蓄电池安装工程的划分

蓄电池清单模式下共分为 2 个项目,包括:蓄电池和太阳能电池。
(1)蓄电池工作内容包括:本体安装,防震支架安装,充放电。
(2)太阳能电池工作内容包括:安装,电池方阵铁架安装,联调。

2. 定额模式下蓄电池安装工程的划分

定额模式下蓄电池安装工程共分为 2 个项目:蓄电池和太阳能电池。

三、蓄电池安装工程量计算

(一)计算规则与注意事项

1. 清单工程量计算规则与注意事项

蓄电池安装工程量计算规则见表 4-37。

表 4-37 　　　　　　　　　　　蓄电池安装工程量计算规则

项目编码	项目名称	项目特征	计量单位	工程量计算规则
030405001	蓄电池	1. 名称 2. 型号 3. 容量(A·h) 4. 防震支架形式、材质 5. 充放电要求	个 (组件)	按设计图示数量计算
030405002	太阳能电池	1. 名称 2. 型号 3. 规格 4. 容量 5. 安装方式	组	

2. 定额工程量计算规则与注意事项

(1)铅酸蓄电池和碱性蓄电池安装,分别按容量大小以单体蓄电池"个"为计量单位,按施工图设计的数量计算工程量。定额内已包括了电解液的材料消耗,执行时不得调整。

(2)免维护蓄电池安装以"组件"为计量单位。

(3)蓄电池充放电按不同容量以"组"为计量单位。

(二)工程量计算实例

【例 4-16】某项工程设计一组蓄电池为 220V/500A·h,由 12V 的组件 18 个组成,求蓄电池工程量。

【解】(1)蓄电池清单工程量计算见表 4-38。

表 4-38 　　　　　　　　　　　蓄电池清单工程量计算表

项目编码	项目名称	项目特征描述	计量单位	工程量
030405001001	蓄电池	蓄电池 220V/500A·h	个	18

(2)蓄电池定额工程量:18 组。套用定额时套用 12V/500A·h 的定额 18 组件。

第六节　电机检查接线及调试工程量计算

一、电机检查接线及调试基础知识

1. 发电机

发电机是指将机械能转变成电能的电机。通常由汽轮机、水轮机或内燃机驱动,小型发电机也有用风车或其他机械经齿轮或皮带驱动的。发电机分为直流发电机和交流发电机两大类。其中,交流发电机又可分为同步发电机和异步发电机两种。

2. 调相机

同步调相机运行电动机状态,但不带机械负载,只向电力系统提供无功功率的同步电机,又称同步补偿机,用于改善电网功率因数,维持电网电压水平。由于同步调相机不带机械负载,所以其转轴可以细些。如果同步调相机具有自启动能力,则其转子可以做成没有轴伸,便于密封。同步调相机经常运行在过励状态,励磁电流较大,损耗也比较大,发热比较严重。容量较大的同步调相机常采用氢气冷却。随着电力电子技术的发展和静止无功补偿器(SVC)的推广使用,调相机现已很少使用。

3. 普通小型直流电动机

普通小型直流电动机是将直流电能转换成机械能的电机。普通小型直流电动机分为两部分:定子与转子。定子包括主磁极、机座、换向极、电刷装置等;转子包括电枢铁芯、电枢绕组、换向器、轴和风扇等。

4. 可控硅调速直流电动机

可控硅调速直流电动机是将直流电能转换成机械的电机。其具有调速性能好,启动力矩大等特点。

5. 普通交流同步电动机

普通交流同步电动机一般包括永磁同步电动机、磁阻同步电动机和磁滞同步电动机三种。

(1)永磁同步电动机。永磁同步电动机能够在石油、煤矿、大型工程机械等比较恶劣的工作环境下运行,这不仅加速了永磁同步电动机取代异步电动机的速度,同时,也为永磁同步电动机专用变频器的发展提供了广阔的空间。

(2)磁阻同步电动机。磁阻同步电动机,也称反应式同步电动机,是利用转子交轴和直轴磁阻不等而产生磁阻转矩的同步电动机。磁阻同步电动机有单相电容运转式、单相电容起动式、单相双值电容式等多种类型。

(3)磁滞同步电动机。磁滞同步电动机是利用磁滞材料产生磁滞转矩而工作的同步电动机。它分为内转子式磁滞同步电动机、外转子式磁滞同步电动机和单相罩极式磁滞同步电动机。

6. 低压交流异步电动机

低压交流异步电动机由定子、转子、轴承、机壳、端盖等组成。定子由机座和带绕组的铁芯组成。铁芯由硅钢片冲槽叠压而成,槽内嵌装两套空间互隔 900 电角度的主绕组(也称运行绕组)和辅绕组(也称启动绕组或副绕组)。主绕组接交流电源,辅绕组串接离心开关或启动电容、运行电容等之后,再接入电源。转子为笼形铸铝转子,它是将铁芯叠压后用铝铸入铁芯的槽中,并一起铸出端环,使转子导条短路成鼠笼形。

7. 高压交流异步电动机

高压交流异步电动机的结构与低压交流异步电动机相似,其定子绕组接入三相交流电源后,绕组电流产生的旋转磁场在转子导体中产生感应电流,转子在感应电流和气隙旋转磁场的相互作用下,又产生电磁转矩(即异步转矩),使电动机旋转。

8. 交流变频调速电动机

交流变频调速电动机通过改变电源的频率来达到改变交流电动机转速的目的。其基本原理是：先将原来的交流电源整流为直流，然后利用具有自关断能力的功率开关元件，在控制电路的控制下高频率地依次导通或关断，从而输出一组脉宽不同的脉冲波。通过改变脉冲的占空比，可以改变输出电压；改变脉冲序列则可以改变频率。最后通过一些惯性环节和修正电路，即可把这种脉冲波转换为正弦波输出。

9. 微型电机、电加热器

（1）微型电机。微型电机全称微型特种电机，是指体积、容量较小，输出功率一般在数百瓦以下和用途、性能及环境条件要求特殊的电机。微型电机常用于控制系统中，实现机电信号或能量的检测、解算、放大、执行或转换等功能，或用于传动机械负载，也可作为设备的交、直流电源。微型电机门类繁多，大体可分为直流电动机、交流电动机、自态角电机、步进电动机、旋转变压器、轴角编码器、交直流两用电动机、测速发电机、感应同步器、直线电机、压电电动机、电机机组、其他特种电机等。

（2）电加热器。电加热器是指通过电阻元件将电能转换为热能的空气加热设备。电加热器的安装应符合下列要求：

1）电加热器与钢构架间的绝热层必须为不燃材料，接线柱外露部分应加设安全防护罩。

2）电加热器的金属外壳接地必须良好。

3）连接电加热器的风管法兰垫片，应采用耐热不燃材料。

10. 电动机组

电动机组是指承担不同工艺任务且具有连锁关系的多台电动机的组合。

11. 备用励磁机组

备用励磁机组是在直流励磁机出现故障时，保证正常运行的备用设备。

12. 励磁电阻器

励磁电阻器是连接在发电机或电动机的励磁电路内用以控制或限制其电流的电阻器。

二、电机检查接线及调试工程分项工程划分明细

1. 清单模式下电机检查接线及调试工程的划分

电机检查接线及调试工程清单模式下共分为 12 个项目，包括：发电机，调相机，普通小型直流电动机，可控硅调速直流电动机，普通交流同步电动机，低压交流异步电动机，高压交流异步电动机，交流变频调速电动机，微型电机、电加热器，电动机组，备用励磁机组，励磁电阻器工程。

（1）发电机，调相机，普通小型直流电动机，可控硅调速直流电动机，普通交流同步电动机，低压交流异步电动机，高压交流异步电动机，交流变频调速电动机，微型电机、电加热器，电动机组，备用励磁机组工作内容包括：检查接线，接地，干燥，调试。

（2）励磁电阻器工作内容包括：本体安装，检查接线，干燥。

2. 定额模式下电机检查接线及调试工程的划分

电机工程定额模式下共分为 11 个项目，包括：发电机及调相机检查接线，小型直流电动机检查接线，小型交流异步电机检查接线，小型交流同步电机检查接线，小型防爆式电机检查接线，小型立式电机检查接线，大中型电机检查接线，微型电机、变频机组检查接线，电磁调速电动机检查接线，小型电机干燥，大中型电机干燥等。

（1）发电机及调相机检查接线。工作内容包括：检查定子、转子，研磨电刷和滑环，安装电刷，测量轴承绝缘，配合密封试验，接地，干燥，整修整流子及清理。

（2）小型直流电动机检查接线。工作内容包括：检查定子、转子和轴承，吹扫，调整和研磨电刷，测量空气间隙，手动盘车检查电动机转动情况，接地，空载试运转。

（3）小型交流异步电机检查接线。工作内容包括：检查定子、转子和轴承，吹扫、测量空气间隙，手动盘车检查电机转动情况，接地，空载试运转。

（4）小型交流同步电机检查接线。工作内容包括：检查定子、转子和轴承，吹扫、测量空气间隙，调整和研磨电刷，手动盘车检查电机转动情况，接地，空载试运转。

（5）小型防爆式电机检查接线、小型立式电机检查接线。工作内容包括：检查定子、转子和轴承，吹扫、测量空气间隙，手动盘车检查电机转动情况，接地，空载试运转。

（6）大中型电机检查接线。工作内容包括：检查定子、转子和轴承，吹扫、调整和研磨电刷，测量空气间隙，用机械盘车检查电机转动情况，接地，空载试运转。

（7）微型电机、变频机组检查接线，电磁调速电动机检查接线。工作内容包括：检查定子、转子和轴承，测量空气间隙，手动盘车检查电机转动情况，接地，空载试运转。

（8）小型电机干燥、大中型电机干燥。工作内容包括：接电源及干燥前准备，安装加热装置及保温设施，加温干燥及值班，检查绝缘情况，拆除清理。

三、发电机安装工程量计算

（一）计算规则与注意事项

1. 清单工程量计算规则与注意事项

发电机安装工程量计算规则见表 4-39。

表 4-39　　　　　　　　　　发电机安装工程量计算规则

项目编码	项目名称	项目特征	计量单位	工程量计算规则
030406001	发电机	1. 名称 2. 型号 3. 容量（kW） 4. 接线端子材质、规格 5. 干燥要求	台	按设计图示数量计算

2. 定额工程量计算规则与注意事项

（1）发电机的电气检查接线，均以"台"为计量单位。直流发电机组和多台一串的机组，按单台电机分别执行定额。

（2）电气安装规范要求每台电机接线均需要配金属软管，设计有规定的，按设计规格和数量计算；设计没有规定的，平均每台电机配相应规格的金属软管 1.25m 和与之配套的金属软管专用活接头。

（3）电机检查接线定额，除发电机和调相机外，均不包括电机干燥，发生时其工程量应按电机干燥定额另行计算。电机干燥定额是按一次干燥所需的工、料、机消耗量考虑，在特别潮湿的地方，电机需要进行多次干燥，应按实际干燥次数计算。在气候干燥、电机绝缘性能良

好、符合技术标准而不需要干燥时,则不计算干燥费用。实行包干的工程,可参照以下比例,由有关各方协商而定:

1)低压小型电机 3kW 以下,按 25% 的比例考虑干燥。

2)低压小型电机 3~220kW,按 30%~50% 考虑干燥。

3)大中型电机按 100% 考虑一次干燥。

(4)电机解体检查定额,应根据需要选用。如不需要解体时,可只执行电机检查接线定额。

(5)电机定额的界线划分:单台电机质量在 3t 以下的,为小型电机;单台电机质量在 3~30t 以下的,为中型电机;单台电机质量在 30t 以上的为大型电机。

(6)小型电机按电机类别和功率大小执行相应定额,大、中型电机不分类别一律按电机质量执行相应定额。

(7)与机械同底座的电机和装在机械设备上的电机安装,执行《全统定额》第一册《机械设备安装工程》的电机安装定额;独立安装的电机,执行电机安装定额。

(8)本定额中的专业术语"电机"是指发电机和电动机的统称。如小型电机检查接线定额,适用于同功率的小型发电机和小型电动机的检查接线,定额中的电机功率系指电机的额定功率。

(9)直流发电机组和多台一串的机组,可按单台电机分别执行相应定额。

(10)单台质量在 3t 以下的电机为小型电机,单台质量超过 3~30t 以下的电机为中型电机,单台质量在 30t 以上的电机为大型电机。大中型电机不分交、直流电机,一律按电机质量执行相应定额。

(11)微型电机分为三类:驱动微型电机(分马力电机)是指微型异步电动机、微型同步电动机、微型交流换向器电动机、微型直流电动机等,控制微型电机系指自整角机、旋转变压器、交直流测速发电机、交直流伺服电动机、步进电动机、力矩电动机等,电源微型电机系指微型电动发电机组和单枢变流机等。其他小型电机(凡功率在 0.75kW 以下的电机)均执行微型电机定额,但一般民用小型交流电风扇安装另执行定额第十二章的风扇安装定额。

(12)各类电机的检查接线定额均不包括控制装置的安装和接线。

(13)电机的接地线材质至今技术规范尚无新规定,本定额仍是沿用镀锌扁钢(25×4)编制的。如采用铜接地线时,主材(导线和接头)应更换,但安装人工和机械不变。

(14)电机安装执行《全统定额》第一册《机械设备安装工程》的电机安装定额,其电机的检查接线和干燥执行该定额。

(15)各种电机的检查接线,规范要求均需配有相应的金属软管,如设计有规定的,按设计规格和数量计算。譬如,设计要求用包塑金属软管、阻燃金属软管或采用铝合金软管接头等,均按设计计算。设计没有规定时,平均每台电机配金属软管 1~1.5m(平均按 1.25m)。电机的电源线为导线时,应执行定额第四章的压(焊)接线端子定额。

(二)工程量计算实例

【例 4-17】某工程设计图示,需要安装发电机 3 台,发电机的规格型号 TDK12000kW,求其工程量。

【解】 (1)发电机清单工程量计算见表 4-40。

表 4-40　　　　　　　　　　　发电机清单工程量计算表

项目编码	项目名称	项目特征描述	计量单位	工程量
030406001001	发电机	发电机 TDK12000kW	台	3

（2）发电机定额工程量：3 台。

四、调相机安装工程量计算

（一）计算规则与注意事项

1. 清单工程量计算规则与注意事项

调相机安装工程量计算规则见表 4-41。

表 4-41　　　　　　　　　　调相机安装工程量计算规则

项目编码	项目名称	项目特征	计量单位	工程量计算规则
030406002	调相机	1. 名称 2. 型号 3. 容量(kW) 4. 接线端子材质、规格 5. 干燥要求	台	按设计图示数量计算

2. 定额工程量计算规则与注意事项

调相机的电气检查接线，均以"台"为计量单位。

（二）工程量计算实例

【例 4-18】某设计图示，需要安装调相机 3 台，调相机的规格型号 T25000kW，求调相机工程量。

【解】　（1）调相机清单工程量计算见表 4-42。

表 4-42　　　　　　　　　　调相机清单工程量计算表

项目编码	项目名称	项目特征描述	计量单位	工程量
030406002001	调相机	调相机 T25000kW	台	3

（2）调相机定额工程量：3 台。

五、电动机安装工程量计算

（一）计算规则与注意事项

1. 清单工程量计算规则与注意事项

（1）电动机安装工程量计算规则见表 4-43。

表 4-43　　　　　　　　　　　**电动机安装工程量计算规则**

项目编码	项目名称	项目特征	计量单位	工程量计算规则
030406003	普通小型直流电动机	1. 名称 2. 型号 3. 容量(kW) 4. 接线端子材质、规格 5. 干燥要求	台	按设计图示数量计算
030406004	可控硅调速直流电动机	1. 名称 2. 型号 3. 容量(kW) 4. 类型 5. 接线端子材质、规格 6. 干燥要求		
030406005	普通交流同步电动机	1. 名称 2. 型号 3. 容量(kW) 4. 启动方式 5. 电压等级(kV) 6. 接线端子材质、规格 7. 干燥要求		
030406006	低压交流异步电动机	1. 名称 2. 型号 3. 容量(kW) 4. 控制保护方式 5. 接线端子材质、规格 6. 干燥要求		
030406007	高压交流异步电动机	1. 名称 2. 型号 3. 容量(kW) 4. 保护类别 5. 接线端子材质、规格 6. 干燥要求		
030406008	交流变频调速电动机	1. 名称 2. 型号 3. 容量(kW) 4. 类别 5. 接线端子材质、规格 6. 干燥要求		
030406009	微型电机、电加热器	1. 名称 2. 型号 3. 规格 4. 接线端子材质、规格 5. 干燥要求		

续表

项目编码	项目名称	项目特征	计量单位	工程量计算规则
030406010	电动机组	1. 名称 2. 型号 3. 电动机台数 4. 联锁台数 5. 接线端子材质、规格 6. 干燥要求	组	按设计图示数量计算
030406011	备用励磁机组	1. 名称 2. 型号 3. 接线端子材质、规格 4. 干燥要求		
030406012	励磁电阻器	1. 名称 2. 型号 3. 规格 4. 接线端子材质、规格 5. 干燥要求	台	

（2）可控硅调速直流电动机类型是指一般可控硅调速直流电动机、全数字式控制可控硅调速直流电动机。

（3）交流变频调速电动机类型是指交流同步变频电动机、交流异步变频电动机。

（4）电动机按其质量划分为大、中、小型：3t 以下为小型，3～30t 为中型，30t 以上为大型。

2. 定额工程量计算规则与注意事项

电动机的电气检查接线，均以"台"为计量单位。

(二)工程量计算实例

【例 4-19】如图 4-3 所示，各设备由 HHK、QC、QZ 控制，求其工程量。

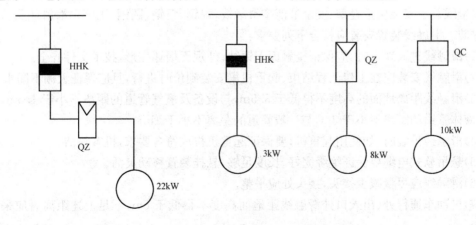

图 4-3　低压交流异步电动机示意图

【解】 (1)根据工程量计算规则,清单工程量计算见表 4-44。

表 4-44　　　　　　　　　　清单工程量计算表

序号	项目编码	项目名称	项目特征描述	计量单位	工程量
1	030406006001	低压交流异步电动机	电动机磁力起动器控制调试	台	1
2	030406006002	低压交流异步电动机	电动机刀开关控制调试	台	1
3	030406006003	低压交流异步电动机	电动机磁力起动器控制调试	台	1
4	030406006004	低压交流异步电动机	电动机磁力起动器控制调试	台	1

(2)如图 4-3 所示,定额工程量计算:

1)电动机磁力起动器控制调试　1 台

　　电动机检查接线 22kW　1 台

2)电动机刀开关控制调试　1 台

　　电动机检查接线 3kW　1 台

3)电动机磁力起动器控制调试　1 台

　　电动机检查接线 8kW　1 台

4)电动机电磁起动器控制调试　1 台

　　电动机检查接线 10kW　1 台

第七节　滑触线装置安装工程量计算

一、滑触线装置安装的基础知识

滑触线装置安装包括轻型、安全节能型滑触线,扁钢、角钢、圆钢、工字钢滑触线及移动软电缆安装。滑触线装置安装应符合下列要求:

(1)滑触线进入现场时,应保证接触面无锈蚀,外观无损坏变形,技术文件齐全。

(2)滑触线安装应在土建工程结束、起重机梁安装到位时进行,且应保证天棚不漏水。

(3)滑触线距离地面的高度不得低于 3.5m,与设备及氧气管道的距离不小于 1.5m,与易燃气、液体管道的距离不小于 3m,与一般管道的距离不小于 1m。

(4)滑触线吊装时,如使用起重机,要保证起重机排放符合要求,机容整洁。

(5)悬吊软式电缆要保证绝缘完好,长度足够,悬挂装置移动灵活。

(6)滑触线应尽量减少接头,接头处应平整。

(7)机动车通行处、出入口处滑触线距地面高度不得低于 6m,不足上述距离时应采取保护措施。

二、滑触线装置安装工程分项工程划分明细

1. 清单模式下滑触线装置安装工程的划分

滑触线装置安装工程清单模式下内容包括：滑触线安装，滑触线支架制作、安装，拉紧装置及挂式支持器制作、安装，移动软电缆安装，伸缩接头接头制作、安装。

2. 定额模式下滑触线装置安装工程的划分

滑触线装置工程定额模式下共分为 6 个项目，包括：轻型滑触线安装，安全节能型滑触线安装，角钢、扁钢、圆钢、工字钢滑触线安装，滑触线支架安装，滑触线拉紧装置及挂式支持器制作、安装，移动软电缆安装等。

(1)轻型滑触线安装。工作内容包括：平直、除锈、刷油、支架、滑触线、补偿器安装。

(2)安全节能型滑触线安装。工作内容包括：开箱检查、测位划线、组装、调直、固定、安装导电器及滑触线。

(3)角钢、扁钢、圆钢、工字钢滑触线安装。工作内容包括：平直、下料、除锈、刷漆、安装、连接伸缩器、装拉紧装置。

(4)滑触线支架安装。工作内容包括：测位、放线、支架及支持器安装、底板钻眼、指示灯安装。

(5)滑触线拉紧装置及挂式支持器制作、安装。工作内容包括：划线、下料、钻孔、刷油、绝缘子灌注螺栓、组装、固定、拉紧装置组装成套、安装。

(6)移动软电缆安装。工作内容包括：配钢索、装拉紧装置、吊挂、滑轮及托架、电缆敷设、接线。

三、滑触线安装工程量计算

(一)计算规则与注意事项

1. 清单工程量计算规则与注意事项

(1)滑触线安装工程量计算规则见表 4-45。

表 4-45　　　　　　　　　　　　　滑触线安装工程量计算规则

项目编码	项目名称	项目特征	计量单位	工程量计算规则
030407001	滑触线	1. 名称 2. 型号 3. 规格 4. 材质 5. 支架形式、材质 6. 移动软电缆材质、规格、安装部位 7. 拉紧装置类型 8. 伸缩接头材质、规格	m	按设计图示尺寸以单相长度计算(含预留长度)

(2)支架基础铁件及螺栓是否浇筑需说明。

(3)滑触线安装预留长度见表 4-46。

表 4-46　　　　　　　　　　　　滑触线安装预留长度　　　　　　　　（单位:m/根）

序号	项　目	预留长度	说　明
1	圆钢、铜母线与设备连接	0.2	从设备接线端子接口算起
2	圆钢、铜滑触线终端	0.5	从最后一个固定点算起
3	角钢滑触线终端	1.0	从最后一个支持点算起
4	扁钢滑触线终端	1.3	从最后一个固定点算起
5	扁钢母线分支	0.5	分支线预留
6	扁钢母线与设备连接	0.5	从设备接线端子接口算起
7	轻轨滑触线终端	0.8	从最后一个支持点算起
8	安全节能及其他滑触线终端	0.5	从最后一个固定点算起

2. 定额工程量计算规则与注意事项

(1)起重机上的电气设备、照明装置和电缆管线等,均执行相应定额。

(2)滑触线安装以"m/单相"为计量单位,其附加和预留长度按表 4-46 的规定计算。

(3)起重机的电气装置系按未经生产厂家成套安装和试运行考虑的,因此起重机的电机和各种开关、控制设备、管线及灯具等,均按分部分项定额编制预算。

(4)滑触线支架的基础铁件及螺栓,按土建预埋考虑。

(5)滑触线及支架的油漆,均按涂一遍考虑。

(6)移动软电缆敷设未包括轨道安装及滑轮制作。

(7)滑触线的辅助母线安装,执行"车间带型母线"安装定额。

(8)滑触线伸缩器和坐式电车绝缘子支持器的安装,已分别包括在"滑触线安装"和"滑触线支架安装"定额内,不另行计算。

(9)滑触线及支架安装是按 10m 以下标高考虑的,如超过 10m 时,按定额说明的超高系数计算。

(10)铁构件制作,执行定额第四章的相应项目。

(二)工程量计算实例

【例 4-20】某单层厂房滑触线平面布置图,如图 4-4 所示。柱间距为 3.0m,共 6 跨,在柱高 7.5m 处安装滑触线支架(60mm×60mm×6mm,每米重 4.12kg),如图 4-5 所示,采用螺栓固定,滑触线(50mm×50mm×5mm,每米重 2.63kg)两端设置指示灯,试计算其工程量。

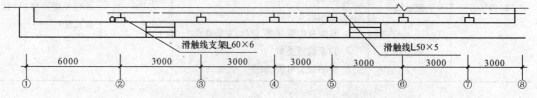

图 4-4　某单层厂房滑触线平面布置图

说明:室内外地坪标高相同(±0.01),图中尺寸标注均以 mm 为单位。

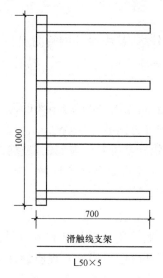

图 4-5 滑触线支架安装

【解】 滑触线安装工程量

$$[3×6+(1+1)]×4=80m$$

滑触线支架制作工程量

$$4.12×(1.0+0.7×4)×6=93.94kg$$

(1)滑触线清单工程量计算见表 4-47。

表 4-47 滑触线清单工程量计算表

项目编码	项目名称	项目特征描述	计量单位	工程量
030407001001	滑触线	滑触线安装∟50×50×5 滑触线支架∟50×5	m	80

(2)滑触线定额工程量:80m。

第八节 电缆安装工程量计算

一、电缆安装基础知识

1. 电力电缆

电力电缆是用来输送和分配大功率电能的导线。无铠装的电缆适用于室内、电缆沟内、电缆桥架内和穿管敷设;钢带铠装电缆适用于直埋敷设。

2. 控制电缆

控制电缆用于连接电气仪表、继电保护和自动控制等回路,属低压电缆,运行电压一般为交流 500V 或直流 1000V 以下,电流不大,而且是间断性负荷,均为多芯电缆。其型号表示方法和电力电缆相同,只是在电力电缆前加上"K"字。如 KZQ 为铜芯裸铅包纸绝缘控制电缆。

3. 电缆保护管

电缆保护管一般用金属管者较多,其中镀锌钢管防腐性能好,因而被普遍用做电缆保护管。其种类有钢管、铸铁管、硬质聚氯乙烯管、陶土管、混凝土管、石棉水泥管等。

4. 电缆桥架

电缆桥架一般由直线段、弯通、桥架附件和支、吊架四部分组成。电缆桥架按材质划分有冷轧钢板和热轧钢板,其表面处理分为热镀锌(电镀锌)、喷塑、喷漆。在腐蚀环境中可做防腐处理。此外,除钢制桥架外,还有铝合金桥架和玻璃钢(玻璃纤维增强塑料的简称)桥架,铝合金桥架和玻璃钢桥架仅适用于少数极易受腐蚀的环境。按结构形式划分,可分为梯架式、托盘式和线槽式三种。

5. 电缆支架

电缆支架即电缆吊架安装,一般采用标准的托臂和立柱进行安装,也可采用自制加工吊架或支架进行安装。通常,为了保证电缆桥架的工程质量,应优先采用标准附件。

自制吊架和支架进行安装时,应根据电缆桥架及其组装图进行定位画线,并在固定点进行打孔和固定。固定间距和螺栓规格由工程设计确定,当设计无规定时,可根据桥架质量与承载情况选用。

6. 预制分支电缆

(1)预制分支电缆不用在现场加工制作电缆分支接头和电缆绝缘穿刺线夹分支,是由生产厂家按照电缆用户要求的主、分支电缆型号、规格、截面、长度及分支位置等指标,在制造电缆时直接从主干电缆上加工制作出带分支的电缆。

(2)预制分支电缆附件规格、型号在预制分支电缆的安装施工中,以中、高层建筑在电缆井或电缆通道中安装所需的附件最多。

1)吊头是预制分支电缆做垂直安装时,在主电缆顶端作为安装起吊用的附件。用户在选型确定预制分支电缆主电缆截面后,只需在图纸上注明配备"吊头",制造商即会按照相应的主电缆截面予以制作。

2)吊挂横梁是在预制分支电缆垂直安装场合下,预制分支电缆直吊后,通过挂钩和吊头,挂于该横梁上。建筑设计部门和建筑施工部门在确定采用预制分支电缆后,在主体建筑的吊挂横梁部位,应充分考虑其承重强度,尤其是高层建筑和大截面电缆。

3)挂钩垂直安装场合下使用。安装于吊挂横梁上,预制分支电缆起吊后挂在挂钩上。

4)支架是在预制分支电缆起吊敷设后,对主电缆进行紧固、夹持的附件。

5)缆夹将主电缆夹持、紧固在支架上。

二、电缆安装工程分项工程划分明细

1. 清单模式下电缆安装工程的划分

电缆安装工程清单模式下共分为 11 个项目,包括:电力电缆,控制电缆,电缆保护管,电缆槽盒,铺砂、盖保护板(砖),电力电缆头,控制电缆头,防火堵洞,防火隔板,防火涂料,电缆分支箱。

(1)电力电缆、控制电缆工作内容包括:电缆敷设,揭(盖)盖板。

(2)电缆保护管工作内容包括:保护管敷设。

（3）电缆槽盒工程工作内容包括：槽盒安装。

（4）铺砂、盖保护板（砖）工作内容包括：铺砂，盖板（砖）。

（5）电力电缆头、控制电缆头工作内容包括：电力电缆头制作，电力电缆头安装，接地。

（6）防火堵洞、防火隔板、防火涂料工作内容包括：安装。

（7）电缆分支箱工作内容包括：本体安装，基础制作、安装。

2. 定额模式下电缆安装工程的划分

电缆安装工程定额模式下共分为 16 个项目，包括：电缆沟挖填、人工开挖路面，电缆沟铺砂、盖砖及移动盖板，电缆保护管敷设及顶管，桥架安装，塑料电缆槽、混凝土电缆槽安装，电缆防火涂料、堵洞、隔板及阻燃盒槽安装，电缆防腐、缠石棉绳、刷漆、剥皮，铝芯、铜芯电力电缆敷设，户内干包式电力电缆头制作、安装，户内浇注式电力电缆终端头制作、安装，户内热缩式电力电缆终端头制作、安装，户外电力电缆终端头制作、安装，浇注式电力电缆中间头制作、安装，热缩式电力电缆中间头制作、安装，控制电缆敷设，控制电缆头制作、安装等。

（1）电缆沟挖填、人工开挖路面。工作内容包括：测位、划线、挖电缆沟、回填土、夯实、开挖路面、清理现场。

（2）电缆沟铺砂、盖砖及移动盖板。工作内容包括：调整电缆间距、铺砂、盖砖（或保护板）、埋设标桩、揭（盖）盖板。

（3）电缆保护管敷设及顶管。

1）电缆保护管敷设。工作内容包括：测位、锯管、敷设、打喇叭口。

2）顶管。工作内容包括：测位、安装机具、顶管、接管、清理。

（4）桥架安装。

1）钢制桥架、玻璃钢桥架、铝合金桥架。工作内容包括：组对、焊接或螺栓固定，弯头、三通或四通、盖板、隔板、附件的安装。

2）组合式桥架及桥架支撑架。工作内容包括：桥架组对、螺栓连接、安装固定，立柱、托臂膨胀螺栓或焊接固定、螺栓固定在支架立柱上。

（5）塑料电缆槽、混凝土电缆槽安装。工作内容包括：测位、划线、安装、接口。

（6）电缆防火涂料、堵洞、隔板及阻燃盒槽安装。工作内容包括：清扫、堵洞、安装防火隔板（阻燃盒槽）、涂防火材料、清理。

（7）电缆防腐、缠石棉绳、刷漆、剥皮。工作内容包括：配料、加垫、灌防腐材料、铺砖、缠石棉绳、管道（电缆）刷色漆、电缆剥皮。

（8）铝芯、铜芯电力电缆敷设。工作内容包括：开盘、检查、架盘、敷设、锯断、排列、整理、固定、收盘、临时封头、挂牌。

（9）户内干包式电力电缆头制作、安装。工作内容包括：定位、量尺寸、锯断、剥保护层及绝缘层、清洗、包缠绝缘、压连接管及接线端子、安装、接线。

（10）户内浇注式电力电缆终端头制作、安装。工作内容包括：定位、量尺寸、锯断、剥切清洗、内屏蔽层处理、包缠绝缘、压扎锁管及接线端子、装终端盒、配料浇注、安装接线。

（11）户内热缩式电力电缆终端头制作、安装。工作内容包括：定位、量尺寸、锯断、剥切清洗、内屏蔽层处理、焊接地线、压扎锁管及接线端子、装热缩管、加热成形、安装、接线。

（12）户外电力电缆终端头制作、安装。工作内容包括：定位、量尺寸、锯断、剥切清洗、内屏蔽层处理、焊接地线、装热缩管、压接线端子、装终端盒、配料浇注、安装、接线。

(13)浇注式电力电缆中间头制作、安装。工作内容包括:定位、量尺寸、锯断、剥切清洗、内屏蔽层处理、焊接地线、压接线端子、装中间盒、配料浇注、安装。

(14)热缩式电力电缆中间头制作、安装。工作内容包括:定位、量尺寸、锯断、剥切清洗、内屏蔽层处理、焊接地线、装热缩管、压接线端子、加热成形、安装。

(15)控制电缆敷设。工作内容包括:开盘、检查、架盘、敷设、锯断、排列、整理、固定、收盘、临时封头、挂牌。

(16)控制电缆头制作、安装。工作内容包括:定位、量尺寸、锯断、剥切、包缠绝缘、安装、校接线。

三、电力电缆安装工程量计算

(一)计算规则与注意事项

1. 清单工程量计算规则和注意事项

(1)电力电缆安装工程量计算规则见表 4-48。

表 4-48　　　　　　　　　　　**电力电缆安装工程量计算规则**

项目编码	项目名称	项目特征	计量单位	工程量计算规则
030408001	电力电缆	1. 名称 2. 型号 3. 规格 4. 材质 5. 敷设方式、部位 6. 电压等级(kV) 7. 地形	m	按设计图示尺寸以长度计算(含预留长度及附加长度)
030408002	控制电缆			
030408003	电缆保护管	1. 名称 2. 材质 3. 规格 4. 敷设方式		按设计图示尺寸以长度计算
030408004	电缆槽盒	1. 名称 2. 材质 3. 规格 4. 型号		

(2)电缆敷设预留长度及附加长度见表 4-49。

表 4-49　　　　　　　　　　　**电缆敷设预留及附加长度**

序号	项　目	预留(附加)长度	说　明
1	电缆敷设弛度、波形弯度、交叉	2.5%	按电缆全长计算
2	电缆进入建筑物	2.0m	规范规定最小值
3	电缆进入沟内或吊架时引上(下)预留	1.5m	规范规定最小值
4	变电所进线、出线	1.5m	规范规定最小值
5	电力电缆终端头	1.5m	检修余量最小值

续表

序号	项　目	预留(附加)长度	说　明
6	电缆中间接头盒	两端各留 2.0m	检修余量最小值
7	电缆进控制、保护屏及模拟盘、配电箱等	高＋宽	按盘面尺寸
8	高压开关柜及低压配电盘、箱	2.0m	盘下进出线
9	电缆至电动机	0.5m	从电机接线盒算起
10	厂用变压器	3.0m	从地坪算起
11	电缆绕过梁柱等增加长度	按实计算	按被绕物的断面情况计算增加长度
12	电梯电缆与电缆架固定点	每处 0.5m	规范规定最小值

2. 定额工程量计算规则与注意事项

(1)电缆沟开挖。

1)直埋电缆的挖、填土(石)方,除特殊要求外,可按表 4-50 计算土方量。

表 4-50　　　　　　　　　　直埋电缆的挖、填土(石)方量

项　目	电 缆 根 数	
	1～2	每增一根
每米沟长挖方量(m³)	0.45	0.153

注:1. 两根以内的电缆沟,是按上口宽度 600mm、下口宽度 400mm、深度 900mm 计算的常规土方量(深度按规范的最低标准)。

　2. 每增加一根电缆,其宽度增加 170mm。

　3. 以上土方量是按埋深从自然地坪起算,如设计埋深超过 900mm 时,多挖的土方量应另行计算。

2)电缆槽(沟)的土(石)方开挖和回填,应扣除路面开挖部分的实际挖、填量,按不同土质以开挖断面的体积"m³"计量,理论计算公式(图 4-6):

$$V=BHL$$

式中　L——沟槽长度。

式中其他字母意义如图 4-6 所示。

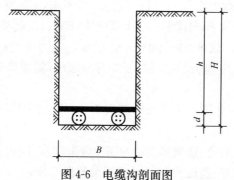

图 4-6　电缆沟剖面图

h—电缆埋深;d—电缆直径;H—电缆沟深;B—沟槽宽度

(2)电缆保护管。

1)电缆保护管长度,除按设计规定长度计算外,遇有下列情况,应按规定增加保护管长度:

①横穿道路,按路基宽度两端各增加 2m。

②垂直敷设时,管口距地面增加 2m。

③穿过建筑物外墙时,按基础外缘以外增加 1m。

④穿过排水沟时,按沟壁外缘以外增加 1m。

2)电缆保护管埋地敷设,其土方量凡有施工图注明的,按施工图计算;无施工图的,一般按沟深 0.9m,沟宽按最外边的保护管两侧边缘外各增加 0.3m 工作面计算。

(3)电缆敷设。

1)电缆敷设按单根以延长米计算,一个沟内(或架上)敷设 3 根长度均为 100m 的电缆,应按 300m 计算,以此类推。

2)电缆敷设长度应根据敷设路径的水平和垂直敷设长度,按表 4-49 规定增加附加长度。

(4)电缆终端头及中间头。电缆终端头及中间头均以"个"为计量单位。电力电缆和控制电缆均按一根电缆有两个终端头考虑。中间电缆头设计有图示的,按设计确定;设计没有规定的,按实际情况计算(或按平均 250m 一个中间头考虑)。

(5)桥架安装,以"m"为计量单位。

(6)吊电缆的钢索及拉紧装置,应按相应定额另行计算。

(7)钢索的计算长度以两端固定点的距离为准,不扣除拉紧装置的长度。

(8)电缆敷设应按定额说明的综合内容范围计算。

(9)电缆敷设定额适用于 10kV 以下的电力电缆和控制电缆敷设。定额是按平原地区和厂内电缆工程的施工条件编制的,未考虑在积水区、水底、井下等特殊条件下的电缆敷设。

(10)电缆在一般山地、丘陵地区敷设时,其定额人工乘以系数 1.3。该地段所需的施工材料如固定桩、夹具等按实另计。

(11)电缆敷设定额未考虑因波形敷设增加长度、弛度增加长度、电缆绕梁(柱)增加长度以及电缆与设备连接、电缆接头等必要的预留长度,该增加长度应计入工程量之内。

(12)这里的电力电缆头定额均按铝芯电缆考虑,铜芯电力电缆头按同截面电缆头定额乘以系数 1.2,双屏蔽电缆头制作、安装,人工乘以系数 1.05。

(13)电力电缆敷设定额均按三芯(包括三芯连地)考虑,5 芯电力电缆敷设定额乘以系数 1.3,6 芯电力电缆乘以系数 1.6,每增加一芯定额增加 30%,以此类推。单芯电力电缆敷设按同截面电缆定额乘以 0.67。截面 400~800mm² 的单芯电力电缆敷设,按 400mm² 电力电缆定额执行。240mm² 以上的电缆头的接线端子为异型端子,需要单独加工,应按实际加工价计算(或调整定额价格)。

(14)电缆沟挖填方定额亦适用于电气管道沟等的挖填方工作。

(15)桥架安装。

1)桥架安装包括运输、组合、螺栓或焊接固定、弯头制作、附件安装、切割口防腐、桥式或托板式开孔、上管件隔板安装、盖板及钢制梯式桥架盖板安装。

2)桥架支撑架定额适用于立柱、托臂及其他各种支撑架的安装。定额已综合考虑了采用螺栓、焊接和膨胀螺栓三种固定方式。实际施工中,不论采用何种固定方式,定额均不作调整。

3)玻璃钢梯式桥架和铝合金梯式桥架定额均按不带盖考虑。如这两种桥架带盖,则分别执行玻璃钢槽式桥架定额和铝合金槽式桥架定额。

4)钢制桥架主结构设计厚度大于 3mm 时,定额人工、机械乘以系数 1.2。

5)不锈钢桥架按钢制桥架定额乘以系数 1.1。

(16)定额中电缆敷设是指综合定额,已将裸包电缆、铠装电缆、屏蔽电缆等因素考虑在内。因此,凡 10kV 以下的电力电缆和控制电缆均不分结构形式和型号,一律按相应的电缆截面和芯数执行相应定额。

(17)电缆敷设定额及其相配套的定额中均未包括主材(又称装置性材料),另按设计和工程量计算规则加上定额规定的损耗率计算主材费用。

(18)ϕ100 以下的电缆保护管敷设执行配管配线有关定额。

(19)定额未包括的工作内容:

1)隔热层、保护层的制作、安装。

2)电缆冬季施工的加温工作和在其他特殊施工条件下的施工措施费和施工降效增加费。

(二)工程量计算实例

【例 4-21】如图 4-7 所示,电缆自 N_1 电杆引下埋设至Ⅱ号厂房 N_1 动力箱,动力箱为XL(F)-15-0042,高 1.7m,宽 0.7m,箱距地面高为 0.45m。试计算电缆埋设与电缆沿杆敷设工程量。

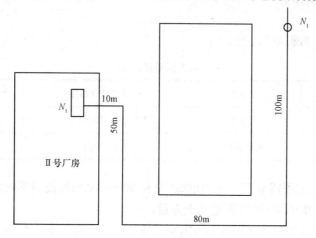

图 4-7　电缆敷设示意图

【解】　(1)电缆埋设

$$10+50+80+100+0.45=240.45m$$

(2)电缆沿杆敷设

$$8+1(杆上预留)=9m$$

清单工程量计算见表 4-51。

表 4-51　　　　　　　　　　　　**清单工程量计算表**

序号	项目编码	项目名称	项目特征描述	计量单位	工程量
1	030408001001	电力电缆	电缆埋设	m	240.45
2	030408001002	电力电缆	电缆沿杆敷设	m	9

【例 4-22】某电缆敷设工程如图 4-8 所示,采用电缆沟铺砂盖砖直埋并列敷设 8 根 $XV_{29}(3\times35+1\times10)$ 电力电缆,变电所配电柜至室内部分电缆穿 $\phi40$ 钢管保护,共 8m 长,室外电缆敷设共 120m 长,在配电间有 13m 穿 $\phi40$ 钢管保护,试计算其清单工程量。

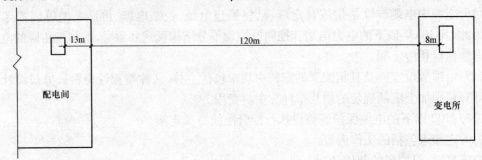

图 4-8　某电缆敷设工程

【解】　(1)电缆敷设工程量

$$(8+120+13)\times8=1128m$$

(2)电缆保护管工程量

$$8+13=21m$$

清单工程量计算见表 4-52。

表 4-52　　　　　　　　　　　　清单工程量计算表

序号	项目编码	项目名称	项目特征描述	计量单位	工程量
1	030408001001	电力电缆	$XV_{29}(3\times35+1\times10)$	m	1128
2	030408003001	电缆保护管	$\phi40$ 钢管	m	21

【例 4-23】某电力工程需要直埋电力电缆,全长 300m,单根埋设时下口宽 0.4m,深 1.5m。现若同沟并排埋设 6 根电缆,试计算挖填土方量。

【解】　标准电缆沟下口宽 $a=0.4$m,上口宽 $b=0.6$m,沟深 $h=0.9$m,则电缆沟边坡系数为:

$$S=0.1/0.9=0.11$$

已知下口宽 $a=0.4$m,沟深 $h=1.5$m,则上口宽 b' 为:

$$b'=a+2Sh=0.4+2\times0.11\times1.5=0.73m$$

根据表 4-50 注可知同沟并排 6 根电缆,其电缆上下口宽度均增加 $0.17\times4=0.68$m,则挖填土方量为:

$$V=[(0.73+0.68+0.4+0.68)\times1.5/2)]\times300=560.25m^3$$

四、其他安装工程量计算

(一)计算规则与注意事项

(1)其他安装工程工程量清单计算规则见表 4-53。

表 4-53　　　　　　　　　　　　　其他安装工程计算规则

项目编码	项目名称	项目特征	计量单位	工程量计算规则
030408005	铺砂、盖保护板(砖)	1. 种类 2. 规格	m	按设计图示尺寸以长度计算
030408006	电力电缆头	1. 名称 2. 型号 3. 规格 4. 材质、类型 5. 安装部位 6. 电压等级(kV)	个	按设计图示数量计算
030408007	控制电缆头	1. 名称 2. 型号 3. 规格 4. 材质、类型 5. 安装方式		
030408008	防火堵洞	1. 名称 2. 材质 3. 方式 4. 部位	处	
030408009	防火隔板		m²	按设计图示尺寸以面积计算
030408010	防火涂料		kg	按设计图示尺寸以质量计算
030408011	电缆分支箱	1. 名称 2. 型号 3. 规格 4. 基础形式、材质、规格	台	按设计图示数量计算

(2)电缆穿刺线夹按电缆头编码列项。

(3)电缆井、电缆排管、顶管,应按现行国家标准《市政工程工程量计算规范》(GB 50857—2013)相关项目编码列项。

(二)工程量计算实例

【例 4-24】某工程设计图示,需要安装 10kV 电缆分支箱 4 台,求其工程量。

【解】　电缆分支箱清单工程量计算见表 4-54。

表 4-54　　　　　　　　　　电缆分支箱清单工程量计算表

项目编码	项目名称	项目特征描述	计量单位	工程量
030408011001	电缆分支箱	10kV 电缆分支箱	台	4

第九节　防雷及接地装置工程量计算

一、防雷及接地装置基础知识

1. 接地装置

接地装置应用钢材,在腐蚀性较强的场所,应采用热镀锌的钢接地体或适当加大截面,接地装置的导体截面应符合热稳定和机械强度的要求,且不应小于表 4-55 中所列数值。

表 4-55　　　　　　　　　　　　钢接地体和接地线的最小规格

种类、规格及单位		地上		地下
		室内	室外	
圆钢直径(mm)		5	6	8 (10)
扁钢	截面(mm²)	24	48	48
	厚度(mm)	3	4	4 (6)
角钢厚度(mm)		2	2.5	4 (6)
钢管管壁厚度(mm)		2.5	2.5	3.5 (4.5)

注:1. 表中括号内的数值是指直流电力网中经常流过电流的接地线和接地体的最小规格。

　　2. 电力线路杆塔的接地体引出线的截面不应小于 50mm²,引出线应采用热镀锌。

2. 避雷装置

避雷装置基本上可分为四大类:接闪器、电源避雷针、信号型避雷器及天馈线避雷器。

3. 半导体少长针消雷装置

半导体少长针消雷装置是半导体少针消雷针组、引下线和接地装置的总和。通常用于可能有直雷直接侵入的电子设备的场所;内部有重要的电气设备的建(构)筑物;易燃、易爆场所;多雷区或易击区的露天施工工地或作业区;避雷针的保护范围难以覆盖的设施;多雷区或易击区的 35～500kV 架空输电线路以及发电厂、变电所(站)。

二、防雷及接地装置工程分项工程划分明细

1. 清单模式下防雷及接地装置工程的划分

防雷及接地装置工程清单模式下共分为 11 个项目,包括:接地极,接地母线,避雷引下线,均压环,避雷网,避雷针,半导体少长针消雷装置,等电位端子箱、测试板,绝缘垫,浪涌保护器,降阻剂工程。

(1)接地极工作内容包括:接地极(板、桩)制作、安装,基础接地网安装,补刷(喷)油漆。

(2)接地母线工作内容包括:接地母线制作、安装,补刷(喷)油漆。

(3)避雷引下线工作内容包括:避雷引下线制作、安装,断接卡子、箱制作、安装,利用主钢筋焊接,补刷(喷)油漆。

(4)均压环工作内容包括:均压环敷设,钢铝窗接地,柱主筋与圈梁焊接,利用圈梁钢筋焊接,补刷(喷)油漆。

(5)避雷网工作内容包括:避雷网制作、安装,跨接,混凝土块制作,补刷(喷)油漆。

(6)避雷针工作内容包括:避雷针制作、安装,跨接,补刷(喷)油漆。

(7)半导体少长针消雷装置、等电位端子箱、测试板工作内容包括:本体安装。

(8)绝缘垫工作内容包括:制作,安装。

(9)浪涌保护器工作内容包括:本体安装,接线,接地。

(10)降阻剂工作内容包括:挖土,施放降阻剂,回填土,运输。

2. 定额模式下防雷及接地装置工程的划分

防雷及接地装置工程定额模式下共分为 7 个项目,包括:接地极(板)制作、安装,接地母线敷设,接地跨接线安装,避雷针制作、安装,半导体少长针消雷装置安装,避雷引下线敷设,避雷网安装等。

(1)接地极(板)制作、安装。工作内容包括:尖端及加固帽加工、接地极打入地下及埋设、下料、加工、焊接。

(2)接地母线敷设。工作内容包括:挖地沟、接地线平直、下料、测位、打眼、埋卡子、煨弯、敷设、焊接、回填土夯实、刷漆。

(3)接地跨接线安装。工作内容包括:下料、钻孔、煨弯、挖填土、固定、刷漆。

(4)避雷针制作、安装:

1)避雷针制作。工作内容包括:下料、针尖针体加工、挂锡、校正、组焊、刷漆等(不含底座加工)。

2)避雷针安装。工作内容包括:预埋铁件、螺栓或支架、安装固定、补漆等。

3)独立避雷针。安装工作内容包括:组装、焊接、吊装、找正、固定、补漆。

(5)半导体少长针消雷装置安装。工作内容包括:组装、吊装、找正、固定、补漆。

(6)避雷引下线敷设。工作内容包括:平直、下料、测位、打眼、埋卡子、焊接、固定、刷漆。

(7)避雷网安装。工作内容包括:平直、下料、测位、打眼、埋卡子、焊接、固定、刷漆。

三、接地装置安装工程量计算

(一)计算规则与注意事项

1. 清单工程量计算规则与注意事项

(1)接地装置安装工程量计算规则见表 4-56。

表 4-56　接地装置安装工程量计算规则

项目编码	项目名称	项目特征	计量单位	工程量计算规则
030409001	接地极	1. 名称 2. 材质 3. 规格 4. 土质 5. 基础接地形式	根 (块)	按设计图示数量计算
030409002	接地母线	1. 名称 2. 材质 3. 规格 4. 安装部位 5. 安装形式	m	按设计图示尺寸以长度计算(含附加长度)

(2)利用桩基础做接地极,应描述桩台下桩的根数,每桩台下需焊接柱筋根数,其工程量

按柱引下线计算;利用基础钢筋作接地极按均压环项目编码列项。

(3)使用电缆、电线作接地线,应按《通用安装工程工程量计算规范》(GB 50856—2013)附录 D.8、D.12 相关项目编码列项。

(4)接地母线、引下线、避雷网附加长度见表 4-57。

表 4-57　　　　　　　　　接地母线、引下线、避雷网附加长度　　　　　　(单位:m)

项目	附加长度	说明
接地母线、引下线、避雷网附加长度	3.9%	按接地母线、引下线、避雷网全长计算

2. 定额工程量计算规则与注意事项

(1)接地极制作安装以"根"为计量单位,其长度按设计长度计算。设计无规定时,每根长度按 2.5m 计算。若设计有管帽时,管帽另按加工件计算。

(2)接地母线敷设,按设计长度以"m"为计量单位计算工程量。接地母线、避雷网敷设,均按延长米计算,其长度按施工图设计水平和垂直规定长度另加 3.9% 的附加长度(包括转弯、上下波动、避绕障碍物、搭接头所占长度)计算。计算主材消耗量时应另增加规定的损耗率。

(3)接地跨接线以"处"为计量单位。按规程规定,凡需接地跨接线的工程内容,每跨接一次按一处计算。户外配电装置构架均需接地,每副构架按"一处"计算。

(4)接地装置包括接地极(接地体)和接地母线。接地极按材质分为角钢、钢管、圆钢、钢板、铜板等。角钢、钢管、圆钢接地极,按土质不同分别以"根"计量;钢板、铜板接地极以"块"计量。接地极本体列入主材计价。

(5)定额适用于建筑物、构筑物的防雷接地,变配电系统接地、设备接地以及避雷针的接地装置。

(6)户外接地母线敷设定额系按自然地坪和一般土质综合考虑的,包括地沟的挖填土和夯实工作,执行该定额时不应再计算土方量。如遇有石方、矿渣、积水、障碍物等情况时可另行计算。

(7)定额不适于采用爆破法施工敷设接地线、安装接地极,也不包括高土壤电阻率地区采用换土或化学处理的接地装置及接地电阻的测定工作。

(二)工程量计算实例

【例 4-25】某设计图示,需要安装接地装置 3 项,钢板接地极 3 块,接地母线 300m,求接地装置工程量。

【解】 (1)接地装置清单工程量计算见表 4-58。

表 4-58　　　　　　　　　　接地装置清单工程量计算表

序号	项目编码	项目名称	项目特征描述	计量单位	工程量
1	030409001001	接地极	钢板接地极	块	3
2	030409002001	接地母线	接地母线	m	300

(2)接地装置定额工程量:

钢板接地极 3 块;

接地母线 300m。

四、避雷及消雷装置安装工程量计算

(一)计算规则与注意事项

1. 清单工程量计算规则与注意事项

(1)避雷及消雷装置安装工程量计算规则见表 4-59。

表 4-59　　　　　　　避雷及消雷装置安装工程量计算规则

项目编码	项目名称	项目特征	计量单位	工程量计算规则
030409003	避雷引下线	1. 名称 2. 材质 3. 规格 4. 安装部位 5. 安装形式 6. 断接卡子、箱材质、规格	m	按设计图示尺寸以长度计算(含附加长度)
030409004	均压环	1. 名称 2. 材质 3. 规格 4. 安装形式		
030409005	避雷网	1. 名称 2. 材质 3. 规格 4. 安装形式 5. 混凝土块标号		
030409006	避雷针	1. 名称 2. 材质 3. 规格 4. 安装形式、高度	根	按设计图示数量计算
030409007	半导体少长针消雷装置	1. 型号 2. 高度	套	

(2)引下线、避雷网附加长度见表 4-57。

(3)利用柱筋作引下线的,需描述柱筋焊接根数。

(4)利用圈梁筋作均压环的,需描述圈梁筋焊接根数。

2. 定额工程量计算规则与注意事项

(1)避雷针的加工、制作、安装,以"根"为计量单位,独立避雷针安装以"基"为计量单位。长度、高度、数量均按设计规定。独立避雷针的加工制作应执行"一般铁件"制作定额或按成品计算。

(2)半导体少长针消雷装置安装以"套"为计量单位,按设计安装高度分别执行相应定额。装置本身由设备制造厂成套供货。

(3)利用建筑物内主筋作接地引下线安装,以"m"为计量单位,每一柱子内按焊接两根主筋考虑。如果焊接主筋数超过两根时,可按比例调整。

(4)断接卡子制作安装以"套"为计量单位,按设计规定装设的断接卡子数量计算。接地检查井内的断接卡子安装按每井一套计算。断接卡子箱以"个"为计量单位。

(5)高层建筑物屋顶的防雷接地装置应执行"避雷网安装"定额,电缆支架的接地线安装

应执行"户内接地母线敷设"定额。

(6)均压环敷设以"m"为计量单位,主要考虑利用圈梁内主筋作均压环接地连线,焊接按两根主筋考虑。超过两根时,可按比例调整。长度按设计需要作均压接地的圈梁中心线长度,以"延长米"计算。

(7)钢、铝窗接地以"处"为计量单位(高层建筑六层以上的金属窗设计一般要求接地),按设计规定接地的金属窗数进行计算。

(8)柱子主筋与圈梁连接以"处"为计量单位,每处按两根主筋与两根圈梁钢筋分别焊接连接考虑。如果焊接主筋和圈梁钢筋超过两根时,可按比例调整;需要连接的柱子主筋和圈梁钢筋"处"数按规定设计计算。

(9)定额中,避雷针的安装、半导体少长针消雷装置安装,均已考虑了高空作业的因素。

(10)独立避雷针的加工制作执行本章"一般铁构件"制作定额。

(11)防雷均压环安装定额是按利用建筑物圈梁内主筋作为防雷接地连接线考虑的。如果采用单独扁钢或圆钢明敷作均压环时,可执行"户内接地母线敷设"定额。

(12)利用铜绞线作接地引下线时,配管、穿铜绞线执行本定额中同规格的相应项目。

(二)工程量计算实例

【例4-26】某工程设计图示,需要安装半导体少长针消雷装置3套,求半导体少长针消雷装置工程量。

【解】 (1)半导体少长针消雷装置清单工程量计算见表4-60。

表4-60　　　　　　　　　　半导体少长针消雷装置清单工程量计算表

项目编码	项目名称	项目特征描述	计量单位	工程量
030409007001	半导体少长针消雷装置	半导体少长针消雷装置	套	3

(2)半导体少长针消雷装置定额工程量:3套。

五、其他防雷及接地装置安装工程量计算

其他防雷及接地装置安装工程量计算规则见表4-61。

表4-61　　　　　　　　　　其他防雷及接地装置安装工程量计算规则

项目编码	项目名称	项目特征	计量单位	工程量计算规则
030409008	等电位端子箱、测试板	1. 名称 2. 材质 3. 规格	台 (块)	按设计图示数量计算
030409009	绝缘垫		m²	按设计图示尺寸以展开面积计算
030409010	浪涌保护器	1. 名称 2. 规格 3. 安装形式 4. 防雷等级	个	按设计图示数量计算
030409011	降阻剂	1. 名称 2. 类型	kg	按设计图示以质量计算

第十节　10kV 以下架空配电线路工程量计算

一、10kV 以下架空配电线路基础知识

1. 电杆组立

电杆组立是电力线路架设中的关键环节。电杆组立的形式有两种：一种是整体起立；另一种是分解起立。整体起立大部分组装工作可在地面进行，高空作业量相对较少；分解起立一般先立杆，再登杆进行铁件等的组装。

2. 导线架设

导线架设是将金属导线按设计要求敷设在已组立好的线路杆塔上。

二、10kV 以下架空配电线路工程分项工程划分明细

1. 清单模式下 10kV 以下架空配电线路工程的划分

10kV 以下架空配电线路工程清单模式下共分为 4 个项目，包括：电杆组立、横担组装、导线架设、杆上设备工程。

(1)电杆组合工作内容包括：施工定位，电杆组立，土(石)方挖填，底盘、拉盘、卡盘安装，电杆防腐，拉线制作、安装，现浇基础、基础垫层，工地运输。

(2)横担组装工作内容包括：横担安装，瓷瓶、金具组装。

(3)导线架设工作内容包括：导线架设，导线跨越及进户线架设，工地运输。

(4)杆上设备工作内容包括：支撑架安装，本体安装，焊压接线端子，接线，补刷(喷)油漆，接地。

2. 定额模式下 10kV 以下架空配电线路工程的划分

10kV 以下架空配电线路工程定额模式下共分为 9 个项目，包括：工地运输，土石方工程，底盘、拉盘、卡盘安装及电杆防腐，电杆组立，横杆安装，拉线制作安装，导线架设，导线跨越及进户线架设，杆上变配电设备安装。

(1)工地运输。工作内容包括：线路器材外观检查、绑扎、抬运至指定地点、返回；装车、支垫、绑扎、运至指定地点，人工卸车，返回。

(2)土石方工程。工作内容包括：复测、分坑、挖方、修整、操平、排水、装卸挡水板、岩石打眼、爆破、回填。

(3)底盘、拉盘、卡盘安装及电杆防腐。工作内容包括：基坑整理、移运、盘安装、操平、找正、卡盘螺栓紧固、工器具转移、木杆根部烧焦涂。

(4)电杆组立。

1)单杆。工作内容包括：立杆、找正、绑地横木、根部刷油、工器具转移。

2)接腿杆。工作内容包括：木杆加工、接腿、立杆、找正、绑地横木、根部刷油、工器具转移。

3)撑杆及钢圈焊接。工作内容包括：木杆加工、根部刷油、立杆、装包箍、焊缝间隙轻微调

整、挖焊接操作坑、焊接、钢圈防腐处理、工器具转移。

（5）横杆安装。

1）10kV以下横担。工作内容包括：量尺寸，定位，上抱箍，装横担、支撑及杆顶支座，安装绝缘子。

2）1kV以下横担。工作内容包括：量尺寸，定位，上抱箍，装支架、横担、支撑及杆顶支座，安装瓷瓶。

3）进户线横担。工作内容包括：测位划线、打眼钻孔、横担安装、装瓷瓶及防水弯头。

（6）拉线制作安装。工作内容包括：拉线长度实测、放线截割、装金具、拉线安装、紧线调节、工器具转移。

（7）导线架设。工作内容包括：线材外观检查、架线盘、放线、直线接头连接、紧线、弛度观测、耐张终端头制作、绑扎、跳线安装。

（8）导线跨越及进户线架设。

1）导线跨越。工作内容包括：跨越架搭拆、架线中的监护转移。

2）进户线架设。工作内容包括：放线、紧线、瓷瓶绑扎、压接包头。

（9）杆上变配电设备安装。工作内容包括：支架、横担、撑铁的安装，设备的安装固定、检查、调整，油开关注油，配线，接线，接地。

三、电杆组立安装工程量计算

（一）计算规则与注意事项

1. 清单工程量计算规则与注意事项

电杆组立安装工程量计算规则见表 4-62。

表 4-62　　　　　　　　　　电杆组立安装工程量计算规则

项目编码	项目名称	项目特征	计量单位	工程量计算规则
030410001	电杆组立	1. 名称 2. 材质 3. 规格 4. 类型 5. 地形 6. 土质 7. 底盘、拉盘、卡盘规格 8. 拉线材质、规格、类型 9. 现浇基础类型、钢筋类型、规格，基础垫层要求 10. 电杆防腐要求	根（基）	按设计图示数量计算
030410002	横担组装	1. 名称 2. 材质 3. 规格 4. 类型 5. 电压等级（kV） 6. 瓷瓶型号、规格 7. 金具品种规格	组	

2. 定额工程量计算规则与注意事项

(1)工地运输。工地运输是指定额内主要材料从集中材料堆放点或工地仓库运至杆位上的工程运输,分人力运输和汽车运输两种。以"吨・千米"(t・km)为计量单位。运输量计算公式如下:

$$工程运输量=施工图用量×(1+损耗率)$$

预算运输质量=工程运输量+包装物质量(不需要包装的可不计算包装物质量)

运输质量可按表 4-63 的规定进行计算。

表 4-63   运输质量表

材料名称		单位	运输质量(kg)	备注
混凝土制品	人工浇制	m³	2600	包括钢筋
	离心浇制	m³	2860	包括钢筋
线材	导线	kg	$m×1.15$	有线盘
	钢绞线	kg	$m×1.07$	无线盘
木杆材料		—	500	包括木横担
金具、绝缘子		kg	$m×1.07$	—
螺栓		kg	$m×1.01$	—

注:1. m 为理论质量。
   2. 未列入者均按净重计算。

(2)电杆挖坑。

1)无底盘、卡盘的电杆坑,其挖方体积为:

$$V=0.8×0.8×h$$

式中 V——坑深,m。

2)电杆坑的马道土、石方量按每坑 $0.2m^3$ 计算。

3)施工操作裕度按底拉盘底宽每边增加 0.1m。

4)冻土厚度大于 300mm 时,冻土层的挖方量按挖坚土定额乘以系数 2.5。其他土层仍按土质性质(表 4-64)执行相应定额。

表 4-64   土质分类

序号	土质	具体分类
1	普通土	种植土、黏砂土、黄土和盐碱土等,主要利用锹、铲即可挖掘的土质
2	坚土	土质坚硬难挖的红土、板状黏土、重块土、高岭土,必须用铁镐、条锄挖松,再用锹、铲挖掘的土质
3	松砂石	碎石、卵石和土的混合体,各种不坚实砾石、页岩、风化岩,节理和裂缝较多的岩石等(不需用爆破方法开采的)需要镐、撬棍、大锤、楔子等工具配合才能挖掘者
4	岩石	一般为坚实的粗花岗岩、白云岩、片麻岩、玢岩、石英岩、大理岩、石灰岩、石灰质胶结的密实砂岩的石质,不能用一般挖掘工具进行开挖,必须采用打眼、爆破或打凿才能开挖者
5	泥水	坑的周围经常积水,坑的土质松散,如淤泥和沼泽地等挖掘时因水渗入而浸润而成泥浆,容易坍塌,需用挡土板和适量排水才能施工者
6	流砂	坑的土质为砂质或分层砂质,挖掘过程中砂层有上涌现象,容易坍塌,挖掘时需排水和采用挡土板才能施工者

5)土方量计算公式为:

$$V=\frac{h}{6\times[ab+(a+a_1)(b+b_1)+a_1b_1]}$$

式中　V——土(石)方体积,m^3;

　　　h——坑深,m;

　$a(b)$——坑底宽,$a(b)$=底拉盘底宽+2×每边操作裕度,m;

　$a_1(b_1)$——坑口宽,$a_1(b_1)$=$a(b)$+2h×边坡系数,m。

通常情况下,杆塔坑的计算底宽均按偶数排列,如出现奇数时,其土方量可按近似值公式求得:

$$V=\frac{A\times B-0.02h}{2}$$

电杆基坑开挖尺寸计算,见表 4-65。

表 4-65　　　　　　　　　　　坑口尺寸计算公式

土质种类	坑宽尺寸(m)	备　注
一般黏土、砂质黏土 砂砾、松土 需用挡土板的松土 松　石 坚　石	$B=b+0.6+0.2h\times2$ $B=b+0.6+0.3h\times2$ $B=b+0.6+0.6$ $B=b+0.4+0.16h\times2$ $B=b+0.4$	电杆基坑横断面 B——坑口宽度,m; b——底盘宽度,m; h——基础埋深,m。

按平地施工条件考虑,如在其他地形条件下施工时,其人工和机械费按表 4-66 地形系数予以调整。

表 4-66　　　　　　　　　　　地形系数

地形类别	丘陵(市区)	一般山地、泥沼地带
调整系数	1.20	1.60

6)杆坑土质按一个坑的主要土质而定。如一个坑大部分为普通土,少量为坚土,则该坑应全部按普通土计算。

7)带卡盘的电杆坑,如原计算的尺寸不能满足卡盘安装时,因卡盘超长而增加的土(石)方量另计。

8)底盘、卡盘、拉线盘按设计用量以"块"为计量单位。

9)本定额按平地施工条件考虑,如在其他地形条件下施工时,其人工和机械按表 4-68 地形系数予以调整。

10)地形划分的特征见表 4-67。

表 4-67　　　　　　　　　　　　　地形划分的特征

序号	地形	地 形 特 征
1	平地	地形比较平坦、地面比较干燥的地带
2	丘陵	地形有起伏的矮岗、土丘等地带
3	一般山地	一般山岭或沟谷地带、高原台地等
4	泥沼地带	经常积水的田地或泥水淤积的地带

11)预算编制中,全线地形分几种类型时,可按各种类型长度所占百分比求出综合系数进行计算。

12)土质分类见表 4-64。

13)主要材料运输质量的计算按表 4-68 规定执行。

表 4-68　　　　　　　　　　主要材料运输质量的计算

材料名称		单 位	运输质量(kg)	备 注
混凝土制品	人工浇制	—	2600	包括钢筋
	离心浇制	—	2860	包括钢筋
线　　材	导　线	kg	$m \times 1.15$	有线盘
	钢绞线	kg	$m \times 1.07$	无线盘
木杆材料			450	包括木横担
金具、绝缘子		kg	$m \times 1.07$	—
螺　栓		kg	$m \times 1.01$	—

注:1. m 为理论质量。

　　2. 未列入者均按净重计算。

14)线路一次施工工程量按 5 根以上电杆考虑;如 5 根以内者,其全部人工、机械乘以系数 1.3。

15)如果出现钢管杆的组立,按同高度混凝土杆组立的人工、机械乘以系数 1.4,材料不调整。

(二)工程量计算实例

【例 4-27】如图 4-9 所示,已知某架空线路直线电杆 15 根,电杆高 10m,土质为普通土,按土质设计要求设计电杆坑深为 1.8m,选用 900mm×900mm 的水泥底盘,试计算开挖土方量。

【解】　由于水泥底盘的规格为 900mm×900mm,则电杆坑底宽度和长度均为:

$$a = b = A + 2c = 0.9 + 2 \times 0.1 = 1.1 \text{m}$$

土质为普通土,则查表 4-69 可知放坡系数 $k = 0.3$,电杆坑口宽度和长度均为:

表 4-69　　　　　　　　　　各类土质的放坡系数

土　　质	普通土、水坑	坚土	松砂石	泥水、流砂、岩石
放坡系数	1∶0.3	1∶0.25	1∶0.2	不放坡

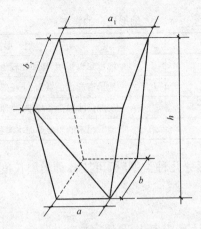

图 4-9　架空线路直线电杆

$$a_1 = b_1 = a + 2kh = 1.1 + 2 \times 1.8 \times 0.3 = 2.18\text{m}$$

假设为人工挖杆坑,则根据公式求得每个杆坑的土方量为:

$$V_1 = \frac{h}{6} \times [ab + (a + a_1) \times (b + b_1) + a_1 b_1]$$

$$= \frac{1.8}{6} \times [1.1 \times 1.1 + (1.1 + 2.18) \times (1.1 + 2.18) + 2.18 \times 2.18]$$

$$= 5.02\text{m}^3$$

由于电杆坑的马道土、石方量按每坑 0.2m³ 计算,所以 15 根直线杆的杆坑总方量为:

$$V = 15 \times (5.02 + 0.2) = 78.3\text{m}^3$$

【例 4-28】有一新工厂,工厂需架设 380V/220V 三相四线线路,导线使用裸铝绞线(3×100+1×80),15m 高水泥杆 12 根,杆距 30m,杆上铁横担水平安装一根,试计算其工程量。

【解】　由题可知:

(1)横担安装:12×1=12 组

(2)电杆组立:12 根

清单工程量计算见表 4-70。

表 4-70　　　　　　　　　　清单工程量计算表

序号	项目编码	项目名称	项目特征描述	计量单位	工程量
1	030410001001	电杆组立	15m 高水泥杆	根	12
2	030410002001	横担组装	铁横担	组	12

四、导线架设安装工程量计算

(一)计算规则与注意事项

1. 清单工程量计算规则与注意事项

(1)导线架设安装工程量计算规则见表 4-71。

表 4-71　　　　　　　　　　　　　导线架设安装工程量计算规则

项目编码	项目名称	项目特征	计量单位	工程量计算规则
030410003	导线架设	1. 名称 2. 型号 3. 规格 4. 地形 5. 跨越类型	km	按设计图示尺寸以单线长度计算(含预留长度)
030410004	杆上设备	1. 名称 2. 型号 3. 规格 4. 电压等级(kV) 5. 支撑架种类、规格 6. 接线端子材质、规格 7. 接地要求	台(组)	按设计图示数量计算

(2)杆上设备调试,应按《通用安装工程工程量计算规范》(GB 50856—2013)附录 D. 14 相关项目编码列项。

(3)架空导线预留长度见表 4-72。

表 4-72　　　　　　　　　　　　导线预留长度　　　　　　　　　　(单位:m/根)

项　目　名　称		长　度
高　压	转　角	2.5
	分支、终端	2.0
低　压	分支、终端	0.5
	交叉跳线转角	1.5
与设备连线		0.5
进户线		2.5

2. 定额工程量计算规则与注意事项

(1)横担安装按施工图设计规定,分别不同形式,以"组"或"根"为计量单位。

(2)拉线制作安装按施工图设计规定,分不同形式和截面,以"根"为计量单位,定额按单根拉线考虑。若安装 V 形、Y 形或双拼形拉线时,按两根计算。拉线长度按设计全根长度计算,设计无规定时可按表 4-72 计算。

(3)导线架设,按导线类型和不同截面以"km/单线"为计量单位计算。导线预留长度按表 4-73 计算。导线长度按线路总长度和预留长度之和计算。计算主材消耗量时应另增加规定的损耗率。

(4)导线跨越架设,包括越线架的搭、拆和运输以及因跨越(障碍)施工难度增加而增加的工作量,以"处"为计量单位。每个跨越间距按 50m 以内考虑,大于 50m 而小于 100m 时按两处计算,以此类推。在计算架线工程量时,不扣除跨越档的长度。

(5)杆上变配电设备安装以"台"或"组"为计量单位,定额内包括杆和钢支架及设备的安装工作。但钢支架主材、连引线、线夹、金具等应按设计规定另行计算,设备的接地安装和调试应按相应定额另行计算。

(6)每个跨越间距:均按 50m 以内考虑,大于 50m 而小于 100m 时,按两处计算,以此类推。

(7)在同跨越档内,有多种(或多次)跨越物时,应根据跨越物种类分别执行定额。

(8)跨越定额仅考虑因跨越而多耗的人工、机械台班和材料,在计算架线工程量时,不扣除跨越档的长度。

(9)杆上变压器安装不包括变压器调试、抽芯、干燥工作。

(二)工程量计算实例

【例 4-29】有一新建工厂,工厂需架设 300V/500V 三相四线线路,导线使用裸铜绞线(4× 120+2×70),10m 高水泥杆 10 根,杆距为 60m,杆上铁横担水平安装一根,试计算其清单工程量。

【解】 由题可知:

(1)横担安装:10×1=10 组

(2)电杆组立:10 根

(3)导线架设:10 根杆共为 9×60=540m

120mm² 导线:$L=4×540=2040m=2.04km$

70mm² 导线:$L=2×540=1080m=1.08km$

清单工程量计算见表 4-73。

表 4-73 清单工程量计算表

序号	项目编码	项目名称	项目特征描述	计量单位	工程量
1	030410001001	电杆组立	混凝土,10m	根	10
2	030410003001	导线架设	380V/220V,裸铜绞线,120mm²	km	2.04
3	030410003002	导线架设	380V/220V,裸铜绞线,70mm²	km	1.08

【例 4-30】如图 4-10 所示,某工程采用架空线路,混凝土电线杆高 12m,间距为 35m,选用 B24-(3×85+1×50),室外杆上干式变压器容量为 315kV·A,变后杆高 18m。试求各项工程量。

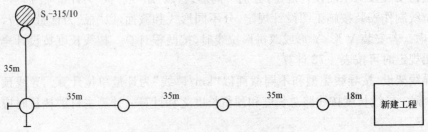

图 4-10 某外线工程平面图

【解】 由表 4-72 可知,导线长度计算时须加预留长度:转角 2.5m,与设备连接 0.5m,进户线 2.5m,则:

导线长度＝35×4＋18＋2.5＋0.5＋2.5＝163.5m

85mm² 导线长度＝163.5×3＝490.5m＝0.491km

50mm² 导线长度＝163.5m＝0.164km

清单工程量计算见表 4-74。

表 4-74　　　　　　　　　　　清单工程量计算表

序号	项目编码	项目名称	项目特征描述	计量单位	工程量
1	030410003001	导线架设	85mm²	km	0.491
2	030410003002	导线架设	50mm²	km	0.164

第十一节　配管、配线工程量计算

一、配管、配线基础知识

1. 配管

配管是低压配线的一种配线方式,主要用于有腐蚀性气体、易燃易爆和经常受潮湿影响的场合,将电线穿入管中免其受损。根据不同的需要,可采用电线钢管、水煤气管、防爆钢管、塑料管及金属软管等。

2. 线槽

在建筑电气工程中,常用的线槽有金属线槽和塑料线槽。

(1)金属线槽。金属线槽配线一般适用于正常环境的室内场所明敷。由于金属线槽多由厚度为 0.4～1.5mm 的钢板制成,在对金属线槽有严重腐蚀的场所不应采用金属线槽配线。具有槽盖的封闭式金属线槽有与金属导管相当的耐火性能,可用在建筑物天棚内敷设。

(2)塑料线槽。塑料线槽是由槽底、槽盖及附件组成,由难燃型硬质聚氯乙烯工程塑料挤压成型的,其规格较多,外形美观,可起到装饰建筑物的作用。塑料线槽一般适用于正常环境的室内场所明敷设,也用于科研实验室或预制板结构而无法暗敷设的工程,还适用于旧工程改造更换线路,同时,也用于弱电线路吊顶内暗敷设场所。在高温和易受机械损伤的场所不宜采用塑料线槽布线。

3. 电气配线

(1)室内布线用电线、电缆应按低压配电系统的额定电压、电力负荷、敷设环境及其与附近电气装置、设施之间能否产生有害的电磁感应等要求,选择合适的型号和截面。其导线最小截面应满足机械强度的要求,不同敷设方式导线线芯的最小截面不应小于表 4-75 的规定。当 PE 线所用材质与相线相同时,按热稳定要求,截面不应小于表 4-76 所列规定。当室内布线采用单芯道线做固定装置的 PEN 干线时,其截面对铜材不应小于 10mm²,对铝材不应小于 16mm²;当用多芯电缆的线芯做 PEN 线时,其最小截面可为 4mm²。

表 4-75　　　　　　　　不同敷设方式导线线芯的最小截面

敷设方式			线芯最小截面(mm²)		
			铜芯软线	铜线	铝线
敷设在室内绝缘支持件上的裸导线			—	2.5	4.0
敷设在室内绝缘支持件上的绝缘导线其支持点间距 L(m)	$L\leqslant2$	室内	—	1.0	2.5
		室外	—	1.5	2.5
	$2<L\leqslant6$		—	2.5	4.0
	$6<L\leqslant12$		—	2.5	6.0
穿管敷设的绝缘导线			1.0	1.0	2.5
槽板内敷设的绝缘导线			—	1.0	2.5
塑料护套线明敷			—	1.0	2.5

表 4-76　　　　　　　　保护线的最小截面　　　　　　　　（单位:mm²）

装置的相线截面 S	$S\leqslant16$	$16<S\leqslant35$	$S>35$
接地线及保护线最小截面	S	16	$S/2$

(2)导线材料分为绝缘导线和裸导线。绝缘导线是指具有绝缘包层的电线,其按线芯材料分为铜芯和铝芯;按线芯股数分为单股和多股;按结构分为单芯、双芯、多芯等;按绝缘材料分为橡胶绝缘导线和塑料绝缘导线。裸导线是指无绝缘层的导线,主要由铝、铜、钢等制成,可以分为圆线、绞线、软接线、型线等系列产品。

二、配管、配线工程分项工程划分明细

1. 清单模式下配管、配线工程的划分

配管、配线工程量清单模式下共为分6个项目,包括:配管、线槽、桥架、配线、接线箱、接线盒。

(1)配管工作内容包括:电线管路敷设,钢索架设(拉紧装置安装),预留沟槽,接地。

(2)线槽工作内容包括:本体安装,补刷(喷)油漆。

(3)桥架工作内容包括:本体安装,接地。

(4)配线工作内容包括:配线、钢索架设(拉紧装置安装),支持体(夹板、绝缘子、槽板等)安装。

(5)接线箱、接线盒工作内容包括:本体安装。

2. 定额模式下配管、配线工程的划分

配管、配线工程定额模式下共分为22个项目,包括:电线管敷设,钢管敷设,防爆钢管敷设,可挠金属套管敷设,塑料管敷设,金属软管敷设,管内穿线,瓷夹板配线,塑料夹板配线,鼓形绝缘子配线,针式绝缘子配线,蝶式绝缘子配线,木槽板配线,塑料槽板配线,塑料护套线明敷,线槽配线,钢索架设,母线拉紧装置及钢索拉紧装置制作、安装,车间带形母线安装,动力配管混凝土地面刨沟,接线箱安装,接线盒安装等。

(1)电线管敷设:

1)砖、混凝土结构明暗配。工作内容包括:测位、划线、打眼、埋螺栓、锯管、套螺纹、煨弯、

配管、接地、刷漆。

2)钢结构支架、钢索配管。工作内容包括：测位、划线、打眼、上卡子、安装支架、锯管、套螺纹、煨弯、配管、接地、刷漆。

(2)钢管敷设：

1)砖、混凝土结构明暗配。工作内容包括：测位、划线、打眼、上卡子、安装支架、锯管、套螺纹、煨弯、配管、接地、刷漆。

2)钢模板暗配。工作内容包括：测位、划线、钻孔、锯管、套螺纹、煨弯、配管、接地、刷漆。

3)钢结构支架配管。工作内容包括：测位、划线、打眼、上卡子、锯管、套螺纹、煨弯、配管、接地、刷漆。

4)钢索配管。工作内容包括：测位、划线、锯管、套螺纹、煨弯、上卡子、配管、接地、刷漆。

(3)防爆钢管敷设：

1)砖、混凝土结构明暗配。工作内容包括：测位、划线、打眼、埋螺栓、锯管、套螺纹、煨弯、配管、接地、气密性试验、刷漆。

2)钢结构支架配管。工作内容包括：测位、划线、打眼、安装支架、锯管、套螺纹、煨弯、配管、接地、试压、刷漆。

3)塔器照明配管。工作内容包括：测位、划线、锯管、套螺纹、煨弯、配管、支架制作安装、试压、补焊口漆。

(4)可挠金属套管敷设：

1)砖、混凝土结构明暗配。工作内容包括：测位、划线、刨沟、断管、配管、固定、接地、清理、填补。

2)吊棚内暗敷设。工作内容包括：测位、划线、断管、配管、固定、接地。

(5)塑料管敷设：塑料管包括硬质聚氯乙烯管、刚性阻燃管、半硬质阻燃管。

1)硬质聚氯乙烯管敷设分砖、混凝土结构明配，暗配，钢索配管。工作内容包括：测位、划线、打眼、埋螺栓、锯管、煨弯、接管、配管。

2)刚性阻燃管敷设分砖、混凝土结构明配、暗配、吊棚内敷设。工作内容包括：测位、划线、打眼、下胀管、连接管件、配管、安螺钉、切割空心墙体、刨沟、抹砂浆保护层。

3)半硬质阻燃管敷设。工作内容包括：测位、划线、打眼、刨沟、敷设、抹砂浆保护层。

(6)金属软管敷设。工作内容包括：量尺寸、断管、连接接头、钻眼、攻螺纹、固定。

(7)管内穿线。工作内容包括：穿引线、扫管、涂滑石粉、穿线、编号、接焊包头。

(8)瓷夹板配线。按敷设部位分为木结构、砖混结构、砖混结构粘接三种情况。工作内容包括：测位划线、打眼、埋螺栓、下过墙管、上瓷夹(配料粘瓷夹)、配线、焊接包头。

(9)塑料夹板配线。工作内容包括：测位划线、打眼、下过墙管、上瓷夹(配料粘瓷夹)、配线、焊接包头。

(10)鼓形绝缘子配线：

1)在木结构、天棚内及砖混结构敷设。工作内容包括：测位划线、打眼、埋螺钉、钉木楞、下过墙管、上绝缘子、配线、焊接包头。

2)沿钢支架及钢索敷设。工作内容包括：测位划线、打眼、下过墙管、安装支架、吊架、上绝缘子、配线、焊接包头。

(11)针式绝缘子配线。分沿屋架、梁、柱、墙敷设和跨屋架、梁、柱敷设。工作内容包括：

测位划线、打眼、安装支架、下过墙管、上绝缘子、配线、焊接包头。

(12)蝶式绝缘子配线。分沿屋架、梁、柱敷设和跨屋架、梁、柱敷设。工作内容包括:测位划线、打眼、安装支架、下过墙管、上绝缘子、配线、焊接包头。

(13)木槽板配线。分在木结构和砖混结构敷设两种情况。工作内容包括:测位划线、打眼、下过墙管、断料、做角弯、装盒子、配线、焊接包头。

(14)塑料槽板配线。工作内容包括:测位划线、打眼、埋螺钉、下过墙管、断料、做角弯、装盒子、配线、焊接包头。

(15)塑料护套线明敷设。分在木结构、砖混结构、沿钢索敷设。工作内容包括:测位划线、打眼、埋螺钉(配料粘底板)、下过墙管、上卡子、装盒子、配线、焊接包头。

(16)线槽配线。工作内容包括:清扫线槽、放线、编号、对号、接焊包头。

(17)钢索架设。工作内容包括:测位、断料、调直、架设、绑扎、拉紧、刷漆。

(18)母线拉紧装置及钢索拉紧装置制作、安装。工作内容包括:下料、钻眼、煨弯、组装、测位、打眼、埋螺栓、连接固定、刷漆防腐。

(19)车间带形母线安装。分沿屋架、梁、柱、墙敷设和跨屋架、梁、柱敷设。工作内容包括:打眼,支架安装,绝缘子灌注、安装,母线平直、煨弯、钻孔、连接架设、拉紧装置、夹具、木夹板的制作安装,刷分相漆。

(20)动力配管混凝土地面刨沟。工作内容包括:测位、划线、刨沟、清埋、填补。

(21)接线箱安装。工作内容包括:测位打眼、埋螺栓、箱子开孔、刷漆、固定。

(22)接线盒安装。工作内容包括:测定、固定、修孔。

三、电器配管安装工程量计算

(一)计算规则与注意事项

1. 清单工程量计算规则与注意事项

(1)电气配管安装工程量计算规则见表 4-77。

表 4-77 配管工程量计算规则

项目编码	项目名称	项目特征	计量单位	工程量计算规则
030411001	配管	1. 名称 2. 材质 3. 规格 4. 配置形式 5. 接地要求 6. 钢索材质、规格	m	按设计图示尺寸以长度计算

(2)配管安装不扣除管路中间的接线箱(盒)、灯头盒、开关盒所占长度。

(3)配管名称指电线管、钢管、防爆管、塑料管、软管、波纹管等。

(4)配管配置形式是指明配、暗配、吊顶内、钢结构支架、钢索配管、埋地敷设、水下敷设、砌筑沟内敷设等。

(5)配管安装中不包括凿槽、刨沟,应按《通用安装工程工程量计算规范》(GB 50856—

2013)附录 D. 13 相关项目编码列项。

2. 定额工程量计算规则与注意事项

（1）电气配管应区别不同敷设方式、敷设位置、管材材质、规格，以"延长米"为计量单位，不扣除管路中间的接线箱（盒）、灯头盒、开关盒所占长度。

（2）定额中未包括钢索架设及拉紧装置、接线箱（盒）、支架的制作安装，其工程量应另行计算。

（3）配管工程均未包括接线箱、盒及支架的制作、安装。钢索架设及拉紧装置的制作、安装，插接式母线槽支架制作、槽架制作及配管支架应执行铁构件制作定额。

（二）工程量计算实例

【例 4-31】某小区板楼 6 层，层高 3.2m，配电箱高 0.8m，均为暗装在平面同一位置。立管用 SC32，求其工程量。

【解】　电气配管工程量：$(6-1) \times 3.2 = 16$m

（1）电气配管清单工程量计算见表 4-78。

表 4-78　　　　　　　　　　　**电气配管清单工程量计算表**

项目编码	项目名称	项目特征描述	计量单位	工程量
030411001001	配管	SC32，暗装	m	16

（2）电气配管定额工程量：16m。

【例 4-32】如图 4-11 所示为配电箱，箱高为 1.0m，楼板厚度 b 为 0.1m，管的规格 $DN40$。试求电气配管的工程量。

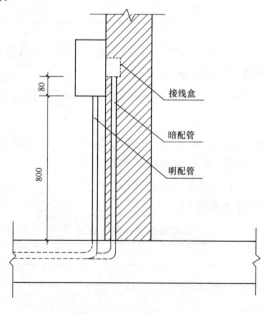

图 4-11　配电箱侧视图

【解】　当采用明配管时，管路垂直长度为：

$$0.8 + 0.08 + 0.1 = 0.98\text{m}$$

当采用暗配管时,管路垂直长度为:

$$0.8+\frac{1}{2}\times1.0+0.1=1.4m$$

电气配管的工程量:$0.98+1.4=2.38m$

(1)电气配管清单工程量计算见表 4-79。

表 4-79　　　　　　　　　　　　电气配管清单工程量计算表

序号	项目编码	项目名称	项目特征描述	计量单位	工程量
1	030411001001	配管	DN40,明装	m	0.98
2	030411001002	配管	DN40,暗装	m	1.4

(2)电气配管定额工程量:2.38m。

四、线槽安装工程量计算

(一)计算规则与注意事项

1. 清单工程量计算规则与注意事项

(1)线槽安装工程量计算规则见表 4-80。

表 4-80　　　　　　　　　　　　线槽安装工程量计算规则

项目编码	项目名称	项目特征	计量单位	工程量计算规则
030411002	线槽	1. 名称 2. 材质 3. 规格	m	按设计图示尺寸以长度计算

(2)线槽安装不扣除管路中间的接线(盒)、灯头盒、开关盒所占长度。

2. 定额工程量计算规则与注意事项

线槽配线工程量,应区别导线截面,以单根线路"延长米"为计量单位计算。

(二)工程量计算实例

【例 4-33】某小区板楼 7 层,层高 3.2m,配电箱高 0.8m,均为暗装在平面同一位置,需要竖直向上开线槽,放 DN32 的穿线管,求线槽工程量。

【解】　线槽工程量:$(7-1)\times3.2-0.8=18.4m$

(1)线槽清单工程量计算见表 4-81。

表 4-81　　　　　　　　　　　　线槽清单工程量计算表

项目编码	项目名称	项目特征描述	计量单位	工程量
030411002001	线槽	DN32,暗装	m	18.4

(2)线槽定额工程量:18.4m。

五、桥架安装工程量计算

桥架安装工程量计算规定则见表 4-82。

表 4-82　　　　　　　　　　　桥架安装工程量计算规则

项目编码	项目名称	项目特征	计量单位	工程量计算规则
030411003	桥架	1. 名称 2. 型号 3. 规格 4. 材质 5. 类型 6. 接地方式	m	按设计图示尺寸以长度计算

六、电气配线安装工程量计算

(一)计算规则与注意事项

1. 清单工程量计算规则与注意事项

(1)配线安装工程量计算规则见表 4-83。

表 4-83　　　　　　　　　　　配线安装工程量计算规则

项目编码	项目名称	项目特征	计量单位	工程量计算规则
030411004	配线	1. 名称 2. 配线形式 3. 型号 4. 规格 5. 材质 6. 配线部位 7. 配线线制 8. 钢索材质、规格	m	按设计图示尺寸以单线长度计算（含预留长度）
030411005	接线箱	1. 名称 2. 材质 3. 规格 4. 安装形式	个	按设计图示数量计算
030411006	接线盒			

(2)配线名称指管内穿线、瓷夹板配线、塑料夹板配线、绝缘子配线、槽板配线、塑料护套配线、线槽配线、车间带形母线等。

(3)配线形式指照明线路,动力线路,木结构,天棚内,砖、混凝土结构,沿支架、钢索、屋架、梁、柱、墙,以及跨屋架、梁、柱。

(4)配线保护管遇到下列情况之一时,应增设管路接线盒和拉线盒:①管长度每超过30m,无弯曲;②管长度每超过 20m,有 1 个弯曲;③管长度每超过 15m,有 2 个弯曲;④管长度每超过 8m,有 3 个弯曲。垂直敷设的电线保护管遇到下列情况之一时,应增设固定导线用的拉线盒:①管内导线截面为 50mm² 及以下,长度每超过 30m;②管内导线截面为 70～95mm²,长度每超过 20m;③管内导线截面为 120～240mm²,长度每超过 18m。在配管清单项目计量时,设计无要求时上述规定可以作为计量接线盒、拉线盒的依据。

(5)配线进入箱、柜、板的预留长度见表4-84。

表 4-84 配线进入箱、柜、板的预留长度 （单位：m/根）

序号	项　目	预留长度(m)	说　明
1	各种开关箱、柜、板	高＋宽	盘面尺寸
2	单独安装（无箱、盘）的铁壳开关、闸刀开关、启动器、线槽进出线盒等	0.3	以安装对象中心算起
3	由地面管子出口引至动力接线箱	1	以管口计算
4	电源与管内导线连接(管内穿线与软、硬母线接点)	1.5	以管口计算
5	出户线	1.5	以管口计算

2. 定额工程量计算规则与注意事项

(1)管内穿线的工程量，应区别线路性质、导线材质、导线截面，以单线"延长米"为计量单位。线路分支接头线的长度已综合考虑在定额中，不得另行计算。照明线路中的导线截面面积大于或等于 $6mm^2$ 以上时，应执行动力线路穿线相应项目。

(2)线夹配线工程量，应区别线夹材质（塑料、瓷质）、线式（两线、三线）、敷设位置（在木、砖、混凝土）以及导线规格，以线路"延长米"为计量单位计算。

(3)绝缘子配线工程量，应区别绝缘子形式（针式、鼓形、蝶式）、绝缘子配线位置（沿屋架、梁、柱、墙，跨屋架、梁、柱、木结构、顶棚内、砖、混凝土结构，沿钢支架及钢索）、导线截面积，以单线线路"延长米"为计量单位计算。绝缘子暗配，引下线按线路支持点至顶棚下缘距离的长度计算。

(4)槽板配线工程量，应区别槽板材质（木质、塑料）、配线位置（在木结构、砖、混凝土）、导线截面、线式（二线、三线），以线路"延长米"为计量单位。

(5)塑料护套线明敷工程量，应区别导线截面、导线芯数（二芯、三芯）、敷设位置（在木结构、砖混凝土结构，沿钢索），以单根线路"延长米"为计量单位。

(6)钢索架设工程量，应区别圆钢、钢索直径（φ6，9），按图示墙（柱）内缘距离，以"延长米"为计量单位计算，不扣除拉紧装置所占长度。

(7)母线拉紧装置及钢索拉紧装置制作安装工程量，应区别母线截面、花篮螺栓直径（12mm，16mm，18mm），以"套"为计量单位。

(8)车间带形母线安装工程量，应区别母线材质（铝、铜）、母线截面、安装位置（沿屋架、梁、柱、墙，跨屋架、梁、柱），以"延长米"为计量单位。

(9)动力配管混凝土地面刨沟工程量，应区别管子直径，以"延长米"为计量单位。

(10)接线箱安装工程量，应区别安装形式（明装、暗装）、接线箱半周长，以"个"为计量单位。

(11)接线盒安装工程量，应区别安装形式（明装、暗装、钢索上）以及接线盒类型，以"个"为计量单位。

(12)灯具，明、暗开关，插座、按钮等的预留线，已分别综合在相应定额内，不另行计算。配线进入开关箱、柜、板的预留线，按表4-84规定的长度，分别计入相应的工程量。

(13)连接设备导线预留长度见表4-84。

(二)工程量计算实例

【例 4-34】某车间总动力配电箱引出三路管线至三个分动力箱,各动力箱尺寸(高×宽×深)为:总箱 1800mm × 800mm × 700mm;①、②号箱 900mm × 700mm × 500mm;③号箱 800mm×600mm×500mm。总动力配电箱,至①号动力箱的供电干线为(3×40+2×20)G50,管长 7.00m;至②号动力箱供电干线为(2×28+1×18)G40,管长 7.30m;至③号箱为(3×18+1×12)G32,管长 8.00m。计算各种截面的管内穿线数量,并列出清单工程量。

【解】 清单工程量计算见表 4-85。

表 4-85 清单工程量计算表

序号	项目编码	项目名称	项目特征描述	计量单位	工程量
1	030411001001	配管	砖、混凝土结构暗配,钢管 G50	m	7.00
2	030411001002	配管	砖、混凝土结构暗配,钢管 G40	m	7.30
3	030411001003	配管	砖、混凝土结构暗配,钢管 G32	m	8.00
4	030411004001	配线	管内穿线,铜芯 40mm², 动力线路	m	21.00
5	030411004002	配线	管内穿线,铜芯 20mm², 动力线路	m	14.00
6	030411004003	配线	管内穿线,铜芯 28mm², 动力线路	m	14.60
7	030411004004	配线	管内穿线,铜芯 18mm², 动力线路	m	31.30
8	030411004005	配线	管内穿线,铜芯 12mm², 动力线路	m	8.00

【例 4-35】如图 4-12 所示为配电箱,层高 5.0m,配电箱安装高度为 2.5m,试求管线定额工程量。

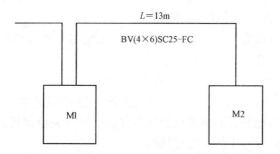

图 4-12 配电箱示意图

【解】 配电箱 M1 有进出两根管,因此,垂直部分共 3 根管。则:

SC25 工程量=13+(5.0-2.5)×3

        =20.5m

BV6 工程量=20.5×4=82m

第十二节　照明器具安装及附属工程量计算

一、照明器具安装的基础知识

1. 普通吸顶灯及其他灯具

吸顶花灯组装时,首先将灯具的托板放平,确定出线和走线的位置,量取各段导线的长度。剪断并剥出线芯,盘好圈后挂锡。然后连接好各个灯座,理顺各灯座的相线和工作零线,用线卡子分别固定,并按要求分别压入端子板(或瓷接头)。安装灯具时,可根据预埋的螺栓和灯位盒的位置,在灯具的托板上用电钻开好安装孔和出线孔。

2. 工厂灯

工厂灯包括日光灯、太阳灯(碘钨灯)、高压水银灯、高压钠灯、工地上用的镝灯(3.5kW、3.80V)及机场停机坪用的氙灯等。其中日光灯作为办公照明,其效率比较高,光线比较柔和;太阳灯价格便宜,亮度高,但效率低,一般作为临时照明;高压水银灯、高压钠灯亮度高、效率高,但价格较贵,电压要求比较高,可作为车间照明和场地照明。

3. 装饰灯

装饰灯用于室内外的美化、装饰、点缀等,一般包括壁灯、组合式吸顶花灯、吊式花灯等。室外装饰灯一般包括霓虹灯、彩灯、庭院灯等。

4. 荧光灯

(1)荧光灯灯具组装时先把管座、镇流器和启辉器座安装在灯架的相应位置上,安装好吊链。连接镇流器到一侧管座的接线,再连接启辉器座到两侧管座的接线,用软线连接好镇流器及管座另一接线管,并由灯架出线孔穿出灯架,与吊链编在一起穿入上法兰,应注意这两根导线中间不应有接头。各导线连接处均应挂锡。

(2)组装式荧光灯应在组装后安装前集中加工,安装好灯管经通电试验后再进行现场安装,避免安装后再修理的麻烦。

(3)在安装灯具时,由于此种灯具法兰有大小之分,对于法兰小的应先将电源线接头放在灯头盒内,而后固定木台及灯具法兰;对于法兰大的可以先固定木台,接线后再固定灯具法兰。需要安装电容器时,把电容器两接点分别接在经灯具开关控制后的电源相线和电源零线上。应注意吊链灯双链平行,不使之出现梯形。

5. 医疗专用灯

医疗专用灯一般包括病房指示灯、暗脚灯、紫外线杀菌灯、无影灯等。

6. 一般路灯

一般路灯是城市环境中反映道路特征的照明装置,它排列于城市广场、街道、高速公路、住宅区以及园林绿地中的主干园路旁,为夜晚交通提供照明之便。路灯一般分为低位置灯柱、步行街路灯、停车场和干道路灯及专用灯和高柱灯等。

7. 高杆灯

高杆灯灯具由吊杆、法兰、灯座或灯架组成,白炽灯出厂前已是组装好的成品,而荧光吊杆灯需进行组装。采用钢管做灯具的吊杆时,钢管内径一般不小于10mm。

8. 桥栏杆灯

桥栏杆灯属于区域照明装置,其亮度高、覆盖面广,能使应用场所的各个空间获得充分照明,一般可代替路灯使用。桥栏杆灯占地面积小,可避免灯杆林立的杂乱现象,同时,桥栏杆灯可节约投资,具有经济性。

9. 地道涵洞灯

地道涵洞灯是地道涵洞的灯光设备,设在地道涵洞的通航桥孔迎车辆(船只)一面的上方中央和两侧桥柱上,夜间发出灯光信号,用于标示地道涵洞的通航孔位置,指引船舶驾驶员确认地道涵洞的通航孔位置,安全通过桥区航道,保障地道涵洞的安全和车辆(船只)的航行安全。

二、照明器具安装工程及附属工程分项工程划分明细

1. 清单模式下照明器具安装及附属工程的划分

(1)照明器具安装工程量清单模式下共分为11个项目,包括:普通灯具、工厂灯、高度标志(障碍)灯、装饰灯、荧光灯、医疗专用灯、一般路灯、中杆灯、高杆灯、桥栏杆灯、地道涵洞灯。

1)普通灯具、工厂灯、高度标志(障碍)灯、装饰灯、荧光灯、医疗专用灯工作内容包括:本体安装。

2)一般路灯工作内容包括:基础制作、安装,立灯杆,杆座安装,灯架及灯具附件安装,焊、压接线端子,补刷(喷)油漆,灯杆编号,接地。

3)中杆灯工作内容包括:基础浇筑,立灯杆,杆座安装,灯架及灯具附件安装,焊、压接线端子,铁构件安装,补刷(喷)油漆,灯杆编号,接地。

4)高杆灯工作内容包括:基础浇筑,立灯杆,杆座安装,灯架及灯具附件安装,焊、压接线端子,铁构件安装,补刷(喷)油漆,灯杆编号,升降机构接线调试,接地。

5)桥栏杆灯、地道涵洞灯工作内容包括:灯具安装,补刷(喷)油漆。

(2)附属工程清单模式下共分为6个项目,包括:铁构件、凿(压)槽、打洞(孔)、管道包封、人(手)孔砌筑、人(手)孔防水。

1)铁构件工作内容包括:制作,安装,补刷(喷)油漆。

2)凿(压)槽工作内容包括:开槽,恢复处理。

3)打洞(孔)工作内容包括:开孔,洞,恢复处理。

4)管道包封工作内容包括:灌注,养护。

5)人(手)孔砌筑工作内容包括:砌筑。

6)人(手)孔防水工作内容包括:防水。

2. 定额模式下照明器具安装工程的划分

照明器具安装工程定额模式下共分为10个项目,包括:普通灯具的安装,装饰灯具的安装,荧光灯具的安装,工厂灯及防水防尘灯的安装,工厂其他灯具的安装,医院灯具的安装,路灯安装,开关、按钮、插座安装,安全变压器、电铃、风扇安装,盘管风机开关、请勿打扰灯、须刨插座、钥匙取电器安装等。

(1)普通灯具安装。

1)吸顶灯具。工作内容包括:测定划线、打眼埋螺栓、装木台、灯具安装、接线、焊接包头。

2)其他普通灯具。工作内容包括:测定划线、打眼埋螺栓、上木台、支架安装、灯具组装、上绝缘子、保险器、吊链加工、接线、焊接包头。

(2)装饰灯具安装。工作内容包括:吊式、吸顶式艺术装饰灯具、荧光艺术装饰灯具,几何形状组合艺术灯具,标志、诱导装饰灯具,水下装饰灯具,点光源装饰灯具草坪灯具,歌舞厅灯具。工作内容包括:开箱检查,测定划线,打眼埋螺栓,支架制作、安装,灯具拼装固定、挂装饰部件,接焊线包头。

(3)荧光灯具安装。工作内容包括:组装型和成套型,工作内容包括:测定划线、打眼埋螺栓、上木台、灯具组装(安装)、吊管、吊链加工、接线、焊接包头。

(4)工厂灯及防水防尘灯的安装。工作内容包括:测定划线,打眼埋螺栓,上木台,吊链、吊管的加工,灯具组装,接线,焊接包头。

(5)工厂其他灯具安装。工作内容包括:测定划线、打眼埋螺栓、上木台、吊管加工、灯具安装、接线、接焊包头。

(6)医院灯具安装。

1)碘钨灯、投光灯。工作内容包括:测定划线、打眼埋螺栓、支架安装、灯具组装、接线、焊接包头。

2)混光灯。工作内容包括:测定划线、打眼埋螺栓、支架的制作安装,灯具及镇流器组装、接线、接地、接焊包头。

3)烟囱、水塔、独立式塔架标志灯。工作内容包括:测定划线、打眼埋螺栓、灯具安装、接线、接焊包头。

4)密闭灯具。工作内容包括:测定划线,打眼埋螺栓,上底台、支架安装,灯具安装,接线,接焊包头。

(7)路灯安装。工作内容包括:测定划线、打眼埋螺栓、支架安装、灯具安装、接线、接焊包头。

(8)开关、按钮、插座安装。工作内容包括:测定划线,打眼埋螺栓,清扫盒子,上木台,缠钢丝弹簧垫,装开关、按钮和插座,接线,装盖。

(9)安全变压器、电铃、风扇安装。

1)安全变压器。工作内容包括:开箱检查和清扫,测位划线和打眼,支架安装、固定变压器、接线、接地。

2)电铃。工作内容包括:测位划线和打眼、埋木砖,上木底板,安电铃,接焊包头。

3)门铃。工作内容包括:测位划线和打眼、埋塑料胀管、上螺钉、接线、安装。

4)风扇。工作内容包括:测位划线、打眼、固定吊钩、安装调速开关、接焊包头、接地。

(10)盘管风机开关、请勿打扰灯、须刨插座、钥匙取电器安装。工作内容包括:开箱检查、测位划线、清扫盒子、缠钢丝弹簧垫、接线、焊接包头、安装、调速等。

三、普通灯具安装工程量计算

(一)计算规则与注意事项

1. 清单工程量计算规则与注意事项

(1)普通灯具安装工程量计算规则见表4-86。

表 4-86　　　　　　　　　　　　普通灯具安装工程量计算规则

项目编码	项目名称	项目特征	计量单位	工程量计算规则
030412001	普通灯具	1. 名称 2. 型号 3. 规格 4. 类型	套	按设计图示数量计算

（2）普通灯具包括：圆球吸顶灯、半圆球吸顶灯、方形吸顶灯、软线吊灯、座灯头、吊链灯、防水吊灯、壁灯等。

2. 定额工程量计算规则与注意事项

（1）普通灯具安装的工程量，应区别灯具的种类、型号、规格，以"套"为计量单位。普通灯具安装定额适用范围，见表 4-87。

表 4-87　　　　　　　　　　　　普通灯具安装定额适用范围

定额名称	灯　具　种　类
圆球吸顶灯	材质为玻璃的螺口、卡口圆球独立吸顶灯
半圆球吸顶灯	材质为玻璃的独立的半圆球吸顶灯、扁圆罩吸顶灯、平圆形吸顶灯
方形吸顶灯	材质为玻璃的独立的矩形罩吸顶灯、方形罩吸顶灯、大口方罩吸顶灯
软线吊灯	利用软线为垂吊材料，独立的，材质为玻璃、塑料、搪瓷，形状如碗、伞、平盘灯罩组成的各式软线吊灯
吊链灯	利用吊链作辅助悬吊材料，独立的，材质为玻璃、塑料罩的各式吊链灯
防水吊灯	一般防水吊灯
一般弯脖灯	圆球弯脖灯，风雨壁灯
一般墙壁灯	各种材质的一般壁灯、镜前灯
软线吊灯头	一般吊灯头
声光控座灯头	一般声控、光控座灯头
座灯头	一般塑胶、瓷质座灯头

（2）各型灯具的引导线，除注明者外，均已综合考虑在定额内，执行时不得换算。

（二）工程量计算实例

【例 4-36】已知某工程建筑面积 2400m²，安装 D40W 的圆球吸顶灯 120 套，求其工程量。

【解】　（1）普通灯具清单工程量计算见表 4-88。

表 4-88　　　　　　　　　　　　普通灯具清单工程量计算表

项目编码	项目名称	项目特征描述	计量单位	工程量
030412001001	普通灯具	圆球吸顶灯 D40W	套	120

（2）普通灯具定额工程量：120 套。

四、工厂灯安装工程量计算

(一)计算规则与注意事项

1. 清单工程量计算规则与注意事项

(1)工厂灯安装工程量计算规则见表 4-89。

表 4-89　　　　　　　　**工厂灯安装工程量计算规则**

项目编码	项目名称	项目特征	计量单位	工程量计算规则
030412002	工厂灯	1. 名称 2. 型号 3. 规格 4. 安装形式	套	按设计图示数量计算

(2)工厂灯包括:工厂罩灯、防水灯、防尘灯、碘钨灯、投光灯、泛光灯、混光灯、密闭灯等。

2. 定额工程量计算规则与注意事项

(1)工厂灯及防水防尘灯安装的工程量,应区别不同安装形式,以"套"为计量单位。工厂灯及防水防尘灯安装定额适用范围,见表 4-90。

表 4-90　　　　　　　　**工厂灯及防水防尘灯安装定额适用范围**

定额名称	灯　具　种　类
直杆工厂吊灯	配照(GC_1-A),广照(GC_3-A),深照(GC_5-A),斜照(GC_7-A),圆球(GC_{17}-A),双罩(GC_{19}-A)
吊链式工厂灯	配照(GC_1-B),深照(GC_3-B),斜照(GC_5-C),圆球(GC_7-B),双罩(GC_{19}-A),广照(GC_{19}-B)
吸顶式工厂灯	配照(GC_1-C),广照(GC_3-C),深照(GC_5-C),斜照(GC_7-C),双罩(GC_{19}-C)
弯杆式工厂灯	配照(GC_1-D/E),广照(GC_3-D/E),深照(GC_5-D/E),斜照(GC_7-D/E),双罩(GC_{19}-C),局部深罩(GC_{26}-F/H)
悬挂式工厂灯	配照(GC_{21}-2),深照(GC_{23}-2)
防水防尘灯	广照(GC_9-A,B,C),广照保护网(GC_{11}-A,B,C),散照(GC_{15}-A,B,C,D,E,F,G)

(2)工厂其他灯具安装的工程量,应区别不同灯具类型、安装形式、安装高度,以"套"、"个"、"延长米"为计量单位。工厂其他灯具安装定额适用范围,见表 4-91。

表 4-91　　　　　　　　**工厂其他灯具安装定额适用范围**

定额名称	灯　具　种　类
防　潮　灯	扁形防潮灯(GC-31),防潮灯(GC-33)
腰形舱顶灯	腰形舱顶灯(CCD-1)
碘　钨　灯	DW 型,220V,300~1000W
管形氙气灯	自然冷却式,200V/380V,20kW 内
投　光　灯	TG 型室外投光灯
高压水银灯镇流器	外附式镇流器具 125~450W
安　全　灯	AOB-1,2,3 型和 AOC-1,2 型安全灯
防　爆　灯	CBC-200 型防爆灯
高压水银防爆灯	CBC-125/250 型高压水银防爆灯
防爆荧光灯	CBC-1/2 单/双管防爆型荧光灯

(二)工程量计算实例

【例4-37】已知某工厂建筑面积为2400m²,装D100W的工厂灯240套,求工厂灯工程量。

【解】 (1)工厂灯清单工程量计算见表4-92。

表4-92 　　　　　　　　　**工厂灯清单工程量计算表**

项目编码	项目名称	项目特征描述	计量单位	工程量
030412002001	工厂灯	工厂灯D100W	套	240

(2)工厂灯安装工程量:240套。

五、高度标志(障碍)灯、装饰灯安装工程量计算

(一)计算规则与注意事项

1. 清单工程量计算规则与注意事项

(1)高度标志(障碍)灯、装饰灯安装工程量计算规则见表4-93。

表4-93 　　　　　　　　**高度标志(障碍)灯、装饰灯安装工程量计算规则**

项目编码	项目名称	项目特征	计量单位	工程量计算规则
030412003	高度标志 (障碍)灯	1. 名称 2. 型号 3. 规格 4. 安装形式	套	按设计图示数量计算
030412004	装饰灯	1. 名称 2. 型号 3. 规格 4. 安装形式		
030412005	荧光灯			

(2)高度标志(障碍)灯包括烟囱标志灯、高塔标志灯、高层建筑屋顶障碍指示灯等。

(3)装饰灯包括:吊式艺术装饰灯、吸顶式艺术装饰灯、荧光艺术装饰灯、几何型组合艺术装饰灯、标志灯、诱导装饰灯、水下(上)艺术装饰灯、点光源艺术灯、歌舞厅灯具、草坪灯具等。

2. 定额工程量计算规则与注意事项

(1)吊式艺术装饰灯具的工程量,应根据装饰灯具示意图集所示,区别不同装饰物以及灯体直径和灯体垂吊长度,以"套"为计量单位。灯体直径为装饰物的最大外缘直径,灯体垂吊长度为灯座底部到灯梢之间的总长度。

(2)吸顶式艺术装饰灯具安装的工程量,应根据装饰灯具示意图集所示,区别不同装饰物、吸盘的几何形状、灯体直径、灯体周长和灯体垂吊长度,以"套"为计量单位。灯体直径为吸盘最大外缘直径,灯体半周长为矩形吸盘的半周长,吸顶式艺术装饰灯具的灯体垂吊长度为吸盘到灯梢之间的总长度。

(3)荧光艺术装饰灯具安装的工程量,应根据装饰灯具示意图集所示,区别不同安装形式和计量单位计算。

1）组合荧光灯光带安装的工程量，应根据装饰灯具示意图集所示，区别安装形式、灯管数量，以"延长米"为计量单位。灯具的设计数量与定额不符时，可以按设计量加损耗量调整主材。

2）内藏组合式灯安装的工程量，应根据装饰灯具示意图集所示，区别灯具组合形式，以"延长米"为计量单位。灯具的设计数量与定额不符时，可根据设计数量加损耗量调整主材。

3）发光棚安装的工程量，应根据装饰灯具示意图集所示，以"m²"为计量单位。发光棚灯具按设计用量加损耗量计算。

4）立体广告灯箱、荧光灯光沿的工程量，应根据装饰灯具示意图集所示，以"延长米"为计量单位。灯具设计用量与定额不符时，可根据设计数量加损耗量调整主材。

（4）几何形状组合艺术灯具安装的工程量，应根据装饰灯具示意图集所示，区别不同安装形式及灯具的不同形式，以"套"为计量单位。

（5）标志、诱导装饰灯具安装的工程量，应根据装饰灯具示意图集所示，区别不同安装形式，以"套"为计量单位。

（6）水下艺术装饰灯具安装的工程量，应根据装饰灯具示意图集所示，区别不同安装形式，以"套"为计量单位。

（7）点光源艺术装饰灯具安装的工程量，应根据装饰灯具示意图集所示，区别不同安装形式、不同灯具直径，以"套"为计量单位。

（8）草坪灯具安装的工程量，应根据装饰灯具示意图集所示，区别不同安装形式，以"套"为计量单位。

（9）歌舞厅灯具安装的工程量，应根据装饰灯具示意图所示，区别不同灯具形式，分别以"套"、"延长米"、"台"为计量单位计算。装饰灯具安装定额适用范围，见表 4-94。

表 4-94　　　　　　　　　　　　装饰灯具安装定额适用范围

定额名称	灯　具　种　类（形　式）
吊式艺术装饰灯具	不同材质、不同灯体垂吊长度、不同灯体直径的蜡烛灯、挂片灯、串珠（穗）灯、串棒灯、吊杆式组合灯、玻璃罩（带装饰）灯
吸顶式艺术装饰灯具	不同材质、不同灯体垂吊长度、不同灯体几何形状的串珠（穗）灯、串棒灯、挂片、挂碗、挂吊蝶灯、玻璃（带装饰）灯
荧光艺术装饰灯具	不同安装形式、不同灯管数量的组合荧光灯光带，不同几何组合形式的内藏组合式灯，不同几何尺寸、不同灯具形式的发光棚，不同形式的立体广告灯箱、荧光灯光沿
几何形状组合艺术灯具	不同固定形式、不同灯具形式的繁星灯、钻石星灯、礼花灯、玻璃罩钢架组合灯、凸片灯、反射挂灯、筒形钢架灯、U 形组合灯、弧形管组合灯
标志、诱导装饰灯具	不同安装形式的标志灯、诱导灯
水下艺术装饰灯具	简易型彩灯、密封型彩灯、喷水池灯、幻光型灯
点光源艺术装饰灯具	不同安装形式、不同灯体直径的筒灯、牛眼灯、射灯、轨道射灯
草坪灯具	各种立柱式、墙壁式的草坪灯
歌舞厅灯具	各种安装形式的变色转盘灯、雷达射灯、幻影转彩灯、维纳斯旋转彩灯、卫星旋转效果灯、飞蝶旋转效果灯、多头转灯、滚筒灯、频闪灯、太阳灯、雨灯、歌星灯、边界灯、射灯、泡泡发生器、迷你满天星彩灯、迷你单立（盘彩灯）、多头宇宙灯、镜面球灯、蛇光管

(10)荧光灯具安装的工程量,应区别灯具的安装形式、灯具种类、灯管数量,以"套"为计量单位计算。荧光灯具安装定额适用范围,见表4-95。

表4-95　荧光灯具安装定额适用范围

定额名称	灯　具　种　类
组装型荧光灯	单管、双管、三管吊链式、吸顶式,现场组装独立荧光灯
成套型荧光灯	单管、双管、三管吊链式、吊管式、吸顶式、成套独立荧光灯

(11)定额中装饰灯具项目均已考虑了一般工程的超高作业因素,并包括脚手架搭拆费用。

(12)装饰灯具定额项目与示意图号配套使用。

(13)定额内已包括利用摇表测量绝缘及一般灯具的试亮工作(但不包括调试工作)。

(二)工程量计算实例

【例4-38】已知某工程建筑面积为2400m²,共有灯具120套,其中55套属于光带(光带系数为0.3),求平均每套灯的控制面积。

【解】　在确定平均每个灯的控制面积时,如果有一部分灯具是光带,应先将其乘以系数(白炽灯0.3,日光灯0.5)再加其他灯具的套数,则:

$$S=2400/(120-55+55×0.3)=29.45m^2/灯$$

【例4-39】已知某设计图建筑面积为3200m²,需装D100W的彩灯240套,求彩灯工程量。

【解】　(1)装饰灯清单工程量计算见表4-96。

表4-96　装饰灯清单工程量计算表

项目编码	项目名称	项目特征描述	计量单位	工程量
030412004001	装饰灯	彩灯D100W	套	240

(2)装饰灯定额工程量:240套。

六、医疗专用灯安装工程量计算

(一)计算规则与注意事项

1. 清单工程量计算规则与注意事项

(1)医疗专用灯安装工程量计算规则见表4-97。

表4-97　医疗专用灯安装工程量计算规则

项目编码	项目名称	项目特征	计量单位	工程量计算规则
030412006	医疗专用灯	1. 名称 2. 型号 3. 规格	套	按设计图示数量计算

(2)医疗专用灯包括:病房指示灯、病房暗脚灯、紫外线杀菌灯、无影灯等。

2. 定额工程量计算规则与注意事项

(1)医院灯具安装的工程量,应区别灯具种类,以"套"为计量单位。医院灯具安装定额适用范围,见表4-98。

表4-98　　　　　　　　　　　　医院灯具安装定额适用范围

定额名称	灯具种类
病房指示灯 病房暗脚灯 无影灯	病房指示灯 病房暗脚灯 3～12孔管式无影灯

(2)各型灯具的引导线,除注明者外,均已综合考虑在定额内,执行时不得换算。

(二)工程量计算实例

【例4-40】已知某医院建筑面积为2600m²,需装D100W的手术灯24套,求手术灯工程量。

【解】(1)医疗专用灯清单工程量计算见表4-99。

表4-99　　　　　　　　　　　医疗专用灯清单工程量计算表

项目编码	项目名称	项目特征描述	计量单位	工程量
030412006001	医疗专用灯	手术灯D100W	套	24

(2)医疗专用灯定额工程量:24套。

七、其他灯具安装工程量安装

(一)计算规则与注意事项

1. 清单工程量计算规则与注意事项

(1)其他灯具安装工程量计算规则见表4-100。

表4-100　　　　　　　　　　　其他灯具安装工程量计算规则

项目编码	项目名称	项目特征	计量单位	工程量计算规则
030412007	一般路灯	1. 名称 2. 型号 3. 规格 4. 灯杆材质、规格 5. 灯架形式及臂长 6. 附件配置要求 7. 灯杆形式(单、双) 8. 基础形式、砂浆配合比 9. 杆座材质、规格 10. 接线端子材质、规格 11. 编号 12. 接地要求	套	按设计图示数量计算

续表

项目编码	项目名称	项目特征	计量单位	工程量计算规则
030412008	中杆灯	1. 名称 2. 灯杆的材质及高度 3. 灯架的型号、规格 4. 附件配置 5. 光源数量 6. 基础形式、浇筑材质 7. 杆座材质、规格 8. 接线端子材质、规格 9. 铁构件规格 10. 编号 11. 灌浆配合比 12. 接地要求	套	按设计图示数量计算
030412009	高杆灯	1. 名称 2. 灯杆高度 3. 灯架形式（成套或组装、固定或升降） 4. 附件配置 5. 光源数量 6. 基础形式、浇筑材质 7. 杆座材质、规格 8. 接线端子材质、规格 9. 铁构件规格 10. 编号 11. 灌浆配合比 12. 接地要求		
030412010	桥栏杆灯	1. 名称 2. 型号 3. 规格 4. 安装形式		
030412011	地道涵洞灯			

（2）中杆灯是指安装在高度小于或等于 19m 的灯杆上的照明器具。

（3）高杆灯是指安装在高度大于 19m 的灯杆上的照明器具。

2. 定额工程量计算规则与注意事项

（1）路灯安装工程，应区别不同臂长、不同灯数，以"套"为计量单位。工厂厂区内、住宅小区内路灯安装执行本定额。城市道路的路灯安装执行《全国统一市政工程预算定额》。路灯安装定额范围，见表 4-101。

表 4-101　　　　　　　　　　　路灯安装定额范围

定额名称	灯具种类
大马路弯灯	臂长 1200mm 以下， 臂长 1200mm 以上
庭院路灯	三火以下，七火以下

（2）开关、按钮安装的工程量，应区别开关、按钮安装形式，开关、按钮种类，开关极数以及

单控与双控,以"套"为计量单位。

(3)插座安装的工程量,应区别电源相数、额定电流、插座安装形式、插座插孔个数,以"套"为计量单位。

(4)安全变压器安装的工程量,应区别安全变压器容量,以"台"为计量单位。

(5)电铃、电铃号码牌箱安装的工程量,应区别电铃直径、电铃号牌箱规格(号),以"套"为计量单位。

(6)门铃安装工程量计算,应区别门铃安装形式,以"个"为计量单位。

(7)风扇安装的工程量,应区别风扇种类,以"台"为计量单位。

(8)盘管风机三速开关、"请勿打扰"灯,须刨插座安装的工程量,以"套"为计量单位。

(9)路灯、投光灯、碘钨灯、氙气灯、烟囱或水塔指示灯,均已考虑了一般工程的高空作业因素,其他器具安装高度如超过 5m,则应按定额说明中规定的超高系数另行计算。

(二)工程量计算实例

【例 4-41】 某桥涵工程,设计用 4 套高杆灯照明,杆高为 35m,灯架为成套升降型,6 个灯头,混凝土基础,试求其工程量。

【解】 (1)高杆灯安装清单工程量计算见表 4-102。

表 4-102 高杆灯安装清单工程量计算表

项目编码	项目名称	项目特征描述	计量单位	工程量
030412009001	高杆灯	灯杆高度为 35m;成套升降型;灯头为 6 个;混凝土基础	套	4

(2)高杆灯安装定额工程量:4 套。

八、附属工程安装工程量计算

(一)计算规则与注意事项

(1)附属工程安装工程量计算规则见表 4-103。

表 4-103 附属工程安装工程量规则

项目编码	项目名称	项目特征	计量单位	工程量计算规则
030413001	铁构件	1. 名称 2. 材质 3. 规格	kg	按设计图示尺寸以质量计算
030413002	凿(压)槽	1. 名称 2. 规格 3. 类型	m	按设计图示尺寸以长度计算
030413003	打洞(孔)	4. 填充(恢复)方式 5. 混凝土标准	个	按设计图示数量计算
030413004	管道包封	1. 名称 2. 规格 3. 混凝土强度等级	m	按设计图示长度计算

项目编码	项目名称	项目特征	计量单位	工程量计算规则
030413005	人(手)孔砌筑	1. 名称 2. 规格 3. 类型	个	按设计图示数量计算
030413006	人(手)孔防水	1. 名称 2. 类型 3. 规格 4. 防水材质及做法	m²	按设计图示防水面积计算

（2）铁构件适用于电器工程的各种支架、铁构件的制作安装。

（二）工程量计算实例

【例4-42】某工程设计图示，需要铁构件30kg，计算其工程量。

【解】 铁构件清单工程量计算见表4-104。

表4-104   铁构件清单工程量计算表

项目编码	项目名称	项目特征描述	计量单位	工程量
030413001001	铁构件	铁构件	kg	30

第十三节 电气调整试验工程量计算

一、电气调整试验基础知识

1. 电力变压器系统

电力变压器系统调试一般包括变压器、断路器、互感器、隔离开关、风冷及油循环冷却系统电气装置、常规保护装置等一、二次回路的调试及空投试验等。

2. 送配电装置系统

送配电装置系统调试一般包括自动开关或断路器、隔离开关、常规保护装置、电测量仪表、电力电缆等一、二次回路系统等的调试。

3. 特殊保护装置

特殊保护装置一般包括保护装置本体及二次回路的调整试验。

4. 自动投入装置

自动投入装置一般包括自动装置、继电器及控制回路的调整试验。

5. 中央信号装置、事故照明切换装置、不间断电源

中央信号装置、事故照明切换装置、不间断电源一般包括装置本体及控制回路的调整试验。

6. 母线

母线是指将电气装置中各截流分支回路连接在一起的导体。其作用是汇集、分配和传送电能,所以又称汇流母线。由于母线在运行中,有巨大的电能通过,短路时,承受着很大的发热和电动力效应。因此,必须合理地选用母线材料、截面形状和截面面积,以符合安全、经济运行的要求。

7. 避雷器、电容器

避雷器、电容器调试一般包括母线耐压试验,接触电阻测量,避雷器、母线绝缘监视装置、电测量仪表及一、二次回路的调试,接地电阻测试等。

8. 接地装置

接地装置是指埋设在地下的接地电极以及与该接地电极到设备间的连接导线的总称。

9. 电抗器、消弧线圈、电除尘器

电抗器、消弧线圈、电除尘器一般包括电抗器、消弧线圈的直流电阻测试、耐压试验,高压静电除尘装置本体及一、二次回路的测试等。

10. 硅整流设备、可控硅整流装置

硅整流设备、可控硅整流装置一般包括开关、调压设备、整流变压器、硅整流设备及一、二次回路的调试、可控硅控制系统调试等。

二、电气调整试验工程分项工程划分明细

1. 清单模式下电气调整试验工程的划分

电气调整试验工程清单模式下共分为 15 个项目,包括:电力变压器系统,送配电装置系统,特殊保护装置,自动投入装置,中央信号装置,事故照明切换装置,不间断电源,母线,避雷器,电容器,接地装置,电抗器、消弧线圈,电除尘器,硅整流设备、可控硅整流装置和电缆试验。

(1)电力变压器系统、送配电装置系统工作内容包括:系统调试。

(2)特殊保护装置、自动投入装置、中央信号装置、事故照明切换装置、不间断电源、母线、避雷器、电容器、电抗器、消弧线圈、电除尘器、硅整流设备、可控硅整流装置工作内容包括:调试。

(3)接地装置工作内容包括:接地电阻测试。

(4)电缆试验工作内容包括:试验。

2. 定额模式下电气调整试验工程的划分

电气调整试验工程定额模式下共分为 18 个项目,包括:发电机、调相机系统调试,电力变压器系统调试,送配电装置系统调试,特殊保护装置系统调试,自动投入装置调试,中央信号装置、事故照明切换装置、不间断电源调试,母线、避雷器、电容器、接地装置调试,电抗器、消弧线圈、电除尘器调试,硅整流设备、可控硅整流装置调试,普通小型直流电动机调试,晶闸管调速直流电动机系统调试,普通交流同步电动机调试,低压交流异步电动机调试,高压交流异步电动机调试,交流变频调速电动机(AC-AC、AC-DC-AC)调试,微型电机、电加热器调试,电动机组及联锁装置调试,绝缘子、套管、绝缘油、电缆试验。

(1)发电机、调相机系统调试。工作内容包括:发电机、调相机、励磁机、隔离开关、断路器、保护装置和一、二次回路的调试。

(2)电力变压器系统调试。工作内容包括：变压器、断路器、互感器、隔离开关、风冷及油循环冷却系统电气装置、常规保护装置等一、二次回路的调试及空投试验。

(3)送配电装置系统调试。工作内容包括：自动开关或断路器、隔离开关、常规保护装置、电测量仪表、电力电缆等一、二次回路系统的调试。

(4)特殊保护装置系统调试。工作内容包括：保护装置本体及二次回路的调试。

(5)自动投入装置调试。工作内容包括：自动装置、继电器及控制回路的调试。

(6)中央信号装置、事故照明切换装置、不间断电源调试。工作内容包括：装置本体及控制回路的调试。

(7)母线、避雷器、电容器、接地装置调试。工作内容包括：母线耐压试验，接触电阻测量，避雷器、母线绝缘监视装置、电测量仪表及一、二次回路的调试，接地电阻测试。

(8)电抗器、消弧线圈、电除尘器调试。工作内容包括：电抗器、消弧圈的直流电阻测试、耐压试验，高压静电除尘装置本体及一、二次回路的调试。

(9)硅整流设备、可控硅整流装置调试。工作内容包括：开关、调压设备、整流变压器、硅整流设备及一、二次回路的调试，可控硅控制系统调试。

(10)普通小型直流电动机调试。工作内容包括：直流电动机(励磁机)、控制开关、隔离开关、电缆、保护装置及一、二次回路的调试。

(11)晶闸管调速直流电动机系统调试。

1)一般晶闸管调速电动机。工作内容包括：控制调节器的开环、闭环调试，可控硅整流装置调试，直流电动机及整组试验，快速开关、电缆及一、二次回路的调试。

2)全数字式控制晶闸管调速电机。工作内容包括：微型计算机配合电气系统调试，晶闸管整流装置调试，直流电机及整组试验，快速开关、电缆及一、二次回路的调试。

(12)普通交流同步电动机调试。工作内容包括：电动机、励磁机、断路器、保护装置、起动设备和一、二次回路的调试。

(13)低压交流异步电动机调试。工作内容包括：电动机、开关、保护装置、电缆等一、二次回路的调试。

(14)高压交流异步电动机调试。工作内容包括：电动机、断路器、互感器、保护装置、电缆等一、二次回路的调试。

(15)交流变频调速电动机(AC-AC、AC-DC-AC)调试。

1)交流同步电动机变频调速。工作内容包括：变频装置本体、变频母线、电动机、励磁机、断路器、互感器、电力电缆、保护装置等一、二次回路的调试。

2)交流异步电动机变频调速。工作内容包括：变频装置本体、变频母线、电动机、互感器、电力电缆、保护装置等一、二次回路的调试。

(16)微型电机、电加热器调试。工作内容包括：微型电动机、电加热器微型电动机、电加热器、开关、保护装置及一、二次回路的调试。

(17)电动机组及联锁装置调试。工作内容包括：电动机组、开关控制回路的调试，电机联锁装置调试。

(18)绝缘子、套管、绝缘油、电缆试验。工作内容包括：准备、取样、耐压试验，电缆临时固定、试验，电缆故障测试。

三、送配电设备系统调试工程量计算

(一)计算规则与注意事项

1. 清单工程量计算规则与注意事项

(1)送配电设备系统调试工程量计算规则见表 4-105。

表 4-105　　　　　　　　　送配电设备系统调试工程量计算规则

项目编码	项目名称	项目特征	计量单位	工程量计算规则
030414001	电力变压器系统	1. 名称 2. 型号 3. 容量(kV·A)	系统	按设计图示系统计算
030414002	送配电装置系统	1. 名称 2. 型号 3. 电压等级(kV) 4. 类型		
030414003	特殊保护装置	1. 名称 2. 类型	台(套)	按设计图示数量计算
030414004	自动投入装置		系统(台、套)	
030414012	电抗器、消弧线圈	1. 名称 2. 类别	台	
030414013	电除尘器	1. 名称 2. 型号 3. 规格	组	
030414014	硅整流设备、可控硅整流装置	1. 名称 2. 类别 3. 电压(V) 4. 电流(A)	系统	按设计图示系统计算
030414015	电缆试验	1. 名称 2. 电压等级(kV)	次(根、点)	按设计图示数量计算

(2)功率大于 10kW 电动机及发电机的启动调试用的蒸汽、电力和其他动力能源消耗及变压器空载试运转的电力消耗及设备需烘干处理应说明。

(3)配合机械设备及其他工艺的单体试车,应按《通用安装工程工程量计算规范》(GB 50856—2013)附录 N 措施项目相关项目编码列项。

(4)计算机系统调试应按《通用安装工程工程量计算规范》(GB 50856—2013)附录 F 自动化控制仪表安装工程相关项目编码列项。

2. 定额工程量计算规则与注意事项

(1)电气调试系统的划分以电气原理系统图为依据。电气设备元件的本体试验均包括在相应的系统调试定额之内,不得重复计算。绝缘子和电缆等单体试验,只在单独试验时使用。在系统调试定额中,各工序的调试费用如需单独计算时,可按表 4-106 所列比率计算。

表 4-106　　　　　　　　　　　　电气调试系统各工序的调试费用

比率(%)　　　项目 工序	发电机调相机系统	变压器系统	送配电设备系统	电动机系统
一次设备本体试验	30	30	40	30
附属高压二次设备试验	20	30	20	30
一次电流及二次回路检查	20	20	20	20
继电器及仪表试验	30	20	20	20

(2)电气调试所需的电力消耗已包括在定额内,一般不另计算。但 10kW 以上电机及发电机的启动调试用的蒸汽、电力和其他动力能源消耗及变压器空载试运转的电力消耗,另行计算。

(3)供电桥回路的断路器、母线分段断路器,均按独立的送配电设备系统计算调试工程量。

(4)送配电设备系统调试,系按一侧有一台断路器考虑的,若两侧均有断路器时,则应按两个系统计算。

(5)送配电设备系统调试,适用于各种供电回路(包括照明供电回路)的系统调试。凡供电回路中带有仪表、继电器、电磁开关等调试元件的(不包括闸刀开关、保险器),均按调试系统计算。移动式电器和以插座连接的家电设备等已经厂家调试合格、不需要用户自调的设备,均不应计算调试工程量。

(6)变压器系统调试,以每个电压侧有一台断路器为准。多于一个断路器的按相应电压等级送配电设备系统调试的相应定额另行计算。

(7)干式变压器、油浸电抗器调试,执行相应容量变压器调试定额,乘以系数 0.8。

(8)特殊保护装置,均以构成一个保护回路为一套,其工程量计算规定如下(特殊保护装置未包括在各系统调试定额之内,应另行计算)。

1)发电机转子接地保护,按全厂发电机共用一套考虑。

2)距离保护,按设计规定所保护的送电线路断路器台数计算。

3)高频保护,按设计规定所保护的送电线路断路器台数计算。

4)零序保护,按发电机、变压器、电动机的台数或送电线路断路器的台数计算。

5)故障录波器的调试,以一块屏为一套系统计算。

6)失灵保护,按设置该保护的断路器台数计算。

7)失磁保护,按所保护的电机台数计算。

8)变流器的断线保护,按变流器台数计算。

9)小电流接地保护,按装设该保护的供电回路断路器台数计算。

10)保护检查及打印机调试,按构成该系统的完整回路为一套计算。

(9)自动装置及信号系统调试,均包括继电器、仪表等元件本身和二次回路的调整试验。具体规定如下:

1)备用电源自动投入装置,按连锁机构的个数确定备用电源自投装置系统数。一个备用厂用变压器,作为三段厂用工作母线备用的厂用电源,计算备用电源自动投入装置调试时,应为三个系统。装设自动投入装置的两条互为备用的线路或两台变压器,计算备用电源自动投入装置调试时,应为两个系统。备用电动机自动投入装置也按此计算。

2)线路自动重合闸调试系统,按采用自动重合闸装置的线路自动断路器的台数计算系统数。

3)自动调频装置的调试,以一台发电机为一个系统。

4)同期装置调试,按设计构成一套能完成同期并车行为的装置为一个系统计算。

5)蓄电池及直流监视系统调试,一组蓄电池按一个系统计算。

6)事故照明切换装置调试,按设计能完成交直流切换的一套装置为一个调试系统计算。

7)周波减负荷装置调试,凡有一个周率继电器,不论带几个回路,均按一个调试系统计算。

8)变送器屏以屏的个数计算。

9)中央信号装置调试,按每一个变电所或配电室为一个调试系统计算工程量。

(10)避雷器、电容器的调试,按每三相为一组计算,单个装设的也按一组计算。上述设备如设置在发电机、变压器,输、配电线路的系统或回路内,仍应按相应定额另外计算调试费用。

(11)高压电气除尘系统调试,按一台升压变压器、一台机械整流器及附属设备为一个系统计算,分别按除尘器(m²)范围执行定额。

(12)硅整流装置调试,按一套硅整流装置为一个系统计算。

(13)普通电动机的调试,分别按电机的控制方式、功率、电压等级,以"台"为计量单位。

(14)可控硅调速直流电动机调试以"系统"为计量单位。其调试内容包括可控硅整流装置系统和直流电动机控制回路系统两个部分的调试。

(15)交流变频调速电动机调试以"系统"为计量单位。其调试内容包括变频装置系统和交流电动机控制回路系统两个部分的调试。

(16)微型电机是指功率在 0.75kW 以下的电机,不分类别,一律执行微电机综合调试定额,以"台"为计量单位。电机功率在 0.75kW 以上的电机调试,应按电机类别和功率分别执行相应的调试定额。

(17)一般的住宅、学校、办公楼、旅馆、商店等民用电气工程的供电调试应按下列规定:

1)配电室内带有调试元件的盘、箱、柜和带有调试元件的照明主配电箱,应按供电方式执行相应的"配电设备系统调试"定额。

2)每个用户房间的配电箱(板)上虽装有电磁开关等调试元件,但如果生产厂家已按固定的常规参数调整好,不需要安装单位进行调试就可直接投入使用的,不得计取调试费用。

3)民用电度表的调整校验属于供电部门的专业管理,一般皆由用户向供电局订购调试完毕的电度表,不得另外计算调试费用。

(18)高标准的高层建筑、高级宾馆、大会堂、体育馆等具有较高控制技术的电气工程(包括照明工程),应按控制方式执行相应的电气调试定额。

(19)定额内容包括电气设备的本体试验和主要设备的分系统调试。成套设备的整套起动调试按专业定额另行计算。主要设备的分系统内所含的电气设备元件的本体试验已包括在该分系统调试定额之内。如变压器的系统调试中已包括该系统中的变压器、互感器、开关、仪表和继电器等一、二次设备的本体调试和回路试验。绝缘子和电缆等单体试验,只在单独试验时使用,不得重复计算。

(20)定额的调试仪表使用费是按"台班"形式表示的,与《全国统一安装工程施工仪器仪表台班费用定额》配套使用。

(21)送配电设备调试中的1kV以下定额适用于所有低压供电回路,如从低压配电装置至分配电箱的供电回路;但从配电箱直接至电动机的供电回路已包括在电动机的系统调试定额内。送配电设备系统调试包括系统内的电缆试验、瓷瓶耐压等全套调试工作。供电桥回路中的断路器、母线分段断路器皆作为独立的供电系统计算,定额皆按一个系统一侧配一台断路器考虑的。若两侧皆有断路器时,则按两个系统计算。如果分配电箱内只有刀开关、熔断器等不含调试元件的供电回路,则不再作为调试系统计算。

(22)由于电气控制技术的飞跃发展,原定额的成套电气装置(如桥式起重机电气装置等)的控制系统已发生了根本的变化,至今尚无统一的标准,故本定额取消了原定额中的成套电气设备的安装与调试。起重机电气装置、空调电气装置、各种机械设备的电气装置,如堆取料机、装料车、推煤车等成套设备的电气调试,应分别按相应的分项调试定额执行。

(23)定额不包括设备的烘干处理和设备本身缺陷造成的元件更换修理和修改,亦未考虑因设备元件质量低劣对调试工作造成的影响。定额是按新的合格设备考虑的,如遇以上情况时,应另行计算。经修配改或拆迁的旧设备调试,定额乘以系数1.1。

(24)该项定额只限电气设备自身系统的调整试验,未包括电气设备带动机械设备的试运工作,发生时应按专业定额另行计算。

(25)调试定额不包括试验设备、仪器仪表的场外转移费用。

(26)本调试定额是按现行施工技术验收规范编制的,凡现行规范(指定额编制时的规范)未包括的新调试项目和调试内容均应另行计算。

(27)调试定额已包括熟悉资料、核对设备、填写试验记录、保护整定值的整定和调试报告的整理工作。

(28)电力变压器如有"带负荷调压装置",调试定额乘以系数1.12。三卷变压器、整流变压器、电炉变压器调试按同容量的电力变压器调试定额乘以系数1.2。3～10kV母线系统调试含一组电压互感器,1kV以下母线系统调试定额不含电压互感器,适用于低压配电装置的各种母线(包括软母线)的调试。

(二)工程量计算实例

【例4-43】某电气调试系统如图4-13所示,试求该项工程量。

【解】　(1)清单工程量计算见表4-107。

表4-107　　　　　　　　　　清单工程量计算表

项目编码	项目名称	项目特征描述	计量单位	工程量
030414002001	送配电装置系统	送配电装置系统,1kV	系统	1

(2)定额工程量计算:

由图4-13可知,该供电系统的两个分配电箱引出的4条回路均由总配电箱控制,所以各分箱引出的回路不能作为独立的系统,因此,正确的电气调试系统工程量应为1个系统。

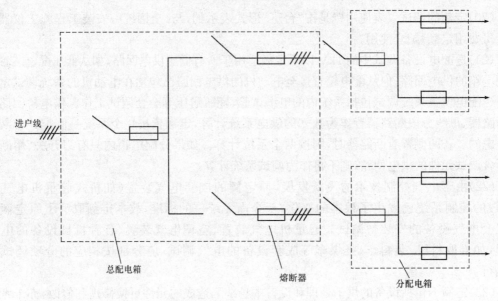

图 4-13　某电气调试系统图

【例 4-44】某备用电源自动投入装置系统如图 4-14 所示,试划分各自的调试系统,并计算其工程量。

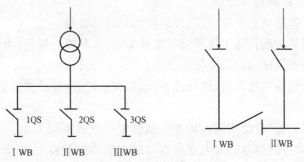

图 4-14　备用电源自动投入装置系统

【解】　备用电源自动投入装置系统划分见表 4-108。

表 4-108　　　　　　　　　　备用电源自动投入装置系列划分

编号	项目名称	单位	工程量
a	备用电源自动投入装置调试	套	3
b	线路电源自动重合闸装置调试	套	1

(1)清单工程量计算见表 4-109。

表 4-109　　　　　　　　　　　清单工程量计算表

序号	项目编码	项目名称	项目特征描述	计量单位	工程量
1	030414004001	自动投入装置	备用电源自动投入装置调试	套	3
2	030414004002	自动投入装置	线路电源自动重合闸装置调试	套	1

（2）定额工程量计算：

1）备用电源自动投入装置调试：3套。

2）线路电源自动重合闸装置调试：1套。

四、接地装置系统调试工程量计算

（一）计算规则与注意事项

1. 清单工程量计算规则与注意事项

接地装置系统调试工程量计算规定则见表 4-110。

表 4-110　　　　　　　　　　　接地装置系统调试工程量计算规则

项目编码	项目名称	项目特征	计量单位	工程量计算规则
030414005	中央信号装置	1. 名称 2. 类型	系统（台）	按设计图示数量计算
030414006	事故照明切换装置		系统	按设计图示系统计算
030414007	不间断电源	1. 名称 2. 类型 3. 容量	系统	按设计图示系统计算
030414008	母线	1. 名称 2. 电压等级（kV）	段	按设计图示数量计算
030414009	避雷器		组	
030414010	电容器			
030414011	接地装置	1. 名称 2. 类别	1. 系统 2. 组	1. 以系统计量，按设计图示系统计算； 2. 以组计量，按设计图示数量计算

2. 定额工程量计算规则与注意事项

（1）接地网接地电阻的测定。一般的发电厂或变电站连为一体的母网，按一个系统计算；自成母网不与厂区母网相连的独立接地网，另按一个系统计算。大型建筑群各有自己的接地网（接地电阻值设计有要求），虽然在最后也将各接地网连在一起，但应按各自的接地网计算，不能作为一个网，具体应按接地网的试验情况而定。

（2）避雷针接地电阻的测定。每一避雷针均有单独接地网（包括独立的避雷针、烟囱避雷针等）时，均按一组计算。

（3）独立的接地装置按组计算。如一台柱上变压器有一个独立的接地装置，即按一组计算。

（二）工程量计算实例

【例 4-45】某配电所主接线如图 4-15 所示，试计算各项工程量。

【解】　（1）所需计算的调试与工程量如下：

1）变压器系统调试　1个系统

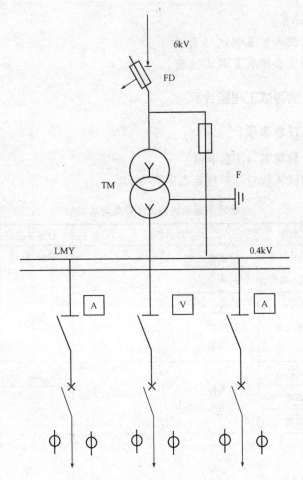

图 4-15　某配电所主接线图

2)1kV 以下供电送配电线统调试　3 个系统

3)特殊保护装置调试　1 套

4)1kV 以下母线系统调试　1 段

5)避雷器调试　1 组

(2)清单工程量计算见表 4-111。

表 4-111　　　　　　　　　　　清单工程量计算表

序号	项目编码	项目名称	项目特征描述	计量单位	工程量
1	030414001001	电力变压器系统	变压器系统调试	系统	1
2	030414002001	送配电装置系统	1kV 以下供电送配电线统调试	系统	3
3	030414003001	特殊保护装置	特殊保护装置调试	套	1
4	030414008001	母线	1kV 以下母线系统调试	段	1
5	030414009001	避雷器	避雷器调试	组	1

第五章 给排水、采暖、燃气安装工程量计算

第一节 给排水、采暖、燃气管道工程量计算

一、给排水、采暖、燃气管道基础知识

1. 镀锌钢管

镀锌钢管是一般钢筋的冷镀管,采用电镀工艺制成,只在钢管外壁镀锌,钢管的内壁不用镀锌。

2. 钢管

按生产方法,钢管可分为无缝钢管和焊接钢管两大类;按断面形状,钢管可分为简单断面钢管和复杂断面钢管两大类;按壁厚,钢管可分为薄壁钢管和厚壁钢管;按用途,钢管可分为管道用钢管、热工设备用钢管、机械工业用钢管、石油地质勘探用钢管、容器钢管、化学工业用钢管、特殊用途钢管等。

3. 铸铁管

承插铸铁管一般用灰口铸铁铸造,其试验水压力一般不大于 0.1MPa,规格尺寸如图 5-1 所示。

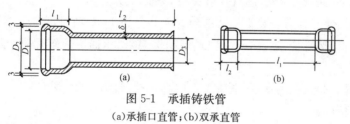

图 5-1 承插铸铁管
(a)承插口直管;(b)双承直管

4. 塑料管

塑料管具有质量轻、搬运装卸便利、耐化学药品性优良、液体阻力小、施工简易、节约能源、保护环境的优点。

5. 复合管

复合管改变了现有产品的耐压强度不够、用途不广、结构复杂、生产成本高等缺点。复合管的主要技术特征是以塑料层为单层塑料层,其中包含了带有网孔的金属加强层,实现了塑料层和金属加强层的整体化。具有耐压强度高、用途广泛、结构简单可靠、生产成本低的优点,广泛用做自来水管、煤气管、输油管、电线管等。

6. 钢骨架塑料复合管

钢骨架塑料复合管一般为以钢丝网为骨架的复合管、孔网钢带塑料复合管(PESI)等。钢

骨架塑料复合管用做城镇供水、城镇燃气、建筑给水、消防给水以及特种流体(包括适合使用的工业废水、腐蚀性气体溶浆、固体粉末等)输送的管材和管件。

7. 不锈钢管

不锈钢管是一种中空的长条圆形钢材,广泛用于给排水、采暖、燃气、轻工、机械仪表等输送管道以及机械结构部件等。另外,在折弯、抗扭强度相同时,重量较轻,所以也广泛用于制造机械零件和工程结构。

8. 铜管

铜管具有重量轻、导热性好、低温强度高等特点,常用于制造换热设备,也用于制氧设备中装配低温管路。

9. 承插缸瓦管

承插缸瓦管的直径一般不超过 500~600mm,有效长度为 400~800mm,能满足污水管道在技术方面的一般要求,被广泛应用于排除酸碱废水系统中。

10. 承插水泥管

承插水泥管包括混凝土管和钢筋混凝土管。

11. 承插陶土管

承插陶土管又称普通陶土管,是用含石英和铁质等杂质较多的低质黏土及瘠性料经成型、烧成的多孔性陶器,用它可以排出污水、废水、雨水、灌溉用水或排出酸性、碱性废水等其他腐蚀性介质。

二、给排水、采暖、燃气管道安装工程分项工程划分明细

1. 清单模式下给排水、采暖、燃气管道安装工程的划分

给排水、采暖、燃气管道安装工程清单模式下共分为 11 个项目,包括:镀锌钢管、钢管、不锈钢、铜管、铸铁管、塑料管、复合管、直埋式预制保温管、承插陶瓷缸瓦管、承插水泥管、室外管道碰头。

(1)镀锌钢管、钢管、不锈钢管、铜管工作内容包括:管道安装,管件制作、安装,压力试验,吹扫、冲洗,警示带铺设。

(2)铸铁管工作内容包括:管道安装,管件安装,压力试验,吹扫、冲洗,警示带铺设。

(3)塑料管工作内容包括:管道安装,管件安装,塑料卡固定,阻火圈安装,压力试验,吹扫、冲洗,警示带铺设。

(4)复合管工作内容包括:管道安装,管件安装,塑料卡固定,压力试验,吹扫、冲洗,警示带铺设。

(5)直埋式预制保温管工作内容包括:管道安装,管件安装,接口保温,压力试验,吹扫、冲洗,警示带铺设。

(6)承插陶瓷缸瓦管、承插水泥管工作内容包括:管道安装,管件安装,压力试验,吹扫、冲洗,警示带铺设。

(7)室外管道碰头工作内容包括:挖填工作坑或暖气沟拆除及修复,碰头,接口处防腐,接口处绝热及保护层。

2. 定额模式下给排水、采暖、燃气管道安装工程的划分

给排水、采暖、燃气管道安装工程定额模式下共分为 2 个项目,包括:室外管道安装、室内管道安装等。

(1)室外管道定额工作内容。

1)镀锌钢管(螺纹连接)、焊接钢管(螺纹连接)。工作内容包括:切管,套丝,上零件,调直,管道安装,水压试验。

2)钢管(焊接)。工作内容包括:切管,坡口,调直,煨弯,挖眼接管,异径管制作,对口,焊接,管道及管件安装,水压试验。

3)承插铸铁给水管(青铅接口)。工作内容包括:切管,管道及管件安装,挖工作坑,熔化接口材料,接口,水压试验。

4)承插铸铁给水管(膨胀水泥接口)、承插铸铁给水管(石棉水泥接口)。工作内容包括:管口除沥青,切管,管道及管件安装,挖工作坑,调制接口材料,接口养护,水压试验。

5)承插铸铁给水管(胶圈接口)。工作内容包括:切管,上胶圈,接口,管道安装,水压试验。

6)承插铸铁排水管(石棉水泥接口)、承插铸铁排水管(水泥接口)。工作内容包括:切管,管道及管件安装,调制接口材料,接口养护,水压试验。

7)承插铸铁排水管(水泥接口)。工作内容包括:切管,管道及管件安装,调制接口材料,接口养护,水压试验。

(2)室内管道定额工作内容。

1)镀锌钢管(螺纹连接)、焊接钢管(螺纹连接)。工作内容包括:打堵洞眼,切管,套丝,上零件,调直,栽钩卡及管件安装,水压试验。

2)钢管(焊接)。工作内容包括:留堵洞眼,切管,坡口,调直,煨弯,挖眼接管,异形管制作,对口,焊接,管道及管件安装,水压试验。

3)承插铸铁给水管(青铅接口)。工作内容包括:切管,管道及管件安装,熔化接口材料,接口,水压试验。

4)承插铸铁给水管(膨胀水泥接口)、承插铸铁给水管(石棉水泥接口)。工作内容包括:管口除沥青,切管,管道及管件安装,调制接口材料,接口养护,水压试验。

5)承插铸铁排水管(石棉水泥接口)、承插铸铁排水管(水泥接口)。工作内容包括:留堵洞眼,切管,栽管卡,管道及管件安装,调制接口材料,接口养护,灌水试验。

6)柔性抗震铸铁排水管(柔性接口)。工作内容包括:留堵洞口,光洁管口,切管,栽管卡,管道及管件安装,紧固螺栓,灌水试验。

7)承插塑料排水管(零件粘接)。工作内容包括:切管,调制,对口,熔化接口材料,粘接,管道、管件及管卡安装,灌水试验。

8)承插铸铁雨水管(石棉水泥接口)、承插铸铁雨水管(水泥接口)。工作内容包括:留堵洞眼,栽管卡,管道及管件安装,调制接口材料,接口养护,灌水试验。

9)镀锌铁皮套管制作。工作内容包括:下料,卷制,咬口。

三、金属安装工程量计算

(一)计算规则与注意事项

1. 清单工程量计算规则与注意事项

(1)金属管安装工程量计算规则见表 5-1。

表 5-1   金属管安装工程量计算规则

项目编码	项目名称	项目特征	计量单位	工程量计算规则
031001001	镀锌钢管	1. 安装部位 2. 介质 3. 规格、压力等级 4. 连接形式 5. 压力试验及吹、洗设计要求 6. 警示带形式	m	按设计图示管道中心线以长度计算
031001002	钢管			
031001003	不锈钢管			
031001004	铜管			
031001005	铸铁管	1. 安装部位 2. 介质 3. 材质、规格 4. 连接形式 5. 接口材料 6. 压力试验及吹、洗设计要求 7. 警示带形式		

(2)安装部位,指管道安装在室内、室外。

(3)输送介质包括给水、排水、中水、雨水、热媒体、燃气、空调水等。

(4)方形补偿器制作安装应含在管道安装综合单价中。

(5)铸铁管安装适用于承插铸铁管、球墨铸铁管、柔性抗震铸铁管等。

(6)排水管道安装包括立管检查口、透气帽。

(7)管道工程量计算不扣除阀门、管件(包括减压器、疏水器、水表、伸缩器等组成安装)及附属构筑物所占长度;方形补偿器以其所占长度列入管道安装工程量。

(8)压力试验按设计要求描述试验方法,如水压试验、气压试验、泄漏性试验、闭水试验、通球试验、真空试验等。

(9)吹、洗设计要求描述吹扫、吹洗方法,如水冲洗、消毒冲洗、空气吹扫等。

2. 定额工程量计算规则与注意事项

(1)各种管道,均以施工图所示中心长度,以"m"为计量单位,不扣除阀门、管件(包括减压器、疏水器、水表、伸缩器等组成安装)所占的长度(表 5-2)。

表 5-2　　　　　　　　　　　　　　附件长度表(参考)

长度(m) 规格 附件名称		公称直径以内(mm)											
		15	20	25	32	40	50	70	80	100	125	150	200	250
减压器组成	螺纹连接		1.35	1.35	1.35	1.50	1.60							
	焊　接		1.10	1.10	1.10	1.30	1.40	1.40	1.50	1.60	1.80	2.00		
疏水器组成		0.80	0.86	0.95	1.02	1.08	1.30							
除污器组成	降温、调压					6.5	7.00	7.00	7.60	8.00	8.00	8.50		
						3.00	3.00	3.00	3.00	3.00	3.00	3.00		
注水器组成	双　型	2.00	2.00	2.00	2.50	2.50								
水表组成	丝接旁通					2.00	2.00							
	焊接旁通					0.90	1.10	1.10	1.20	1.20	1.50	1.70	2.00	

(2)镀锌铁皮套管制作以"个"为计量单位,其安装已包括在管道安装定额内,不得另行计算。

(3)管道支架制作安装,室内管道公称直径 32mm 以下的安装工程已包括在内,不得另行计算。公称直径 32mm 以上的,可另行计算。

(4)各种伸缩器制作安装,均以"个"为计量单位。方形伸缩器的两臂,按臂长的两倍合并在管道长度内计算。

(5)管道消毒、冲洗、压力试验,均按管道长度以"m"为计量单位,不扣除阀门、管件所占的长度。

(6)给排水管界线划分:

1)给水管道。

①室内外界线以建筑物外墙皮 1.5m 为界,入口处设阀门者以阀门为界。

②与市政管道界线以水表井为界,无水表井者,以与市政管道碰头点为界。

2)排水管道。

①室内外以出户第一个排水检查井为界。

②室外管道与市政管道界线以与市政管道碰头井为界。

(7)采暖管道界限划分:

1)室内外管道以入口阀门或建筑物外墙皮 1.5m 为界。

2)与工业管道以锅炉房或泵站外墙皮 1.5m 为界。

3)工厂车间内采暖管道以采暖系统与工业管道碰头点为界。

4)设在高层建筑内的加压泵间管道以泵站间外墙皮为界。

3. 管道安装计算公式

(1)管道保温工程计算公式为:

$$V = \pi \times (D + 1.033\delta_1) \times 1.033\delta_1 \times L$$

式中　D——直径,m;

　1.033——调整系数;

　　δ_1——绝热层厚度;

　　L——管道长,m。

（2）管道保护层工程量计算公式为：

$$S = \pi \times (D + 2.1\delta_2 + 0.0082) \times L$$

式中　2.1——调整系数；

　　　　δ_2——保护层厚度；

　　　　D——直径，m；

　　　　L——管道长，m。

(二)工程量计算实例

【例 5-1】 如图 5-2 所示，某室外供热管道中有 $DN100$ 镀锌钢管一段，起止总长度为 130m，管道中设置方形伸缩器一个，臂长 0.9m，该管道刷沥青漆两遍，膨胀蛭石保温，保温层厚度为 60mm，试计算该段管道安装的工程量。

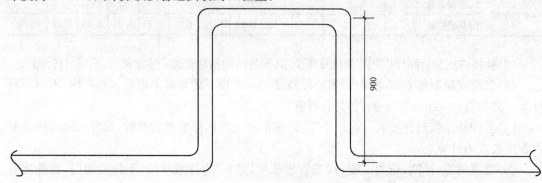

图 5-2　方形伸缩器示意图

【解】　供水管的长度为 130m，伸缩器两壁的增加长度 $L=0.9+0.9=1.8$m，则该室外供热管道安装的工程量＝130＋1.8＝131.8m

清单工程量计算见表 5-3。

表 5-3　　　　　　　　　　　　　　　清单工程计算表

项目编码	项目名称	项目特征描述	计量单位	工程量
031001001001	镀锌钢管	焊接，室外工程，刷两遍沥青漆，膨胀蛭石保温，$\delta=60$mm	m	131.8

【例 5-2】 如图 5-3 所示，某工程 $DN100$ 管需作保温，管道总长 L 为 80m，用细玻璃棉壳保温，外缠玻璃布保护层，其中保温层厚度 $\delta_1=45$mm，保护层厚度 $\delta_2=10$mm，试求其工程量。

【解】　（1）由管道保温工程计算公式推出：

$$V = \pi \times (0.1 + 1.033 \times 0.045) \times 1.033 \times 0.045 \times 80$$
$$= 1.71 \text{m}^3$$

（2）由管道保护层工程量计算公式推出：

$$S = \pi \times (0.1 + 2.1 \times 0.01 + 0.0082) \times 80$$
$$= 32.47 \text{m}^2$$

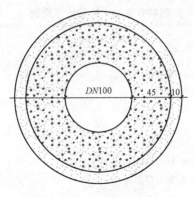

图 5-3　管道保温示意图

【例 5-3】 图 5-4 所示为一单管托架示意图,托管重 11kg,试计算其工程量。

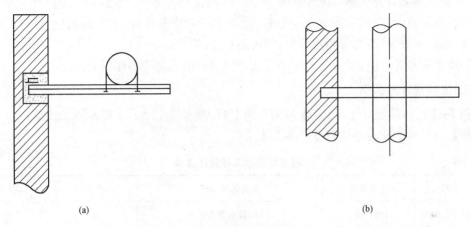

(a)　　　　　　　　　　　　　　　　　　(b)

图 5-4　单管托架示意图

(a)立面图;(b)平面图

【解】　查《全统定额》第八册定额编号 8—178 可知:

(1)管道支架制作安装,单位:100kg,数量:0.11。

(2)型钢,单位:100kg,数量:15.7(非定额)。

(3)支架手除轻锈,单位:100kg,数量:0.11。

(4)支架刷红丹防锈漆第一遍,单位:100kg,数量:0.11。

(5)刷银粉漆第一遍,单位:100kg,数量:0.11。

(6)刷银粉漆第二遍,单位:100kg,数量:0.11。

四、塑料管安装工程量计算

(一)计算规则与注意事项

1. 清单工程量计算规则与注意事项

(1)塑料管安装工程量计算规则见表 5-4。

表 5-4　　　　　　　　　　　　　塑料管安装工程量计算规则

项目编码	项目名称	项目特征	计量单位	工程量计算规则
031001006	塑料管	1. 安装部位 2. 介质 3. 材质、规格 4. 连接形式 5. 阻火圈设计要求 6. 压力试验及吹、洗设计要求 7. 警示带形式	m	按设计图示管道中心线以长度计算

(2)塑料管安装适用于 UPVC、PVC、PP-C、PP-R、PE、PB 管等塑料管材。

2. 定额工程量计算规则与注意事项

(1)各种管道,均以施工图所示中心长度,以"m"为计量单位,不扣除阀门、管件(包括减压器、疏水器、水表、伸缩器等组成安装)所占的长度(表 5-2)。

(2)塑料排水管,均包括管卡及托吊支架、臭气帽、雨水漏斗制作安装。

(二)工程量计算实例

【例 5-4】已知某设计图示,需装 DN50 的 PVC 排水管 120m,求排水管工程量。

【解】　(1)排水管清单工程量计算见表 5-5。

表 5-5　　　　　　　　　　　　　排水管清单工程量计算表

项目编码	项目名称	项目特征描述	计量单位	工程量
031001006001	塑料管	PVC 排水管 DN50	m	120

(2)排水管定额工程量:120m。

五、其他管道安装工程量计算

(一)计算规则与注意事项

1. 清单工程量计算规则与注意事项

(1)其他管道安装工程量计算规则见表 5-6。

表 5-6　　　　　　　　　　　　　其他管道安装工程量计算规则

项目编码	项目名称	项目特征	计量单位	工程量计算规则
031001007	复合管	1. 安装部位 2. 介质 3. 材质、规格 4. 连接形式 5. 压力试验及吹、洗设计要求 6. 警示带形式	m	按设计图示管道中心线以长度计算

项目编码	项目名称	项目特征	计量单位	工程量计算规则
031001008	直埋式预制保温管	1. 埋设深度 2. 介质 3. 管道材质、规格 4. 连接形式 5. 接口保温材料 6. 压力试验及吹、洗设计要求 7. 警示带形式	m	按设计图示管道中心线以长度计算
031001009	承插陶瓷缸瓦管	1. 埋设深度 2. 规格 3. 接口方式及材料 4. 压力试验及吹、洗设计要求 5. 警示带形式		
031001010	承插水泥管			
031001011	室外管道碰头	1. 介质 2. 碰头形式 3. 材质、规格 4. 连接形式 5. 防腐、绝热设计要求	处	按设计图示以处计算

(2)安装部位,指管道安装在室内、室外。

(3)输送介质包括给水、排水、中水、雨水、热媒体、燃气、空调水等。

(4)方形补偿器制作安装应含在管道安装综合单价中。

(5)复合管安装适用于钢塑复合管、铝塑复合管、钢骨架复合管等复合型管道安装。

(6)直埋保温管包括直埋保温管件安装及接口保温。

(7)排水管道安装包括立管检查口、透气帽。

(8)室外管道碰头:

1)适用于新建或扩建工程热源、水源、气源管道与原(旧)有管道碰头;

2)室外管道碰头包括挖工作坑、土方回填或暖气沟局部拆除及修复;

3)带介质管道碰头包括开关闸、临时放水管线铺设等费用;

4)热源管道碰头每处包括供、回水两个接口;

5)碰头形式指带介质碰头、不带介质碰头。

(9)管道工程量计算不扣除阀门、管件(包括减压器、疏水器、水表、伸缩器等组成安装)及附属构筑物所占长度;方形补偿器以其所占长度列入管道安装工程量。

(10)压力试验按设计要求描述试验方法,如水压试验、气压试验、泄漏性试验、闭水试验、通球试验、真空试验等。

(11)吹、洗设计要求描述吹扫、吹洗方法,如水冲洗、消毒冲洗、空气吹扫等。

2. 定额工程量计算规则与注意事项

各种管道,均以施工图所示中心长度,以"m"为计量单位,不扣除阀门、管件(包括减压器、疏水器、水表、伸缩器等组成安装)所占的长度(表5-2)。

(二)工程量计算实例

【例 5-5】已知某设计图示,需装 $DN50$ 的钢塑复合给水管 200m,求给水管工程量。

【解】 (1)复合管清单工程量计算见表 5-7。

表 5-7　　　　　　　　　　复合管清单工程量计算表

项目编码	项目名称	项目特征描述	计量单位	工程量
031001007001	复合管	钢塑复合给水管 $DN50$	m	200

(2)复合管定额工程量:200m。

第二节　支架及其他工程量计算

一、支架及其他工程基础知识

管道支架也称管架,它的作用是支撑管道,限制管道变形和位移,承受从管道传来的内压力、外载荷及温度变形的弹性力,再通过它将这些力传递到支承结构上或地上。管道工程中,管道支架有两种形式:

(1)架空敷设的水平管道支架。当水平管道沿柱或墙架空敷设时,可根据荷载的大小、管道的根数、所需管架的长度及安装方式等分别采用各种形式的生根在柱上的支架(简称柱架),或生根在墙上的支架(简称墙架),如图 5-5 所示。

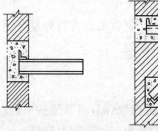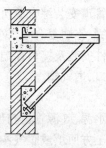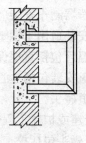

图 5-5　墙架

(2)地上平管和垂直弯管支架。一些管道离地面较近或离墙、柱、梁、楼板底等的距离较大,不便于在上述结构上生根,则可采用生根在地上平管支架,如图 5-6 所示。图 5-7 所示为地上垂直弯管支架。

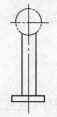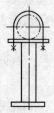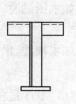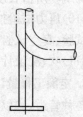

图 5-6　地上平管支架　　　　　　　图 5-7　地上垂直弯管支架

二、支架及其他工程分项工程划分明细

1. 清单模式下支架及其他工程的划分

支架及其他工程清单模式下共分为3个项目,包括:管道支架、设备支架、套管。

(1)管道支架、设备支架工作内容包括:制作,安装。

(2)套管工作内容包括:制作,安装,除锈、刷油。

2. 定额模式下支架制作安装的划分

管道支架制作安装定额模式下工作内容包括:切断,调直,煨制,钻孔,组对,焊接,打洞,安装,和灰,堵洞。

三、支架及其他工程量计算

(一)计算规则与注意事项

1. 清单工程量计算规则与注意事项

(1)支架及其他工程量计算规则见表5-8。

表5-8 支架及其他工程量计算规则

项目编码	项目名称	项目特征	计量单位	工程量计算规则
031002001	管道支架	1. 材质 2. 管架形式	1. kg 2. 套	1. 以千克计量,按设计图示质量计算; 2. 以套计量,按设计图示数量计算
031002002	设备支架	1. 材质 2. 形式		
031002003	套管	1. 名称、类型 2. 材质 3. 规格 4. 填料材质	个	按设计图示数量计算

(2)单件支架质量100kg以上的管道支吊架执行设备支吊架制作安装。

(3)成品支架安装执行相应管道支架或设备支架项目,不再计取制作费,支架本身价值含在综合单价中。

(4)套管制作安装,适用于穿基础、墙、楼板等部位的防水套管、填料套管、无填料套管及防火套管等,应分别列项。

2. 定额工程量计算规则与注意事项

管道支架制作安装,室内管道公称直径32mm以下的安装工程已包括在内,不得另行计算;公称直径32mm以上的,可另行计算。

(二)工程量计算实例

【例5-6】已知某单管托架设计图,托管重11kg,试计算管道支架制作安装清单工程量。

【解】 根据清单工程量计算规则,清单工程量计算见表5-9。

表 5-9　　　　　　　　　　　　清单工程量计算表

序号	项目编码	项目名称	项目特征描述	计量单位	工程量
1	031002001001	管道支架	H 型钢	kg	11

第三节　管道附件工程量计算

一、管道附件基础知识

1. 螺纹阀门

螺纹阀门是指阀体带有内螺纹或外螺纹,与管道螺纹连接的阀门。管径小于或等于32mm 应采用螺纹连接。

2. 螺纹法兰阀门

螺纹法兰即以螺纹方式连接的法兰。这种法兰与管道不直接焊接在一起,而是以管口翻边为密封接触面,套法兰起紧固作用,多用于铜、铅等有色金属及不锈耐酸管道上。

3. 焊接法兰阀门

焊接法兰阀门的阀体带有焊接坡口,与管道焊接连接。

4. 带短管甲乙的法兰阀

带短管甲乙的法兰阀中的"短管甲"是带承插口管段加法兰,用于阀门进水管侧;"短管乙"是直管段加法兰,用于阀门出口侧。带短管甲乙的法兰阀门一般用于承插接口的管道工程中。

5. 塑料阀门

塑料阀门的类型主要有球阀、蝶阀、止回阀、隔膜阀、闸阀和截止阀等。其具有质量轻、耐腐蚀、不吸附水垢、可与塑料管路一体化连接和使用寿命长等优点。

6. 减压器

在供热管网中,减压器靠启闭阀孔对蒸汽进行节流达到减压的目的。其常见结构形式有活塞式、波纹管式、膜片式、外弹簧薄膜式等。

7. 疏水器

疏水器的作用是自动而且迅速地排出用热设备及管道中的凝水,并能阻止蒸汽逸漏。在排出凝水的同时,排除系统中积留的空气和其他非凝性气体。疏水器的工作状况对蒸汽供热系统运行的可靠性与经济性有很大影响。根据疏水器作用原理的不同,把疏水器分为机械型、热动力型和热静力型三大类。

8. 法兰

法兰是用钢、铸铁、热塑性或热固性增强塑料制成的空心环状圆盘,盘上开一定数量的螺栓孔。法兰通常有固定法兰、接合法兰、带帽法兰、对接法兰、栓接法兰、突面法兰等类型。

9. 水表

水表是一种计量用水量的工具,用来计量液体流量的仪表称为流量计,通常把室内给水系统中的流量计叫作水表,室内给水系统广泛采用流速式水表,它主要由表壳、翼轮测量机构、减速指示机构等部分组成。

10. 塑料排水管消声器

塑料排水管消声器是指设置在塑料排水管上用于减轻或消除噪声的小型设备。

11. 伸缩器

当利用管道中的弯曲部件不能吸收管道因热膨胀所产生的变形时,在直管道上每隔一定距离应设置伸缩器。常用的伸缩器有方形、套管式及坡形等几种。

12. 浮标液面计

浮标液面计又称液位计,是用来测量容器内液面变化情况的一种计量仪表。常用的 UFZ 型浮标液面计是一种简易的直读式液位测量仪表,其结构简单,读数直观,测量范围大,耐腐蚀。

13. 浮漂水位标尺

浮漂水位标尺适用于一般工业与民用建筑中的各种水塔、蓄水池指示水位。

14. 抽水缸

抽水缸也称排水器,是为了排除燃气管道中的冷凝水和天然气管道中的轻质油而设置的燃气管道附属设备。根据集水器的制造材料,可将抽水缸分为铸铁抽水缸或碳钢抽水缸两种。

15. 燃气管道调长器

燃气管道调长器也称补偿器,是用于调节管段胀缩量的设备。在燃气管道中,一般用波形补偿器可有效地防止存水锈蚀设备。

16. 调长器与阀门连接

调长器与阀门连接是将调长器与阀门直接安装在一起。若设备在地下时,一般都设置在阀门井中。

二、管道附件安装工程分项工程划分明细

1. 清单模式下管道附件安装工程的划分

管道附件安装工程量清单模式下共分为 17 个项目,包括:螺纹阀门、螺纹法兰阀门、焊接法兰阀门、带短管甲乙阀门、塑料阀门、减压器、疏水器、除污器(过滤器)、补偿器、软接头(软管)、法兰、倒流防止器、水表、热量表、塑料排水管消声器、浮标液面计、浮漂水位标尺。

(1)螺纹阀门、螺纹法兰阀门、焊接法兰阀门、带短管甲乙阀门工作内容包括:安装,电气接线,调试。

(2)塑料阀门工作内容包括:安装,调试。

(3)减压器、疏水器、水表工作内容包括:组装。

(4)除污器(过滤器)、补偿器、软接头(软管)、法兰、倒流防止器、热量表、塑料排水管消声器、浮标液面计、浮漂水位标尺工作内容包括:安装。

2. 定额模式下管道附件安装工程的划分

管道附件安装工程定额模式下工程共分为 7 个项目,包括:法兰安装,伸缩器的制作安装,管道的消毒冲洗,管道压力试验,阀门、水位标尺安装,低压器具、水表组成与安装,小型容

器制作安装等。

(1)法兰安装定额工作内容。

1)铸铁法兰(螺纹连接)。工作内容包括:切管,套螺纹,制垫,加垫,上法兰,组对,紧螺纹,水压试验。

2)碳钢法兰(焊接)。工作内容包括:切口,坡口,焊接,制垫,加垫,安装,组对,紧螺栓,水压试验。

(2)伸缩器的制作安装定额工作内容。

1)螺纹连接法兰式套筒伸缩器的安装。工作内容包括:切管,套螺纹,检修盘根,制垫,加垫,安装,水压试验。

2)焊接法兰式套筒伸缩器的安装。工作内容包括:切管,检修盘根,对口,焊法兰,制垫,加垫,安装,水压试验等。

3)方形伸缩器的制作安装。工作内容包括:做样板,筛砂,炒砂,灌砂,打砂,制堵板,加热,煨制,倒砂,清理内砂,组成,焊接,拉伸安装。

(3)管道的消毒冲洗定额。工作内容包括:溶解漂白粉,灌水,消毒,冲洗等工作。

(4)管道压力试验定额。工作内容包括:准备工作,制堵盲板,装设临时泵,灌水,加压,停压检查。

(5)阀门、水位标尺安装定额工作内容。

1)阀门安装定额工作内容。

①螺纹阀。工作内容包括:切管,套螺纹,制垫,加垫,上阀门,水压试验。

②螺纹法兰阀。工作内容包括:切管,套螺纹,上法兰,制垫,加垫,调直,紧螺栓,水压试验。

③焊接法兰阀。工作内容包括:切管,焊法兰,制垫,加垫,紧螺栓,水压试验。

④法兰阀(带短管甲乙)青铅接口。工作内容包括:管口除沥青,制垫,加垫,化铅,打麻,接口,紧螺栓,水压试验。

⑤法兰阀(带短管甲乙)石棉水泥接口。工作内容包括:管口除沥青,制垫,加垫,调制接口材料,接口养护,紧螺栓,水压试验。

⑥法兰阀(带短管甲乙)膨胀水泥接口。工作内容包括:管口除沥青,制垫,加垫,调制接口材料,接口养护,紧螺栓,水压试验。

⑦自动排气阀、手动放风阀。工作内容包括:支架制作安装,套丝,丝堵攻丝,安装,水压试验。

⑧螺纹浮球阀。工作内容包括:切管,套丝,安装,水压试验。

⑨法兰浮球阀。工作内容包括:切管,焊接,制垫,加垫,紧螺栓,固定,水压试验。

⑩法兰液压式水位控制阀。工作内容包括:切管,挖眼,焊接,制垫,加垫,固定,紧螺栓,安装,水压试验。

2)浮标液面计、水塔及水池浮飘水位标尺制作安装。

①浮标液面计 FQ-Ⅱ型。工作内容包括:支架制作安装,液面计安装。

②水塔及水池浮飘水位标尺制作安装。工作内容包括:预埋螺栓,下料,制作,安装,导杆升降调整。

(6)低压器具、水表组成与安装定额工作内容。

　　1)减压器的组成与安装。分为螺纹连接和焊接两种连接方式。

　　①螺纹连接。工作内容包括：切管，套螺纹，安装零件，制垫，加垫，组对，找正，找平，安装及水压试验。

　　②焊接连接。工作内容包括：切管，套螺纹，安装零件，组对，焊接，制垫，加垫，安装，水压试验。

　　2)疏水器的组成与安装。分为螺纹连接和焊接两种形式。工作内容包括：切管，套螺纹，安装零件，制垫，加垫，组成(焊接)，安装，水压试验。

　　3)水表的组成与安装。分为螺纹水表和焊接法兰水表(带旁通管和止回阀)。

　　①螺纹水表。工作内容包括：切管，套螺纹，制垫，加垫，安装，水压试验。

　　②焊接法兰水表。工作内容包括：切管，焊接，制垫，加垫，水表和阀门及止回阀的安装，紧螺栓，通水试验。

　　(7)小型容器制作安装定额工作内容。

　　1)矩形钢板水箱制作。工作内容包括：下料，坡口，平直，开孔，接板组对，装配零部件，焊接，注水试验。

　　2)圆形钢板水箱制作。工作内容包括：下料，坡口，压头，卷圆，找圆，组对，焊接，装配，注水试验。

　　3)大、小便槽冲洗水箱制作。工作内容包括：下料，坡口，平直，开孔，接板组对，装配零件，焊接，注水试验。

　　4)矩形钢板水箱安装。工作内容包括：稳固，装配零件。

　　5)圆形钢板水箱安装。工作内容包括：稳固，装配零件。

三、阀门工程量计算

(一)计算规则与注意事项

1. 清单工程量计算规则与注意事项

　　(1)阀门安装工程量计算规则见表 5-10。

表 5-10　　　　　　　　　　　阀门安装工程量计算规则

项目编码	项目名称	项目特征	计量单位	工程量计算规则
031003001	螺纹阀门	1. 类型 2. 材质 3. 规格、压力等级 4. 连接形式 5. 焊接方法	个	按设计图示数量计算
031003002	螺纹法兰阀门			
031003003	焊接法兰阀门			
031003004	带短管甲乙阀门	1. 材质 2. 规格、压力等级 3. 连接形式 4. 接口方式及材质		
031003005	塑料阀门	1. 规格 2. 连接形式		

(2)法兰阀门安装包括法兰连接,不得另计。阀门安装如仅为一侧法兰连接时,应在项目特征中描述。

(3)塑料阀门连接形式需注明热熔连接、粘接、热风焊接等方式。

2. 定额工程量计算规则与注意事项

(1)螺纹阀门安装,均以"个"为计量单位。法兰阀门安装,如仅为一侧法兰连接时,定额所列法兰、带帽螺栓及垫圈数量减半,其余不变。

(2)法兰阀(带短管甲乙)安装,均以"套"为计量单位。如接口材料不同时,可调整。

(3)自动排气阀安装以"个"为计量单位,已包括了支架制作安装,不得另行计算。

(4)螺纹阀门安装适用于各种内外螺纹连接的阀门安装。

(5)法兰阀门安装适用于各种法兰阀门的安装。如仅为一侧法兰连接时,定额中的法兰、带帽螺栓及钢垫圈数量减半。

(6)各种法兰连接用垫片均按石棉橡胶板计算,如用其他材料,不得调整。

(二)工程量计算实例

【例 5-7】已知某设计图示,需安装 DN50 螺纹阀门 10 个,求螺纹阀门工程量。

【解】(1)螺纹阀门清单工程量计算见表 5-11。

表 5-11　　　　　　　　　　　　螺纹阀门清单工程量计算表

项目编码	项目名称	项目特征描述	计量单位	工程量
031003001001	螺纹阀门	螺纹阀门 DN50	个	10

(2)螺纹阀门定额工程量:10 个。

四、减压器、疏水器工程量计算

(一)计算规则与注意事项

1. 清单工程量计算规则与注意事项

(1)减压器、疏水器安装工程量计算规则见表 5-12。

表 5-12　　　　　　　　　　　减压器、疏水器安装工程量计算规则

项目编码	项目名称	项目特征	计量单位	工程量计算规则
031003006	减压器	1. 材质 2. 规格、压力等级 3. 连接形式 4. 附件配置	组	按设计图示数量计算
031003007	疏水器			
031003008	除污器(过滤器)	1. 材质 2. 规格、压力等级 3. 连接形式		
031003009	补偿器	1. 类型 2. 材质 3. 规格、压力等级 4. 连接形式	个	

（2）减压器规格按高压侧管道规格描述。

（3）减压器、疏水器等项目包括组成与安装工作内容,项目特征应根据设计要求描述附件配置情况,或根据××图集或××施工图做法描述。

2. 定额工程量计算规则与注意事项

（1）减压器、疏水器组成安装以"组"为计量单位。如设计组成与定额不同时,阀门和压力表数量可按设计用量进行调整,其余不变。

（2）减压器安装,按高压侧的直径计算。

（3）减压器、疏水器组成与安装是按《采暖通风国家标准图集》(N108)编制的,如实际组成与此不同时,阀门和压力表数量可按实际调整,其余不变。

(二)工程量计算实例

【例5-8】图5-8所示为活塞式减压器安装示意图,试计算其工程量。

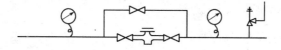

图5-8 活塞式减压器安装示意图

【解】 （1）减压器安装清单工程量计算见表5-13。

表5-13 减压器安装清单工程量计算表

项目编码	项目名称	项目特征描述	计量单位	工程量
031003006001	减压器	活塞式减压阀	组	1

（2）减压器安装定额工程量:1组。

五、管道其他附件安装工程量计算

(一)计算规则与注意事项

1. 清单工程量计算规则与注意事项

（1）管道其他附件安装工程量计算规定见表5-14。

表5-14 管道其他附件工程量计算规定

项目编码	项目名称	项目特征	计量单位	工程量计算规则
031003010	软接头（软管）	1. 材质 2. 规格 3. 连接形式	个(组)	按设计图示数量计算
031003011	法兰	1. 材质 2. 规格、压力等级 3. 连接形式	副(片)	
031003012	倒流防止器	1. 材质 2. 型号、规格 3. 连接形式	套	

续表

项目编码	项目名称	项目特征	计量单位	工程量计算规则
031003013	水表	1. 安装部位(室内外) 2. 型号、规格 3. 连接形式 4. 附件配置	组(个)	按设计图示数量计算
031003014	热量表	1. 类型 2. 型号、规格 3. 连接形式	块	
031003015	塑料排水管消声器	1. 规格 2. 连接形式	个	
031003016	浮标液面计	1. 用途 2. 规格	组	
031003017	浮漂水位标尺		套	

(2)倒流防止器等项目包括组成与安装工作内容,项目特征应根据设计要求描述附件配置情况,或根据××图集或××施工图做法描述。

2. 定额模式下计算规则与注意事项

(1)法兰水表安装以"组"为计量单位,定额中旁通管及止回阀如与设计规定的安装形式不同时,阀门及止回阀可按设计规定进行调整,其余不变。

(2)各种法兰连接用垫片,均按石棉橡胶板计算。如用其他材料,不得调整。

(3)法兰水表安装是按《全国通用给水排水标准图集》(S145)编制的,定额内包括旁通管及止回阀。如实际安装形式与此不同时,阀门及止回阀可按实际调整,其余不变。

(4)浮球阀安装均以"个"为计量单位,已包括了联杆及浮球的安装,不得另行计算。

(5)浮标液面计、水位标尺是按国标编制的,如设计与国标不符时,可调整。

(6)浮标液面计 FQ-Ⅱ型安装是按《采暖通风国家标准图集》(N102-3)编制的。

(7)水塔、水池浮漂水位标尺制作安装,是按《全国通用给水排水标准图集》(S318)编制的。

(二)工程量计算实例

【例 5-9】已知某设计图示,需安装浮标液面计 10 个,求浮标液面计工程量。

【解】 (1)浮标液面计清单工程量计算见表 5-15。

表 5-15 浮标液面计清单工程量计算表

项目编码	项目名称	项目特征描述	计量单位	工程量
031003016001	浮标液面计	浮标液面计	个	10

(2)浮标液面计定额工程量:10 个。

第四节　卫生器具制作安装工程量计算

一、卫生器具制作安装基础知识

1. 浴缸

浴缸有陶瓷、玻璃钢、搪瓷和塑料等多种制品,配水分为冷水、冷热水及冷热水带混合水喷头等形式,安装在旅馆及较高档次的卫生间内。

2. 净身盆

净身盆是一种坐在上面专供洗涤妇女下身用的洁具,一般设在纺织厂的女卫生间或妇产科医院。

3. 洗脸盆

洗脸盆又称洗面器,其形式较多,可分为挂式、立柱式、台式三类。挂式洗脸盆是指一边靠墙悬挂安装的洗脸盆,一般适用于家庭;立柱式洗脸盆是指下部为立柱支承安装的洗脸盆,常被选用在较高标准的公共卫生间内。台式洗脸盆是指脸盆镶于大理石台板上或附设在化妆台的台面上的洗脸盆,它在国内宾馆的卫生间使用最为普通。

4. 洗手盆

洗手盆一般安装在盥洗室、浴室、卫生间供洗脸洗手用。按其形状来分有长方形、三角形、椭圆形等,按安装方式分有墙架式和柱脚式。

5. 洗涤盆(洗菜盆)

洗涤盆(洗菜盆)主要装在住宅或食堂的厨房内,洗涤各种餐具等。洗涤盆上方接有各式水嘴。

6. 化验盆

化验盆装置在工厂、科学研究机关、学校化验室或实验室中,通常都是陶瓷制品,盆内已有水封,排水管上不需存水弯,也不需盆架,用木螺丝固定于实验台上。盆的出口配有橡皮塞头。根据使用要求,化验盆可装置单联、双联和三联的鹅颈龙头。

7. 淋浴器

淋浴器多用于公共浴室,与浴盆相比,具有占地面积小、费用低、卫生等特点。

8. 淋浴间

淋浴间主要有单面式和围合式两种。单面式是指只有开启门的方向才有屏风,其他三面是建筑墙体;围合式一般两面或两面以上有屏风,包括四面围合的。

9. 桑拿浴房

桑拿浴房适用于医院、宾馆、饭店、娱乐场所、家庭,根据其功能、用途可分为多种类型,如远红外线桑拿浴房、芬兰桑拿浴房、光波桑拿浴房等,可根据实际需要具体选用。

10. 按摩浴缸

按摩浴缸最基本的工作原理是将电能转化为机械能。浴缸底部、浴缸内侧均设有多个喷嘴,工作时,电动机带动水泵或气泵运转,使喷嘴喷射出混有空气的水流或气泡,并形成浴缸内水流的循环,从而对人体各部位进行按摩理疗。

11. 烘手器

烘手器一般装于宾馆、餐馆、科研机构、医院、公共娱乐场所的卫生间等用于干手。其型号、规格多种多样,应根据实际选用。

12. 大便器

大便器主要分坐式和蹲式两种形式,坐式大便器可分为后出水和下出水两种形式。常见坐式大便器(带低位水箱)规格见表 5-16。

表 5-16   坐式大便器(带低位水箱)规格表   (单位:mm)

尺寸 / 型号	外形尺寸						上水配管		下水配管
	A	B	B_1	B_2	H_1	H_2	C	C_1	D
601	711	210	534	222	375	360	165	81	340
602	701	210	534	222	380	360	165	81	340
6201	725	190	480	225	360	350	165	72	470
6202	715	170	450	215	360	335	160	175	460
120	660	160	540	220	359	390	170	50	420
7201	720	186	465	213	370	375	137	90	510
7205	700	180	475	218	380	380	132	109	480

13. 小便器

小便器有挂式和立式两种形式,冲洗方式有角型阀、直型阀及自动水箱冲洗,用于单身宿舍、办公楼、旅馆等处的厕所中,材料一般为配套购置,一个自动冲洗挂式小便器的主要配套材料见表 5-17。

表 5-17   一个自动冲洗挂式小便器主要配套材料表

编号	名称	规格	材质	单位	数量
1	水箱进水阀	DN15	铜	个	1
2	高水箱	1号或2号	陶瓷	个	1
3	自动冲洗阀	DN32	铸铜或铸铁	个	1
4	冲洗管及配件	DN32	铜管配件镀铬	套	1
5	挂式小便器	3号	陶瓷	个	1
6	连接管及配件	DN15	铜管配件镀铬	套	1
7	存水弯	DN32	铜、塑料、陶瓷	个	1
8	压盖	DN32	铜	个	1
9	角式截止阀	DN15	铜	个	1
10	弯头	DN15	锻铁	个	1

14. 水箱

安装在不采暖房间的膨胀水箱及配管,应按设计要求保温。通过膨胀水箱补充系统漏水时,应配补给水箱或配上水管及浮球阀。

15. 排水栓

排水栓用于洗涤盆与管子的连接,通常在洗脸盆用的方向落水。

16. 水龙头

水龙头是水嘴的统称。按材料可分为铸铁、全塑、全铜、合金材料水龙头等;按功能可分为面盆、浴缸、淋浴、厨房水槽水龙头。

17. 地漏

地漏一般用生铁或塑料制成,在排水口处盖有箅子,用以阻止杂物落入管道。通常设在厕所、盥洗室、浴室及其他需要排除污水的房间内。

18. 地面扫除口

地面扫除口是一种铜或铅制品,用于清扫排水管,一般设在管道上,上口与地面齐平。

19. 小便槽冲洗管制作安装

小便槽可用普通阀门控制多孔冲洗管进行冲洗,但应尽量采用自动冲洗水箱冲洗。多孔冲洗管安装于距地面 1.1m 高度处,其管径不小于 15mm,管壁上开有 2mm 小孔,孔间距为 10～12mm,安装时应注意使一排小孔与墙面成 45°角。

20. 开水炉

开水炉用于工业、企业及民用建筑的开水供应。开水炉应设置在专用的开水间内,开水间应有良好的通风设施。

21. 容积式热交换器

容积式热交换器分为卧式和立式两种。卧式容积式热交换器用砖支座或鞍形钢支座安装,钢支座与混凝土基础之间用地脚螺栓固定,基础施工时需预埋地脚螺栓并使预埋位置准确,地脚螺栓为 ϕ20 并由设备带来;立式容积式热交换器由三只预埋的地脚螺栓(ϕ20)与基础混凝土连接稳固。

22. 蒸汽—水加热器

蒸汽—水加热器是蒸汽喷射器与汽水混合加热器的有机结合体,是以蒸汽来加热及加压,不需要循环水泵与汽水换热器就可实现热水供暖的联合设置。

23. 电消毒器

消毒器设备表面应喷涂均匀、颜色一致,无流痕、起沟、漏漆、剥落现象。盘面仪表、开关、指示灯、标牌应安装牢固端正。设备外壳及骨架的焊接应牢固,无明显变形或烧穿缺陷。

24. 消毒锅

消毒锅属净化、消毒设备。

25. 饮水器

饮水器是居住区街道及公共场所为了满足人的生理卫生要求经常设置的供水设施。饮水器分为悬挂式饮水设备、独立式饮水设备和雕塑式水龙头等。

二、卫生器具制作安装工程分项工程划分明细

1. 清单模式下卫生器具制作安装工程的划分

卫生器具制作安装工程清单模式下共分为 19 个项目,包括:浴缸,净身缸,洗脸盆,洗涤盆,化验盆,大便器,小便器,其他成品卫生器具,烘手器,淋浴器,淋浴间,桑拿浴房,大、小便槽自动冲洗水箱,给、排水附(配)件,小便槽冲洗管,蒸汽—水加热器,冷热水混合器,饮水器,隔油器。

(1)浴缸、净身盆、洗脸盆、洗涤盆、化验盆、大便、小便器、其他成品卫生器具、烘手器、淋浴器、淋浴间、桑拿浴房工作内容包括:器具安装,附件安装。

(2)烘手器、给、排水附(配)件、饮水、隔油器工作内容包括:安装。

(3)大、小便槽自动冲洗水箱工作内容包括:制作,安装,支架制作、安装,除锈、刷油。

(4)小便槽冲洗管、蒸汽—水加热器、冷热水混合器工作内容包括:制作,安装。

2. 定额模式下卫生器具制作安装工程的划分

卫生器具制作安装工程定额模式下共分为 18 个项目,包括:浴盆、净身盆安装,洗脸盆、洗手盆安装,洗涤盆、化验盆安装,沐浴器组成、安装,大便器安装,小便器安装,大便槽自动冲洗水箱安装,小便槽自动冲洗水箱安装,水龙头安装,排水栓安装,地漏安装,地面扫除口安装,小便槽冲洗管制作、安装,开水炉安装,电热水器、开关炉安装,容积式热交换器安装,蒸汽、水加热器、冷热水混合器安装,消毒器、消毒锅、饮水器安装等。

(1)浴盆、净身盆安装。搪瓷浴盆、净身盆、玻璃钢浴盆、塑料浴盆安装工作内容包括:栽木砖,切管,套丝,盆及附件安装,上下水管连接,试水。

(2)洗脸盆、洗手盆安装。工作内容包括:栽木砖,切管,套丝,上附件,盆及托架安装,上下水管连接,试水。

(3)洗涤盆、化验盆安装。

1)洗涤盆安装。工作内容包括:栽螺栓,切管,套丝,上零件,器具安装,托架安装,上下水管连接,试水。

2)化验盆安装。工作内容包括:切管,套丝,上零件,托架器具安装,上下水管连接,试水。

(4)沐浴器组成、安装。工作内容包括:留堵洞眼,栽木砖,切管,套丝,沐浴器组成及安装,试水。

(5)大便器安装。

1)蹲式大便器安装。工作内容包括:留堵洞眼,栽木砖,切管,套丝,大便器与水箱及附件安装,上下水管连接,试水。

2)坐式大便器安装。工作内容包括:留堵洞眼,栽木砖,切管,套丝,大便器与水箱及附件安装,上下水管连接,试水。

(6)小便器安装。挂斗式小便器、立式小便器安装。工作内容包括:栽木砖,切管,套丝,小便器安装,上下水管连接,试水。

(7)大便槽自动冲洗水箱、小便槽自动冲洗水箱安装。工作内容包括:留堵洞眼,栽托架,切管,套丝,水箱安装、试水。

(8)水龙头安装。工作内容包括:上水嘴,试水。

（9）排水栓安装。工作内容包括：切管，套丝，上零件，安装，与下水管连接，试水。

（10）地漏安装。工作内容包括：切管，套丝，安装，与下水管连接。

（11）地面扫除口安装。工作内容包括：安装，与下水管连接，试水。

（12）小便槽冲洗管制作、安装。工作内容包括：切管，套丝，上零件，栽管卡，试水。

（13）开水炉安装。工作内容包括：就位，稳固，附件安装、水压试验。

（14）电热水器、开关炉安装。工作内容包括：留堵洞眼，栽螺栓，就位，稳固，附件安装、试水。

（15）容积式热交换器安装。工作内容包括：安装，就位，上零件水压试验。

（16）蒸汽、水加热器，冷热水混合器安装。工作内容包括：切管，套丝，器具安装、试水。

（17）消毒器、消毒锅、饮水器安装。工作内容包括：就位，安装，上附件，试水。

三、洗漱盆安装工程量计算

（一）计算规则与注意事项

1. 清单工程量计算规则与注意事项

（1）洗漱盆安装工程量计算规则见表 5-18。

表 5-18　　　　　　　　　　　洗漱盆安装工程量计算规则

项目编码	项目名称	项目特征	计量单位	工程量计算规则
031004001	浴缸	1. 材质 2. 规格、类型 3. 组装形式 4. 附件名称、数量	组	按设计图示数量计算
031004002	净身盆			
031004003	洗脸盆			
031004004	洗涤盆			
031004005	化验盆			
031004006	大便器			
031004007	小便器			
031004008	其他成品卫生器具			

（2）成品卫生器具项目中的附件安装，主要指给水附件包括水嘴、阀门、喷头等，排水配件包括存水弯、排水栓、下水口等以及配备的连接管。

（3）浴缸支座和浴缸周边的砌砖、瓷砖粘贴，应按现行国家标准《房屋建筑与装饰工程工程量计算规范》（GB 50854—2013）相关项目编码列项；功能性浴缸不含电机接线和调试，应按《通用安装工程工程量计算规范》（GB 50856—2013）附录 D 电气设备安装工程相关项目编码列项。

（4）洗脸盆适用于洗脸盆、洗发盆、洗手盆安装。

（5）器具安装中若采用混凝土或砖基础，应按现行国家标准《房屋建筑与装饰工程工程量计算规范》（GB 50854—2013）相关项目编码列项。

2. 定额工程量计算规则与注意事项

(1)洗漱盆安装,以"组"为计量单位,已按标准图综合了卫生器具与给水管、排水管连接的人工与材料用量,不得另行计算。

(2)浴盆安装不包括支座和四周侧面的砌砖及瓷砖粘贴。定额中所有卫生器具安装项目,均参照《全国通用给水排水标准图集》中有关标准图集计算,除以下说明者外,设计无特殊要求均不作调整:

(1)成组安装的卫生器具,定额均已按标准图集计算了与给水、排水管道连接的人工和材料。

(2)浴盆安装适用于各种型号的浴盆,但浴盆支座和浴盆周边的砌砖、瓷砖粘贴应另行计算。

(3)洗脸盆、洗手盆、洗涤盆适用于各种型号。

(4)化验盆安装中的鹅颈水嘴、化验单嘴、双嘴适用于成品件安装。

(5)洗脸盆肘式开关安装,不分单双把均执行同一项目。

(6)淋浴器铜制品安装适用于各种成品淋浴器安装。

(二)工程量计算实例

【例 5-10】如图 5-9 所示为陶瓷净身盆,试计算其工程量。

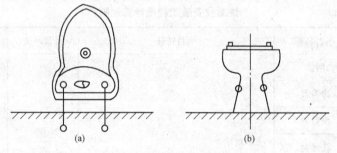

图 5-9　陶瓷净身盆
(a)平面图;(b)立面图

【解】　(1)净身盆清单工程量计算见表 5-19。

表 5-19　　　　　　　　　净身盆清单工程量计算表

项目编码	项目名称	项目特征描述	计量单位	工程量
031004002001	净身盆	陶瓷净身盆	组	1

(2)净身盆定额工程量:1 组。

四、洗漱间安装工程量计算

(一)计算规则与注意事项

1. 清单工程量计算规则与注意事项

(1)洗漱间安装工程量计算规则见表 5-20。

表 5-20　　　　　　　　　　　洗漱间安装工程量计算规则

项目编码	项目名称	项目特征	计量单位	工程量计算规则
031004009	烘手器	1. 材质 2. 型号、规格	个	按设计图示数量计算
031004010	淋浴器	1. 材质、规格 2. 组装形式 3. 附件名称、数量	套	按设计图示数量计算
031004011	淋浴间			
031001012	桑拿浴房			
031001013	大、小便槽 自动冲洗水箱	1. 材质、类型 2. 规格 3. 水箱配件 4. 支架形式及做法 5. 器具及支架除锈、刷油设计要求		
031004014	给、排水 附(配)件	1. 材质 2. 型号、规格 3. 安装方式	个(组)	
031004015	小便槽冲洗管	1. 材质 2. 规格	m	按设计图示长度计算

(2)器具安装中若采用混凝土或砖基础,应按现行国家标准《房屋建筑与装饰工程工程量计算规范》(GB 50854—2013)相关项目编码列项。

(3)给、排水附(配)件是指独立安装的水嘴、地漏、地面扫出口等。

2. 定额工程量计算规则与注意事项

(1)洗漱间安装,以"组"为计量单位,已按标准图综合了卫生器具与给水管、排水管连接的人工与材料用量,不得另行计算。

(2)蹲式大便器安装,已包括了固定大便器的垫砖,但不包括大便器蹲台砌筑。

(3)大便器、小便槽自动冲洗水箱安装,以"套"为计量单位,已包括了水箱托架的制作安装,不得另行计算。

(4)小便槽冲洗管制作与安装,以"m"为计量单位,不包括阀门安装,其工程量可按相应定额另行计算。

(5)脚踏开关安装,已包括了弯管与喷头的安装,不得另行计算。

(6)脚踏开关安装包括弯管和喷头的安装人工和材料。

(7)小便槽冲洗管制作安装定额中,不包括阀门安装,其工程量可按相应项目另行计算。

(8)大、小便槽水箱托架安装已按标准图集计算在定额内,不得另行计算。

(9)高(无)水箱蹲式大便器、低水箱坐式大便器安装,适用于各种型号。

(二)工程量计算实例

【例 5-11】如图 5-10 所示为淋浴器示意图,试计算其工程量。

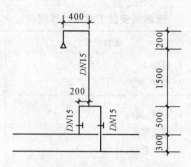

图 5-10　淋浴器示意图

【解】　(1)淋浴器清单工程量计算见表 5-21。

表 5-21　　　　　　　　　　淋浴器清单工程量计算表

项目编码	项目名称	项目特征描述	计量单位	工程量
031004010001	淋浴器	1 个莲蓬喷头,DN15 镀锌钢管,2 个 DN15 阀门	套	1

(2)淋浴器定额工程量:1 组。

【例 5-12】已知某建筑有大便槽自动冲水箱 20 套,求大便器工程量。

【解】　(1)大、小便槽自动冲洗箱清单工程量计算见表 5-22。

表 5-22　　　　　　　　　大、小便槽自动冲水箱清单工程量计算表

项目编码	项目名称	项目特征描述	计量单位	工程量
031004013001	大、小便槽自动冲洗水箱	大便槽自动冲水箱	套	20

(2)大便器定额工程量:20 套。

五、其他卫生器具安装工程量计算

(一)计算规则与注意事项

1. 清单工程量计算规则与注意事项

其他卫生器具安装工程量计算规则见表 5-23。

表 5-23　　　　　　　　　其他卫生器具安装工程量计算规则

项目编码	项目名称	项目特征	计量单位	工程量计算规则
031004016	蒸汽—水加热器	1. 类型 2. 型号、规格 3. 安装方式	套	按设计图示数量计算
031004017	冷热水混合器			
031004018	饮水器			
031004019	隔油器	1. 类型 2. 型号、规格 3. 安装部位		

2. 定额工程量计算规则与注意事项

(1)冷热水混合器安装,以"套"为计量单位,不包括支架制作安装及阀门安装,其工程量可按相应定额另行计算。

(2)蒸汽—水加热器安装,以"套"为计量单位,包括莲蓬头安装,不包括支架制作安装及阀门、疏水器安装,其工程量可按相应定额另行计算。

(3)容积式水加热器安装,以"台"为计量单位,不包括安全阀安装、保温与基础砌筑,其工程量可按相应定额另行计算。

(4)热水器、开水炉安装,以"台"为计量单位,只考虑本体安装,连接管、连接件等工程量可按相应定额另行计算。

(5)饮水器安装以"套"为计量单位,阀门和脚踏开关工程量可按相应定额另行计算。

(二)工程量计算实例

【例 5-13】已知某建筑需要安装冷热水混合器 20 套,电能源热水器的型号为 FCD-HM60GI(E),求热水器清单工程量。

【解】 冷热水混合器清单工程量计算见表 5-24。

表 5-24 冷热水混合器清单工程量计算表

项目编码	项目名称	项目特征描述	计量单位	工程量
031004017	冷热水混合器	FCD-HM60GI(E)电能源热水器	套	20

第五节 供暖器具安装工程量计算

一、供暖器具安装基础知识

1. 铸铁散热器

铸铁散热器根据形状可分为柱型和翼型。而翼形散热器又有圆翼形和长翼形之分。铸铁散热器具有耐腐蚀的优点,但承受压力一般不应超过 0.4MPa,且质量大,组对时劳动强度大,适用于工作压力小于 0.4MPa 的采暖系统,或不超过 40m 高的建筑物内。

2. 钢制闭式散热器

钢制闭式散热器由钢管、钢片、联箱、放气阀及管接头组成。其散热量随热媒参数、流量和其构造特征(如串片竖放、平放、长度、片距等参数)的改变而改变。

3. 钢制板式散热器

钢制板式散热器由面板、背板、对流片和水管接头及支架等部件组成。它外形美观,散热效果好,节省材料,但承压能力低。

4. 光排管散热器

光排管散热器一般分 A 型(用于蒸汽)与 B 型(用于热水)两种。光排管散热器的规格尺寸,见表 5-25。

表 5-25　　　　　　　　　　　光排管散热器的规格尺寸

型　式	管径 排数	D76×3.5		D89×3.5		D108×4		D133×4	
		三排	四排	三排	四排	三排	四排	三排	四排
H	A 型	452	578	498	637	556	714	625	809
	B 型	328	454	367	506	424	582	499	682

5. 钢制壁板式散热器

钢制壁板式散热器是一种新型散热器,进行钢制壁板式散热器的布置要求使室温均匀,使室外渗入的冷空气能较迅速地被加热,并尽量减少占用有效空间和使用面积。

6. 钢制柱式散热器

钢制柱式散热器构造与铸铁散热器相似,每片也有几个中空的立柱,用 1.25～1.5mm 厚的冷轧钢板压制成单片,然后焊接而成。

7. 暖风机

暖风机可分为台式、立式和壁挂式。台式暖风机小巧玲珑;立式暖风机线条流畅;壁挂式暖风机节省空间。

8. 空气幕

空气幕又称风幕机、风帘机、风闸。空气幕应用特制的高转速电机,带动贯流式、离心式或轴流式风轮运转,产生一道强大的气流屏障,有效地保持了室内外的空气环境,使室内空气清洁、阻止冷热空气对流、减少空调耗能,防止灰尘、昆虫及有害气体的侵入,为人们提供一个舒适的工作、购物、休闲环境。空气幕按结构分为贯流式、轴流式、离心式;按功能分为自然风、热风幕和水热、电热空气幕。

二、供暖器具安装工程分项工程划分明细

1. 清单模式下供暖器具安装工程的划分

供暖器具安装工程清单模式下共分为 8 个项目,包括:铸铁散热器、钢制散热器、其他成品散热器、光排管散热器、暖风机、地板辐射采暖、热媒集配装置、集气罐等。

(1)铸铁散热器工作内容包括:组对、安装,水压试验,托架制作、安装,除锈、刷油。

(2)钢制散热器、其他成品散热器工作内容包括:安装,托架安装,托架刷油。

(3)光排管散热器工作内容包括:制作、安装,水压试验,除锈、刷油。

(4)暖风机工作内容包括:安装。

(5)地板辐射采暖工作内容包括:保温层及钢丝网铺设,管道排布、绑扎、固定,与分集水器连接,水压试验、冲洗,配合地面浇筑。

(6)热媒集配装置工作内容包括:制作,安装,附件安装。

(7)集气罐工作内容包括:制作,安装。

2. 定额模式下供暖器具安装工程的划分

供暖器具安装工程定额模式下共分为 6 个项目,包括:铸铁散热器的组成与安装,光排管散热器的制作与安装,钢制闭式散热器、钢制板式散热器、钢柱式散热器的安装,钢制壁式散热器的安装,暖风机安装,热空气带安装等。

（1）铸铁散热器的组成与安装。工作内容包括：制垫，加垫，组成，栽钩，加固，水压试验等。

（2）光排管散热器的制作与安装。工作内容包括：切管，焊接，组成，栽钩，加固及水压试验等。

（3）钢制闭式散热器、钢制板式散热器、钢柱式散热器的安装。工作内容包括：打堵墙眼，栽钩，安装，稳固。

（4）钢制壁式散热器的安装。工作内容包括：预埋螺栓，安装汽包及钩架，稳固。

（5）暖风机安装。工作内容包括：吊装，稳固，试运转。

（6）热空气带安装。工作内容包括：安装，稳固，试运转。

三、散热器安装工程量计算

(一)计算规则与注意事项

1. 清单工程量计算规则与注意事项

（1）散热器安装工程量计算规则见表 5-26。

表 5-26　　　　　　　　　　　散热器安装工程量计算规则

项目编码	项目名称	项目特征	计量单位	工程量计算规则
031005001	铸铁散热器	1. 型号、规格 2. 安装方式 3. 托架形式 4. 器具、托架除锈、刷油设计要求	片(组)	按设计图示数量计算
031005002	钢制散热器	1. 结构形式 2. 型号、规格 3. 安装方式 4. 托架刷油设计要求	组(片)	按设计图示数量计算
031005003	其他成品散热器	1. 材质、类型 2. 型号、规格 3. 托架刷油设计要求		
031005004	光排管散热器	1. 材质、类型 2. 型号、规格 3. 托架形式及做法 4. 器具、托架除锈、刷油设计要求	m	按设计图示排管长度计算

（2）铸铁散热器，包括拉条制作安装。

（3）钢制散热器结构形式，包括钢制闭式、板式、壁板式、扁管式及柱式散热器等，应分别列项计算。

（4）光排管散热器，包括联管制作安装。

2. 定额工程量计算规则与注意事项

（1）长翼柱型铸铁散热器组成安装，以"片"为计量单位，其汽包垫不得换算；圆翼型铸铁散热器组成安装,以"节"为计量单位。

(2)光排管散热器制作安装,以"m"为计量单位,已包括联管长度,不得另行计算。

(3)本定额是参照 1993 年《全国通用暖通空调标准图集·采暖系统及散热器安装》(T9N112)编制的。

(4)各类型散热器不分明装或暗装,均按类型分别编制。柱型散热器为挂装时,可执行 M132 项目。

(5)柱型和 M132 型铸铁散热器安装用拉条时,拉条另行计算。

(6)定额中列出的接口密封材料,除圆翼汽包垫采用橡胶石棉板外,其余均采用成品汽包垫。如采用其他材料,不作换算。

(7)光排管散热器制作、安装项目,单位每 10m 是指光排管长度。联管作为材料已列入定额,不得重复计算。

(8)板式、壁板式,已计算了托钩的安装人工和材料;闭式散热器,如主材价不包括托钩者,托钩价格另行计算。

(二)工程量计算实例

【例 5-14】钢制闭式散热器示意图如图 5-11 所示,试计算其工程量。

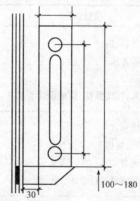

图 5-11　钢制闭式散热器示意图

【解】 (1)钢制闭式散热器清单工程量计算见表 5-27。

表 5-27　　　　　　　　　　　钢制闭式散热器清单工程量计算表

项目编码	项目名称	项目特征描述	计量单位	工程量
031005002001	钢制散热器	钢制闭式散热器,长翼	片	1

(2)钢制闭式散热器定额工程量:1 片。

四、其他供暖设备安装工程量计算

(一)计算规则与注意事项

1. 清单工程量计算规则与注意事项

其他供暖设备安装工程量计算规则见表 5-28。

表 5-28　　　　　　　　　**其他供暖设备安装工程量计算规则**

项目编码	项目名称	项目特征	计量单位	工程量计算规则
031005005	暖风机	1. 质量 2. 型号、规格 3. 安装方式	台	按设计图示数量计算
031005006	地板辐射采暖	1. 保温层材质、厚度 2. 钢丝网设计要求 3. 管道材质、规格 4. 压力试验及吹扫设计要求	1. m² 2. m	1. 以平方米计量，按设计图示采暖房间净面积计算； 2. 以米计量，按设计图示管道长度计算
031005007	热媒集配装置	1. 材质 2. 规格 3. 附件名称、规格、数量	台	按设计图示数量计算
031005008	集气罐	1. 材质 2. 规格	个	

2. 定额工程量计算规则与注意事项

(1)热空气幕安装，以"台"为计量单位，其支架制作安装可按相应定额另行计算。

(2)定额是参照 1993 年《全国通用暖通空调标准图集·采暖系统及散热器安装》(T9N112)编制的。

(二)工程量计算实例

【例 5-15】NC 型轴流式暖风机如图 5-12 所示，试计算其工程量。

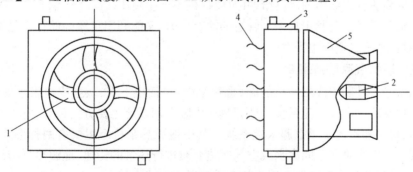

图 5-12　NC 型轴流式暖风机

1—轴流式风机；2—电动机；3—加热器；4—百叶片；5—支架

【解】　(1)暖风机清单工程量计算见表 5-29。

表 5-29　　　　　　　　　**暖风机清单工程量计算表**

项目编码	项目名称	项目特征描述	计量单位	工程量
.031005005001	暖风机	NC 型轴流式暖风机	台	1

(2)暖风机定额工程量:1 片。

第六节　采暖、给排水设备工程量计算

一、采暖、给排水设备基础知识

1. 变频给水设备

变频给水设备通过微机控制变频调速来实现恒压供水。先设定用水点工作压力,并监测市政管网压力,压力低时自动调节水泵转速提高压力,并控制水泵以一恒定转速运行进行恒压供水。当用水量增加时转速提高,当用水量减少时转速降低,时刻保证用户的用水压力恒定。

2. 稳压给水设备

自动稳压给水设备变频泵进水口与无负压装置和无负压时水装置连接。压力充足时,无负压装置自动开启,直接由市政管网供水,经过加压泵实现叠加增压给用户供水。当无负压装置探测到市政管网压力下降时,无负压进水装置立即启动,无负压装置关闭。

3. 无负压给水设备

无负压给水设备是直接利用自来水管网压力的一种叠压式供水方式,其卫生、节能、综合投资小。安装调试后,自来水管网的水首先进入稳流补偿器,并通过真空抑制器将罐内的空气自动排除。当安装在设备出口的压力传感器检测到自来水管网压力满足供水要求时,系统不经过加压泵直接供给;当自来水管网压力不能满足供水要求时,检测压力差额,由加压泵差多少、补多少;当自来水管网水量不足时,空气由真空抑制器进入稳流补偿器破坏罐内真空,即可自动抽取稳流补偿器内的水供给,并且管网内不产生负压。

无负压给水设备既能利用自来水管道的原有压力,又能利用足够的储存水量缓解高峰用水,且不会对自来水管道产生吸力。

4. 地源(水源、气源)热泵机组

地源热泵是一种利用浅层地热能源(也称地能,包括地下水、土壤或地表水等的能量)的既可供热又可制冷的高效节能系统。地源热泵供暖空调系统主要分三部分:室外地能换热系统、地源热泵机组和室内采暖空调末端系统。其中地源热泵机组主要有两种形式:水—水式或水—空气式。三个系统之间靠水或空气换热介质进行热量的传递,地源热泵与地能之间换热介质为水,与建筑物采暖空调末端换热介质可以是水或空气。

5. 除砂器

除砂器是从气、水或废水水流中分离出杂粒的装置。杂粒包括砂粒、石子、煤渣或其他一些重的固体构成的渣滓,其沉降速度和密度远大于水中易于腐烂的有机物。

设置除砂器还可保护机械设备免遭磨损,减少重物在管线、沟槽内沉积,并减少由于杂粒大量积累在消化池内所需的清理次数。

通用的除砂装置有两种形式,即平流式沉砂池和曝气沉砂池。

6. 水质净化器

水质净化器简称净水器,是集混合、反应、沉淀、过滤于一体的一元化设备,具有结构紧

凑、体积小、操作管理简便和性能稳定等优点。

7. 紫外线杀菌设备

紫外线是一种肉眼看不见的光波，存在于光谱紫射线端的外侧，故称紫外线。紫外线是来自太阳辐射的电磁波之一，通常按照波长把紫外线分为四类。

紫外线杀菌设备的杀菌原理是利用紫外线灯管辐照强度，即紫外线杀菌灯所发出之辐照强度，与被照消毒物的距离成反比。当辐照强度一定时，被照消毒物停留时间愈久，离杀菌灯管愈近，其杀菌效果愈好；反之愈差。

8. 热水器、开水炉

热水器是指通过各种物理原理，在一定时间内使冷水温度升高变成热水的一种装置。按照原理不同可分为电热水器、燃气热水器、太阳能热水器、空气能热水器、速磁生活热水器五种。

开水炉是为了适应各类人群饮水需求而设计开发的开水炉。其容量根据不同群体的需求，可以按照用户要求定做，适用于企业单位、酒店、部队、车站、机场、工厂、医院、学校等公共场合。

9. 直饮水设备

直饮水是指通过设备，对源水进行深度净化，达到人体能直接饮用的水。直饮水具有以下特点：

(1)方便：使用直饮水机饮水，不需人工看护，饮水方便。

(2)实用：具有噪声低、安全可靠、耐用省电、经济实惠、价廉物美的特点。

(3)美观。

10. 水箱

室内给水系统中，在需要增压、稳压、减压或需要储存一定的水量时，均可设置水箱。

(1)水箱按材质分为 SMC 玻璃钢水箱、蓝博不锈钢水箱、不锈钢内胆玻璃钢水箱、海水玻璃钢水箱、搪瓷水箱五种。

(2)水箱按外形可分为圆形、方形和球形等。

(3)水箱按制作材料可分为混凝土类、非金属类和金属类等。

(4)水箱按其拼接方式可分为拼接式、焊接式等。

(5)水箱一般配有 HYFI 远传液位电动阀、HYJK 型水位监控系统和 HYQX-Ⅱ水箱自动清洗系统以及 HYZZ-2-A 型水箱自洁消毒器。水箱的溢流管与水箱的排水管阀后连接并设防虫网，水箱应有高低不同的两个通气管(设防虫网)，并设内外爬梯。水箱一般有进水管、出水管(生活出水管、消防出水管)、溢流管、排水管，按照功能不同分为生活水箱、消防水箱、生产水箱、人防水箱、家用水塔五种。

二、采暖、给排水设备分项工程划分明细

1. 清单模式下采暖、给排水设备安装工程的划分

采暖、给排水设备安装工程清单模式下共分为 15 个项目：包括：变频给水设备，稳压给水设备，无负压给水设备，气压罐，太阳能集热装置，地源(水源、气源)热泵机组，除砂器，水处理器，超声波灭藻设备，水质净化器，紫外线杀菌设备，热水器、开水炉，消毒器、消毒锅，直饮水

设备,水箱。

(1)变频给水设备,稳压给水设备,无负压给水设备工作内容包括:设备安装,附件安装,调试,减震装置制作、安装。

(2)气压罐工作内容包括:安装,调试。

(3)太阳能集热装置、热水器、开水炉工作内容包括:安装,附件安装。

(4)地源(水源、气源)热泵机组工作内容包括:安装,减震装置制作、安装。

(5)除砂器,水处理器,超声波灭藻设备,水质净化器,紫外线杀菌设备,消毒器、消毒锅,直饮水设备工作内容包括:安装。

(6)水箱工作内容包括:制作,安装。

2. 定额模式下采暖、给排水设备安装工程的划分

采暖、给排水设备安装工程定额模式下共分为 5 个项目,包括:矩形钢板水箱制作,圆形钢板水箱制作,大、小便槽冲洗水箱制作,矩形钢板水箱安装,圆形钢板水箱安装。

(1)矩形钢板水箱制作。工作内容包括:下料、坡口、平直、开孔、接板组对、装配零部件、焊接、注水试验。

(2)圆形钢板水箱制作。工作内容包括:下料、坡口、压头、卷圆、找圆、组对、焊接、装配、注水试验。

(3)大、小便槽冲洗水箱制作。工作内容包括:下料、坡口、平直、开孔、接板组对、装配零件、焊接、注水试验。

(4)矩形钢板水箱、圆形钢板水箱安装。工作内容包括:稳固、装配零件。

三、采暖、给排水设备工程量计算

1. 清单工程量计算规则与注意事项

(1)采暖、给排水设备工程量计算规则见表 5-30。

表 5-30   采暖、给排水设备工程量计算规则

项目编码	项目名称	项目特征	计量单位	工程量计算规则
031006001	变频给水设备	1. 设备名称 2. 型号、规格 3. 水泵主要技术参数 4. 附件名称、规格、数量 5. 减震装置形式	套	按设计图示数量计算
031006002	稳压给水设备			
031006003	无负压给水设备			
031006004	气压罐	1. 型号、规格 2. 安装方式	台	
031006005	太阳能集热装置	1. 型号、规格 2. 安装方式 3. 附件名称、规格、数量	套	

续表

项目编码	项目名称	项目特征	计量单位	工程量计算规则
031006006	地源 （水源、气源） 热泵机组	1. 型号、规格 2. 安装方式 3. 减震装置形式	组	按设计图示数量计算
031006007	除砂器	1. 型号、规格 2. 安装方式	台	
031006008	水处理器	1. 类型 2. 型号、规格	台	
031006009	超声波灭藻设备		台	
031006010	水质净化器		台	
031006011	紫外线杀菌设备	1. 名称 2. 规格	台	
031006012	热水器、开水炉	1. 能源种类 2. 型号、容积 3. 安装方式	台	
031006013	消毒器、消毒锅	1. 类型 2. 型号、规格	台	
031006014	直饮水设备	1. 名称 2. 规格	套	
031006015	水箱	1. 材质、类型 2. 型号、规格	台	

（2）变频给水设备、稳压给水设备、无负压给水设备安装，说明：

1）压力容器包括气压罐、稳压罐、无负压罐；

2）水泵包括主泵及备用泵，应注明数量；

3）附件包括给水装置中配备的阀门、仪表、软接头，应标明数量，含设备、附件之间管路连接；

4）泵组底座安装，不包括基础砌（浇）筑，应按现行国家标准《房屋建筑与装饰工程工程量计算规范》（GB 50854—2013）相关项目编码列项；

5）控制柜安装及电气接线、调试应按《通用安装工程工程量计算规范》（GB 50856—2013）电气设备安装工程相关项目编码列项。

（3）地源热泵机组，接管以及接管上的阀门、软接头、减震装置和基础另行计算，应按相关项目编码列项。

2. 定额工程量计算规则与注意事项

（1）定额是参照《全国通用给水排水标准图集》S151、S342 及《全国通用采暖通风标准图集》T905、T906 编制，适用于给排水、采暖系统中一般低压碳钢容器的制作和安装。

（2）各种水箱连接管，均未包括在定额内，可执行室内管道安装的相应项目。

（3）各类水箱均未包括支架制作安装，如为型钢支架，执行定额"一般管道支架"项目，混凝土或砖支座可按土建相应项目执行。

（4）钢板水箱制作，按施工图所示尺寸，不扣除人孔、手孔重量，以"kg"为计量单位，法兰和短管水位计可按相应定额另行计算。

（5）钢板水箱安装，按国家标准图集水箱容量"m³"，执行相应定额。各种水箱安装，均以"个"为计量单位。

第七节　燃气器具及其他安装工程量计算

一、燃气器具及其他器具基础知识

1. 燃气开水炉

燃气开水炉使用专用高位不锈钢燃烧器，特制管道吸热方式，热利用率高，产开水量大；全不锈钢制作，干净卫生。

2. 燃气采暖炉

燃气采暖炉是指通过消耗燃气使其转化为热能而用来采暖的一种设备。常见的燃气采暖炉有燃气室外采暖炉、燃气壁挂式采暖炉等。

3. 沸水器

沸水器是一种利用煤气、液化气为热源能连续不断地提供热水或沸水的设备。其由壳体和壳体内的预热器、贮水管、燃烧器、点火器等构成。

4. 燃气表

燃气表又称煤气表，是一种气体流量计，也是列入国家强检目录的强制检定计量器具，一般包括工业燃气表、膜式燃气表、IC 卡智能燃气表等。燃气表是用铝材制造的，重约 3kg，放在钢板焊接的仪表箱里，用螺母与两根煤气管道连接。

5. 燃气灶具

燃气灶具按燃气类别可分为人工燃气灶具、天然气灶具、液化石油气灶具；按灶眼数可分为单眼灶、双眼灶、多眼灶；按功能可分为灶、烤箱灶、烘烤灶、烤箱、烘烤器、饭锅、气电两用灶具；按结构形式可分为台式、嵌入式、落地式、组合式、其他形式；按加热方式可分为直接式、半直接式、间接式。

6. 气嘴

在燃气管道中，气嘴是用于连接金属管与胶管，并与旋塞阀作用的附件。气嘴与金属管连接，有内螺纹、外螺纹之分。气嘴与胶管连接，有单嘴、双嘴之分。

二、燃气器具及其他安装工程分项工程划分明细

1. 清单模式下燃气器具及其他安装工程的划分

燃气器具及其他安装工程清单模式下共分为 12 个项目，包括：燃气开水炉，燃气采暖炉，燃气沸水器、消毒器，燃气热水器，燃气表，燃气灶具，气嘴，调压器，燃气抽水缸，燃气管道调长器，调压箱、调压装置，引入口砌筑。

(1)燃气开水炉,燃气采暖炉,燃气沸水器、消毒器,燃气热水器,燃气灶具工作内容包括:安装,附件安装。

(2)燃气表工作内容包括:安装,托架制作、安装。

(3)气嘴,调压器,燃气抽水缸,燃气管道调长器,调压箱、调压装置工作内容包括:安装。

(4)引入口砌筑工作内容包括:保温(保护)台砌筑,填充保温(保护)材料。

2. 定额模式下燃气器具及其他安装工程的划分

燃气器具安装工程定额模式下共分为 8 个项目,包括:室外管道安装,室内镀锌钢管(螺纹连接)安装,附件安装,燃气表,燃气加热设备安装,民用灶具,公用事业灶具,单双气嘴等。

(1)室外管道安装。

1)镀锌钢管(螺纹连接)。工作内容包括:切管,套丝,上零件,调直,管道及管件安装,气压试验。

2)钢管(焊接)。工作内容包括:切管,坡口,调直,弯管制作,对口,焊接,磨口,管道安装,气压试验。

3)承插煤气铸铁管(柔性机械接口)。工作内容包括:切管,管道及管件安装,挖工作坑,接口,气压试验。

(2)室内镀锌钢管(螺纹连接)安装。工作内容包括:打墙洞眼,切管,套丝,上零件,调直,栽管卡及钩钉,管道及管件安装,气压试验。

(3)附件安装。

1)铸铁抽水缸(0.005MPa 以内)安装(机械接口)。工作内容包括:缸体外观检查,抽水管及抽水立管安装,抽水缸与管道连接。

2)碳钢抽水缸(0.005MPa 以内)安装。工作内容包括:下料,焊接,缸体与抽水立管组装。

3)调长器安装。工作内容包括:灌沥青,焊法兰,加垫,找平,安装,紧固螺栓。

4)调长器与阀门连接。工作内容包括:连接阀门,灌沥青,焊法兰,加垫,找平安装,紧固螺栓。

(4)燃气表。

1)民用燃气表、公商用燃气表。工作内容包括:连接接表材料,燃气表安装。

2)公商用燃气表。工作内容包括:连接接表材料,燃气表安装。

3)工业用罗茨表。工作内容包括:下料,法兰焊接,燃气表安装,紧固螺栓。

(5)燃气加热设备安装。

1)开水炉。工作内容包括:开水炉安装,通气,通水,试火,调试风门。

2)采暖炉。工作内容包括:采暖炉安装,通气,试火,调风门。

3)沸水器。工作内容包括:沸水器安装,通气,通水,试火,调试风门。

4)快速热水器。工作内容包括:快速热水器安装,通气,通水,试火,调试风门。

(6)民用灶具:人工煤气灶具、液化石油气灶具、天然气灶具安装。工作内容包括:灶具安装,通气,试火,调试风门。

(7)公用事业灶具:人工煤气灶具、液化石油气灶具、天然气灶具安装。工作内容包括:灶具安装,通气,试火,调试风门。

(8)单双气嘴。工作内容包括:气嘴研磨,上气嘴。

三、燃气加热设备安装工程量计算

(一)计算规则与注意事项

1. 清单工程量计算规则与注意事项

(1)燃气加热设备安装工程量计算规则见表 5-31。

表 5-31　　　　　　　　　　燃气加热设备安装工程量计算规则

项目编码	项目名称	项目特征	计量单位	工程量计算规则
031007001	燃气开水炉	1. 型号、容量 2. 安装方式 3. 附件型号、规格	台	按设计图示数量计算
031007002	燃气采暖炉			
031007003	燃气沸水器、消毒器	1. 类型 2. 型号、容量 3. 安装方式 4. 附件型号、规格		
031007004	燃气热水器			
031007005	燃气表	1. 类型 2. 型号、规格 3. 连接方式 4. 托架设计要求	块(台)	
031007006	燃气灶具	1. 用途 2. 类型 3. 型号、规格 4. 安装方式 5. 附件型号、规格	台	

(2)沸水器、消毒器适用于容积式沸水器、自动沸水器、燃气消毒器等。

(3)燃气灶具适用于人工煤气灶具、液化石油气灶具、天然气燃气灶具等,用途应描述民用或公用,类型应描述所采用气源。

2. 定额工程量计算规则与注意事项

(1)燃气加热设备、灶具等,按不同用途规定型号,分别以"台"为计量单位。

(2)各种管道安装,均按设计管道中心线长度,以"m"为计量单位,不扣除各种管件和阀门所占长度。

(3)除铸铁管外,管道安装中已包括管件安装和管件本身价值。

(4)承插铸铁管安装定额中未列出接头零件,其本身价值应按设计用量另行计算,其余不变。

(5)钢管焊接挖眼接管工作,均在定额中综合取定,不得另行计算。

(6)调长器及调长器与阀门连接,包括一副法兰安装,螺栓规格和数量以压力为 0.6MPa 的法兰装配;如压力不同,可按设计要求的数量、规格进行调整,其他不变。

(7)燃气表安装,按不同规格、型号分别以"块"为计量单位,不包括表托、支架、表底垫层基础,其工程量可根据设计要求另行计算。

(8)定额包括低压镀锌钢管、铸铁管、管道附件、器具安装。

(9)室内外管道分界。

1)地下引入室内的管道,以室内第一个阀门为界。

2)地上引入室内的管道,以墙外三通为界。

(10)室外管道与市政管道,以两者的碰头点为界。

(11)各种管道安装定额包括下列工作内容:

1)场内搬运,检查清扫,分段试压。

2)管件制作(包括机械煨弯、三通)。

3)室内托钩角钢卡制作与安装。

(12)钢管焊接安装项目适用于无缝钢管和焊接钢管。

(13)编制预算时,下列项目应另行计算:

1)阀门安装,按定额相应项目另行计算。

2)法兰安装,按定额相应项目另行计算(调长器安装、调长器与阀门联装、燃气计量表安装除外)。

3)穿墙套管:铁皮管按定额相应项目计算,内墙用钢套管按定额室外钢管焊接定额相应项目计算,外墙钢套管按《全统定额》第六册《工业管道工程》定额相应项目计算。

4)埋地管道的土方工程及排水工程,执行相应预算定额。

5)非同步施工的室内管道安装的打、堵洞眼,执行《全国统一建筑工程基础定额》。

6)室外管道所有带气碰头。

7)燃气计量表安装,不包括表托、支架、表底基础。

8)燃气加热器具只包括器具与燃气管终端阀门连接,其他执行相应定额。

9)铸铁管安装,定额内未包括接头零件,可按设计数量另行计算,但人工、机械不变。

(14)承插煤气铸铁管,以 N 和 X 型接口形式编制;如果采用 N 型和 SMJ 型接口时,其人工乘以系数 1.05;当安装 X 型、ϕ400 铸铁管接口时,每个口增加螺栓 2.06 套,人工乘以系数 1.08。

(15)燃气输送压力大于 0.2MPa 时,承插煤气铸铁管安装定额中人工乘以系数 1.3。燃气输送压力的分级,见表 5-32。

表 5-32　　　　　　　　　　　　燃气输送压力(表压)分级

名　称	低压燃气管道	中压燃气管道		高压燃气管道	
		B	A	B	A
压力/MPa	$P{\leqslant}0.005$	$0.005{<}P{\leqslant}0.2$	$0.2{<}P{\leqslant}0.4$	$0.4{<}P{\leqslant}0.8$	$0.8{<}P{\leqslant}1.6$

(二)工程量计算实例

【例 5-16】如图 5-13 所示为燃气采暖炉示意图,试计算其工程量。

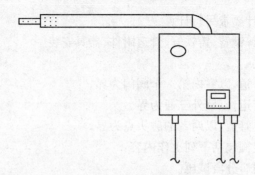

图 5-13　燃气采暖炉示意图

【解】　(1)燃气采暖炉清单工程量计算见表 5-33。

表 5-33　　　　　　　　　　　燃气采暖炉清单工程量计算表

项目编码	项目名称	项目特征描述	计量单位	1 工程量
031007002001	燃气采暖炉	燃气采暖炉	台	1

(2)燃气采暖炉定额工程量:1 台。

四、气嘴安装工程量计算

(一)计算规则与注意事项

1. 清单工程量计算规则与注意事项

气嘴安装工程量计算规定见表 5-34。

表 5-34　　　　　　　　　　　气嘴安装工程量计算规则

项目编码	项目名称	项目特征	计量单位	工程量计算规则
031007007	气嘴	1. 单嘴、双嘴 2. 材质 3. 型号、规格 4. 连接形式	个	按设计图示数量计算

2. 定额工程量计算规则与注意事项

气嘴安装按规格型号连接方式,分别以"个"为计量单位。

(二)工程量计算实例

【例 5-17】某工程设计图示,安装 2 个 DN10 的气嘴,求其工程量。

【解】　(1)气嘴清单工程量计算见表 5-35。

表 5-35　　　　　　　　　　　气嘴清单工程量计算表

项目编码	项目名称	项目特征描述	计量单位	工程量
031007007001	气嘴	气嘴 DN10	个	2

(2)气嘴定额工程量:2 个。

五、其他器具安装工程量计算

(1)其他器具安装清单工程量计算规则见表 5-36。

表 5-36　　　　　　　　　　其他器具安装工程量计算规则

项目编码	项目名称	项目特征	计量单位	工程量计算规则
031007008	调压器	1. 类型 2. 型号、规格 3. 安装方式	台	按设计图示数量计算
031007009	燃气抽水缸	1. 材质 2. 规格 3. 连接形式	个	
031007010	燃气管道调长器	1. 规格 2. 压力等级 3. 连接形式		
031007011	调压箱、调压装置	1. 类型 2. 型号、规格 3. 安装部位	台	
031007012	引入口砌筑	1. 砌筑形式、材质 2. 保温、保护材料设计要求	处	

(2)调压箱、调压装置安装部位应区分室内、室外。

(3)引入口砌筑形式,应注明地上、地下。

第八节　医疗气体设备及附件安装工程量计算

一、医疗气体设备及附件安装的基础知识

1. 制氧机

"制氧机"是氧气收集器。按原理市面上常见两种氧气收集器:一种是使用分子筛产氧;另一种是使用"附氧膜"(又称"富氧膜")产氧。

2. 气体汇流排

气体汇流排是为了提高工作效率和安全生产,将单个用气点的单个供气的气源集中在一起,将多个气体盛装的容器(高压钢瓶、低温杜瓦罐等)集合起来实现集中供气的装置。一般安装在独立建筑物或厂房毗邻处。

3. 干燥机

干燥机是一种利用热能降低物料水分的机械设备,用于对物体进行干燥操作。干燥机通过加热使物料中的湿分(一般指水分或其他可挥发性液体成分)汽化逸出,以获得规定湿含量

的固体物料。干燥是为了物料使用或进一步加工的需要。

4. 储气罐

储气罐是指专门用来储存气体的设备,同时起稳定系统压力的作用。根据储气罐的承受压力不同可以分为高压储气罐、低压储气罐、常压储气罐。

5. 空气过滤器

空气过滤器是指空气过滤装置,一般用于洁净车间、洁净厂房、实验室及洁净室,或者用于电子机械通信设备等的防尘。有初效过滤器、中效过滤器、高效过滤器及亚高效等型号,各种型号有不同的标准和使用效能。

6. 医疗设备带

医疗设备带,又称气体设备带,主要用于医院病房内,可以装载气体终端、电源开关和插座等设备。它是中心供氧以及中心吸引系统必不可少的气体终端控制装置。

7. 气体终端

气体终端是一种阀门类产品,主要安装在病房的设备带上,平时处于关闭状态,当需要使用气体时,用一个插头顶开阀芯,气体就会流出,如果插头连续顶住阀芯,气体就会连续流出。按照气体种类的不同可分为氧气、负压、空气、笑气、二氧化碳、氮气、废气回收等类型。

二、医疗气体设备及附件安装工程分项工程划分明细

医疗气体设备及附件安装工程清单模式下共分为14个项目,包括:制氧机、液氧罐、二级稳压箱、气体汇流排、集污罐、刷手池、医用真空罐、气水分离器、干燥机、储气罐、空气过滤器、集水器、医疗设备带、气体终端。

(1)制氧机、液氧罐、二级稳压箱、气体汇流排、干燥机、储气罐、空气过滤器、集水器、医疗设备带、气体终端工作内容包括:安装,调试。

(2)集污罐、气水分离器工作内容包括:安装。

(3)刷手池工作内容包括:器具安装,附件安装。

(4)医用真空罐工作内容包括:本体安装,附件安装,调试。

三、医疗气体设备及附件安装工程量计算

(1)医疗气体设备及附件安装工程量计算规则见表5-37。

表 5-37　　　　　　　　　医疗气体设备及附件安装工程量计算规则

项目编码	项目名称	项目特征	计量单位	工程量计算规则
031008001	制氧机	1. 型号、规格 2. 安装方式	台	按设计图示数量计算
031008002	液氧罐			
031008003	二级稳压箱			
031008004	气体汇流排		组	
031008005	集污罐		个	
031008006	刷手池	1. 材质、规格 2. 附件材质、规格	组	

续表

项目编码	项目名称	项目特征	计量单位	工程量计算规则
031008007	医用真空罐	1. 型号、规格 2. 安装方式 3. 附件材质、规格	台	按设计图示数量计算
031008008	气水分离器	1. 规格 2. 型号	台	
031008009	干燥机			
031008010	储气罐	1. 规格 2. 安装方式		
031008011	空气过滤器		个	
031008012	集水器		台	
031008013	医疗设备带	1. 材质 2. 规格	m	按设计图示长度计算
031008014	气体终端	1. 名称 2. 气体种类	个	按设计图示数量计算

（2）气体汇流排适用于氧气、二氧化碳、氮气、笑气、氩气、压缩空气等医用气体汇流排安装。

（3）空气过滤器适用于医用气体预过滤器、精过滤器、超精过滤器等安装。

第九节　采暖、空调水工程系统调试工程量计算

一、采暖、空调水工程系统调试的基础知识

系统试运行前，应制定可行性试运行方案，且要有统一指挥，明确分工，并对参与试运行人员进行技术交底。根据试运行方案，做好试运行前的材料、机具和人员的准备工作，保证水源、电源应能正常地运行。

通暖一般在冬期进行，对气温突变影响要有充分的估计，加之系统在不断升压、升温条件下，可能发生的突发事故，均应有可行的应急措施。在通暖试运行时，锅炉房内、各用户入口处应有专人负责操作与监控；室内采暖系统应分环路或分片包干负责。在试运行进入正常状态前，工作人员不得擅离岗位，且应不断巡视，发现问题应及时报告并迅速抢修。

通暖后要进行试调，其主要目的是使每个房间都达到设计温度，对系统远近的各个环路应达到阻力平衡，即每个小环冷热度均匀。如最近的环路过热，末端环路不热，可用立管阀门进行调整。对单管顺序式的采暖系统，如顶层过热，底层不热或达不到设计温度，可调整顶层闭合管的阀门；如各支路冷热不均匀，可用控制分支路的回水阀门进行调整，最终达到设计要求温度。在调试过程中，应测试热力入口处热媒的温度及压力是否符合设计要求。

二、采暖、空调水工程系统调试分项工程划分明细

采暖、空调水工程系统调试清单模式下共分为 2 个项目,包括:采暖工程系统调试、空调水工程系统调试。

采暖工程系统调试、空调水工程系统调试工作内容包括:系统调试。

三、采暖、空调水工程系统调试工程量计算

(一)计算规则与注意事项

(1)采暖、空调水工程系统调试清单工程量计算规则见表 5-38。

表 5-38　　　　　　　　　　采暖、空调水工程系统调试工程量计算规则

项目编码	项目名称	项目特征	计量单位	工程量计算规则
031009001	采暖工程系统调试	1. 系统形式 2. 采暖(空调水)管道工程量	系统	按采暖工程系统计算
031009002	空调水工程系统调试			按空调水工程系统计算

(2)由采暖管道、阀门及供暖器具组成采暖工程系统。

(3)由空调水管道、阀门及冷水机组组成空调水工程系统。

(4)当采暖工程系统、空调水工程系统中管道工程量发生变化时,系统调试费用应作相应调整。

(二)工程量计算实例

【例 5-18】已知某建筑群,需要调整 2 个采暖系统,求采暖系统工程量。

【解】　采暖工程系统调试清单工程量计算见表 5-39。

表 5-39　　　　　　　　　　采暖工程系统调试清单工程量计算表

项目编码	项目名称	项目特征描述	计量单位	工程量
031009001	采暖工程系统调试	采暖工程系统调试	系统	2

第六章 通风及空调安装工程量计算

第一节 通风及空调设备及部件制作安装工程量计算

一、通风及空调设备及部件制作安装基础知识

1. 空气加热器（冷却器）

空气加热器（冷却器）是由金属制成的，分为光管式和肋片管式两大类。光管式空气加热器由联箱（较粗的管子）和焊接在联箱间的钢管组成，一般在现场按标准图加工制作。这种加热器的特点是加热面积小，金属消耗多，但表面光滑，易于清灰，不易堵塞，空气阻力小，易于加工，适用于灰尘较大的场合；肋片管式空气加热器根据外肋片加工的方法不同而分为套片式、绕片式、镶片式和轧片式，其结构材料有钢管钢片、钢管铝片和铜管铜片等。

2. 除尘设备

除尘设备是净化空气的一种器具，一般由专业工厂制造，有时安装单位也可制造。

3. 空调器

空调器是空调系统中的空气处理设备。常用空调器有 39F 型系列空调器、YZ 型系列卧式组装空调器、JW 型系列卧式组装空调器、BWK 型系列玻璃钢卧式组装空调器、JS 型系列卧式组装空调器。

4. 风机盘管

风机盘管机组由箱体、出风格栅、吸收材料、循环风吸过滤器、前向多翼离心风机或轴流风机、冷却加热两用换热盘管、单相电空调速低噪音电机、控制器和凝水盘等组成，如图 6-1 所示。

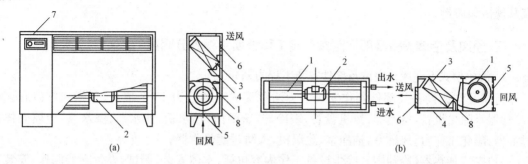

图 6-1 风机盘管机组构造示意图

(a)立式明装；(b)卧式暗装（控制器装在机组外）

1—离心式风机；2—电动机；3—盘管；4—凝水盘；5—空气过滤器；

6—出风格栅；7—控制器（电动阀）；8—箱体

5. 密闭门

密闭门常用于净化风管和空气处理设备中。

6. 挡水板

挡水板是中央空调末端装置的一个重要部件,与中央空调相配套,具有汽水分离功能。

7. 滤水器、溢水盘制作安装

滤水器分手动滤水器和电动滤水器,结构由转动轴系、进出水口、支架壳体、网芯系、电动减速机、排污口、电器柜等组成。

8. 金属壳体

金属壳体是一种贯流式通风机的壳体,其中,安置着风扇并且在通往排气口处有一稳定器,它包括沿同一方向的吸气口和排气口的稳定器,位于该风扇上部存在有涡流,部位在涡流室,以及位于稳定器下部的涡流芯体,以便用涡流芯体来稳定主要的涡流,并将位于风扇上部的次级涡流固定在涡流室内,使它对其他流线没有影响。

9. 过滤器

过滤器按使用的滤料不同有聚氨酯泡沫塑料过滤器、无纺布过滤器、金属网格浸油过滤器、自动浸油过滤器等。安装应考虑便于拆卸和更换滤料,并使过滤器与框架、框架与空调器之间保持严密。

10. 净化工作台

净化工作台是使局部空间形成无尘无菌的操作台,以提高操作环境的洁净程度。

11. 风淋室

风淋室的安装应根据设备说明书进行,一般应注意:根据设计的坐标位置或土建施工预留的位置进行就位;设备的地面应水平、平整,并在设备的底部与地面接触的平面根据设计要求垫隔振层,使设备保持纵向垂直、横向水平;设备与围护结构连接的接缝,应配合土建施工做好密封处理;设备的机械、电气连锁装置,即风机与电加热、内外门及内门与外门的连锁等应处于正常状态;风淋室内的喷嘴角度,应按要求的角度调整好。

12. 洁净室

洁净室的顶板和壁板(包括夹芯材料)应为不燃材料;洁净室的地面应干燥、平整,平整度允许偏差为 1/1000;壁板的构配件和辅助材料的开箱,应在清洁的室内进行,安装前应严格检查其规格和质量。

二、通风及空调设备及部件制作安装工程分项工程划分明细

1. 清单模式下通风机空调及部件安装工程的划分

通风及空调设备及部件制作安装工程清单模式下共分为 13 个项目,包括:空气加热器(冷却器),除尘设备,空调器,风机盘管,表冷器,密闭门,挡水板,滤水器、溢水盘,金属壳体,过滤器,净化工作台,风淋室,洁净室,除湿机,人防过滤吸收器。

(1)空气加热器(冷却器)、除尘设备工作内容包括:本体安装,调试,设备支架制作、安装,补刷(喷)油漆。

(2)空调器工作内容包括:本体安装或组装、调试,设备支架制作、安装,补刷(喷)油漆。

(3)风机盘管工作内容包括:本体安装、调试,支架制作、安装,试压,补刷(喷)油漆。

(4)表冷器工作内容包括：本体安装，型钢制作、安装，过滤器安装，挡水板安装，调试及运转，补刷(喷)油漆。

(5)密闭门、挡水板、滤水器、溢水盘、金属壳体工作内容包括：本体制作，本体安装，支架制作、安装。

(6)过滤器工作内容包括：本体安装，框架制作、安装，补刷(喷)油漆。

(7)净化工作台、风淋室、洁净室工作内容包括：本体安装，补刷(喷)油漆。

(8)除湿机工作内容包括：本体安装。

(9)人防过滤除收器工作内容包括：过滤吸收器安装，支架制作、安装。

2. 定额模式下通风及空调设备及部件制作安装工程的划分

通风空调设备及部件制作安装工程定额模式下共分为 2 个项目，包括：通风空调设备安装、空调部件及设备支架的制作与安装等。

(1)通风空调设备安装工作内容。

1)开箱检查设备、附件、底座螺栓。

2)吊装、找平、找正、垫垫儿、灌浆、螺栓固定、装梯子。

(2)空调部件及设备支架的制作与安装工作内容。

1)金属空调器壳体的制作与安装。工作内容包括：放样、下料、调直、钻孔；制作箱体、水槽，焊接、组合、试装，就位、找平、找正、连接、固定、表面清洗。

2)挡水板的制作与安装。工作内容包括：放样、下料，制作曲板、框架、底座、零件，钻孔、焊接、成形，安装、找正、找平、上螺栓、固定。

3)滤水器、溢水盘的制作与安装。工作内容包括：放样、下料、配制零件、钻孔、焊接、上网、组合成形，安装、找正、找平、焊接管道及固定。

4)密闭门的制作与安装。工作内容包括：放样、下料，制作门框、零件，开视孔、填料、铆焊、组装，安装、找正、固定。

5)设备支架的制作与安装。工作内容包括：放样、下料、调直、钻孔、焊接、成形、测位、安装、上螺栓、固定、打洞、埋支架。

三、空气加热器、除尘设备安装工程量计算

(一)计算规则与注意事项

1. 清单工程量计算规则与注意事项

空气加热器(冷却器)及除尘设备安装工程量计算规则见表 6-1。

表 6-1　　　　　　　　空气加热器(冷却器)及除尘设备安装工程量计算规则

项目编码	项目名称	项目特征	计量单位	工程量计算规则
030701001	空气加热器 (冷却器)	1. 名称 2. 型号 3. 规格 4. 质量 5. 安装形式 6. 支架形式、材质	台	按设计图示数量计算
030701002	除尘设备			

2. 定额工程量计算规则与注意事项

(1)空气加热器、除尘设备安装,按质量不同以"台"为计量单位。

(2)风机安装,按设计不同型号以"台"为计量单位。

通风空调设备安装说明:

(1)通风机安装项目内包括电动机安装,其安装形式包括 A、B、C 或 D 型,也适用不锈钢和塑料风机安装。

(2)设备安装项目的基价中不包括设备费和应配备的地脚螺栓价值。

(3)诱导器安装执行风机盘管安装项目。

(二)工程量计算实例

【例 6-1】已知某设计图示,需要安装空气加热器 2 台,求空气加热器的工程量。

【解】　(1)空气加热器清单工程量计算见表 6-2。

表 6-2　　　　　　　　　　　　**空气加热器清单工程量计算表**

项目编码	项目名称	项目特征描述	计量单位	工程量
030701001001	空气加热器(冷却器)	空气加热器	台	2

(2)空气加热器的定额工程量:2 台。

四、空调器安装工程量计算

(一)计算规则与注意事项

1. 清单工程量计算规则与注意事项

(1)空调器安装工程量计算规则见表 6-3。

表 6-3　　　　　　　　　　　　**空调器安装工程量计算规则**

项目编码	项目名称	项目特征	计量单位	工程量计算规则
030701003	空调器	1. 名称 2. 型号 3. 规格 4. 安装形式 5. 质量 6. 隔振垫(器)、支架形式、材质	台(组)	按设计图示数量计算

(2)通风空调设备安装的地脚螺栓按设备自带考虑。

2. 定额工程量计算规则与注意事项

整体式空调机组安装,空调器按不同质量和安装方式,以"台"为计量单位;分段组装空调器,按质量以"kg"为计量单位。

(二)工程量计算实例

【例 6-2】已知某工程设计图示,需要外墙上安装空调 35 台,求空调工程量。

【解】　(1)空调器清单工程量计算见表 6-4。

表6-4 空调器清单工程量计算表

项目编码	项目名称	项目特征描述	计量单位	工程量
030701003001	空调器	空调外墙安装	台	35

(2)空调器定额工程量:35台。

五、空调部件安装工程量计算

(一)计算规则与注意事项

1. 清单工程量计算规则与注意事项

(1)空调部件安装工程量计算规则见表6-5。

表6-5 空调部件安装工程量计算规则

项目编码	项目名称	项目特征	计量单位	工程量计算规则
030701004	风机盘管	1. 名称 2. 型号 3. 规格 4. 安装形式 5. 减振器、支架形式、材质 6. 试压要求	台	按设计图示数量计算
030701005	表冷器	1. 名称 2. 型号 3. 规格		
030701006	密闭门	1. 名称 2. 型号 3. 规格 4. 形式 5. 支架形式、材质	个	
030701007	挡水板			
030701008	滤水器、溢水盘			
030701009	金属壳体			

(2)通风空调设备安装的地脚螺栓按设备自带考虑。

2. 定额工程量计算规则与注意事项

(1)风机盘管安装,按安装方式不同以"台"为计量单位。

(2)风机盘管的配管执行《全统定额》第八册《给排水、采暖、燃气工程》相应项目。

(3)空调部件及设备支架制作安装说明:

1)清洗槽、浸油槽、晾干架、LWP滤尘器支架制作安装,执行设备支架项目。

2)风机减振台座执行设备支架项目,定额中不包括减振器用量,应依设计图纸按实计算。

3)玻璃挡水板执行钢板挡水板相应项目,其材料、机械均乘以系数0.45,人工不变。

4)保温钢板密闭门执行钢板密闭门项目,其材料乘以系数0.5,机械乘以系数0.45,人工不变。

(二)工程量计算实例

【例6-3】 图6-2所示为明装壁挂式风机盘管示意图,型号为FP5,制冷量7950～

10800kJ/h,风量 300～500m³/人,功率 60W,每台的质量为 30～48kg,尺寸 847mm×452mm×375mm,试计算其工程量。

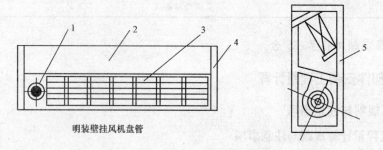

图 6-2　明装壁挂式风机盘管示意图

1—机组；2—外壳顶板；3—出风口；4—外壳右侧板；5—保温层

【解】　(1)风机盘管清单工程量计算见表 6-6。

表 6-6　　　　　　　　　　　　风机盘管清单工程量计算表

项目编码	项目名称	项目特征描述	计量单位	工程量
030701004001	风机盘管	风机盘管 FP5	台	1

(2)风机盘管定额工程量:1 台。

六、其他通风及空调设备及部件安装工程量计算

(一)计算规则与注意事项

其他通风机空调设备及部件安装清单工程量计算规则见表 6-7。

表 6-7　　　　　　　　　其他通风机空调设备及部件安装工程量计算规则

项目编码	项目名称	项目特征	计量单位	工程量计算规则
030701010	过滤器	1. 名称 2. 型号 3. 规格 4. 类型 5. 框架形式、材质	1. 台 2. m²	1. 以台计量,按设计图示数量计算; 2. 以面积计量,按设计图示尺寸以过滤面积计算
030701011	净化工作台	1. 名称 2. 型号 3. 规格 4. 类型	台	按设计图示数量计算
030701012	风淋室	1. 名称 2. 型号 3. 规格 4. 类型 5. 质量		
030701013	洁净室			

续表

项目编码	项目名称	项目特征	计量单位	工程量计算规则
030701014	除湿机	1. 名称 2. 型号 3. 规格 4. 类型	台	按设计图示数量计算
030701015	人防过滤吸收器	1. 名称 2. 规格 3. 形式 4. 材质 5. 支架形式、材质		

（二）工程量计算实例

【例 6-4】某工程设计图示，需在室内安装除湿机 4 台，试计算其工程量。

【解】　除湿机清单工程量计算见表 6-8。

表 6-8　　　　　　　　　　除湿机清单工程量计算表

项目编码	项目名称	项目特征描述	计量单位	工程量
030701014001	除湿机	室内除湿机	台	4

第二节　通风管道制作安装工程量计算

一、通风管道制作安装基础知识

1. 碳钢通风管道

碳钢通风管是用钢锭或实心管坯经穿孔制成毛管，然后经热轧、冷轧或冷拔制成。碳钢管在我国钢管业中具有重要的地位。

2. 净化通风管道

净化通风管是中空的用于通风的管材，多为圆形或方形。净化通风管制作与安装所用板材、型材以及其他主要成品材料，应符合设计及相关产品国家现行标准的规定，并应有出厂检验合格证明，材料进场时应按国家现行有关标准进行验收。

3. 不锈钢板通风管道

不锈钢通风管道可分为圆形和矩形两种。可根据工程现场的不同要求，生产各种形状、各种规格型号及板材的成品风管。不锈钢通风管道主要材质有：SUS304、316、303、310、310S、301、302、304L、316L、321、201、202、902、904、317、430 等。其表面性质主要有 8K 镜面板、彩色不锈钢板、不锈钢磨砂板、不锈钢拉丝板、不锈钢花纹板、不锈钢蚀刻板、钛金、雪花砂、2B 板、BA 板和工业中厚板。不锈钢风管成品因其优异的耐蚀性、耐热性、高强度等物化性能,主要应用于多种气密性要求较高的工艺排气系统、溶剂排气系统、有机排气系统、废气排气系统及普通排气系统室外部分、湿热排气系统、排烟除尘系统等。

4. 铝板通风管道

铝板通风管道是指用铝材制作的通风管道。

5. 塑料通风管道

塑料风管主要是指硬聚氯乙烯风管,是非金属风管的一种。塑料风管的直径或边长大于500mm 时,风管与法兰连接处应设加强板,且间距不得大于450mm。塑料风管的两端面应平行,无明显扭曲,外径或边长的允许偏差为2mm,表面平整。圆弧均匀,凹凸不应大于5mm。

6. 玻璃钢通风管道

玻璃钢风管包括有机玻璃钢风管和无机玻璃钢风管,是非金属风管的一种。玻璃钢风管的加固应选用本体材料或与防腐性能相同的材料,并与风管成一整体。

7. 复合型风管

复合型风管有复合玻纤板风管和发泡复合材料风管两种。

8. 柔性软风管

柔性软风管属于通风管道系统,采用镀锌卡子连接,吊、托、支架固定,一般由金属、涂塑化纤织物、聚酯、聚氯乙烯、聚氯乙烯薄膜、铝箔等复合材料制成。

二、通风管道制作安装工程分项工程划分明细

1. 清单模式下通风管道制作安装工程的划分

通风管道制作安装工程清单模式下共分为 11 个项目,包括:碳钢通风管道,净化通风管道,不锈钢板通风管道,铝板通风管道,塑料通风管道,玻璃钢通风管道,复合型风管,柔性软风管,弯头导流叶片,风管检查孔,温度、风量测定孔。

(1)碳钢通风管道,净化通风管道,不锈钢板通风管道,铝板通风管道,塑料通风管道工作内容包括:风管、管件、法兰、零件、支吊架制作、安装,过跨风管落地支架制作、安装。

(2)玻璃钢通风管道、复合型通风管工作内容包括:风管、管件制作、安装,支吊架制作、安装,过跨风管落地支架制作、安装。

(3)柔性软风管工作内容包括:风管安装,风管接头安装,支吊架制作、安装。

(4)弯头导流叶片工作内容包括:制作,组装。

(5)风管检查孔,温度、风量测定孔工作内容包括:制作,安装。

2. 定额模式下通风管道制作安装工程的划分

通风管道制作安装工程定额模式下共分为 7 个项目,包括:薄钢板通风管道制作与安装,净化通风管道及部件制作安装,不锈钢板通风管道及部件制作安装,铝板通风管道及部件制作安装,塑料通风管道及部件制作安装,玻璃钢通风管道安装,复合型风管制作安装。

(1)薄钢板通风管道制作安装。

1)风管制作。工作内容包括:放样、下料、卷圆、折方、轧口、咬口,制作直管、管件、法兰、吊、托、支架,钻孔、铆焊、上法兰、组对。

2)风管安装。工作内容包括:找标高、打支架墙洞、配合预留孔洞、埋设吊、托、支架,组装、使风管就位、找平、找正、制垫、垫垫儿、上螺栓、紧固。

(2)净化通风管道及部件制作安装。

1)净化通风管道的制作安装。工作内容包括：放样、下料、折方、轧口、咬口、制作直管；制作管件、法兰、吊、托、支架；钻孔、铆焊、上法兰、组对；给口缝外表面涂密封胶，清洗风管内表面，给风管两端封口；找标高、找平、找正、配合预留孔洞，打支架墙洞、埋设吊托支架、使风管就位、组装、制垫、垫垫儿、上螺栓、紧固部件、清洗风管内表面、封闭管口、给法兰口涂密封胶。

2)净化通风管部件的制作与安装。工作内容包括：放样、下料，制作零件、法兰；预留预埋、钻孔、铆焊、制作、组装、擦洗，测位、找平找正、制垫、垫垫儿、上螺栓、清洗。

(3)不锈钢板通风管道及部件制作安装。

1)不锈钢板通风管道的制作安装。工作内容包括：放样、下料、卷圆，折方、制作管件、组对焊接、试漏、清洗焊口；找标高、清理墙洞、就位风管、组对焊接、试漏、清洗焊口、固定。

2)不锈钢风管部件制作安装。工作内容包括：下料、平料、开口、钻孔、组对、铆焊、攻螺纹、清洗焊口、组装固定、试动、试漏；制垫、垫垫儿、找平、找正、组对、固定、试动。

(4)铝板通风管道及部件制作安装。

1)铝板风管制作。工作内容包括：放样、下料、卷圆、折方、制作管件、组对焊接、试漏、清洗焊口。

2)铝板风管安装。工作内容包括：找标高、清理墙洞、风管就位、组对焊接、试漏、清洗焊口、固定。

3)部件制作。工作内容包括：下料、平料、开孔、钻孔、组对、焊铆、攻丝、清洗焊口、组装固定、试动、短管、零件、试漏。

4)部件安装。工作内容包括：制垫、垫垫儿、找平、找正、组对、固定、试动。

(5)塑料通风管道及部件制作安装。

1)塑料通风管道的制作安装。工作内容包括：放样、锯切、坡口、加热成型、制作法兰、管件，钻孔，组合焊接；部件就位，制垫、垫垫儿，法兰连接，找正、找平、固定。

2)玻璃钢风管部件的安装。工作内容包括：组对、组装、就位、找平、找正、垫垫儿、制垫、上螺栓、紧固。

(6)玻璃钢通风管道安装。工作内容包括：找标高、打支架墙洞、配合预留孔洞、制作及埋设吊托支架。配合修补风管(定额规定由加工单位负责修补)、粘接、组装、就位部件，找平、找正，制垫、垫垫儿，上螺栓、紧固。

(7)复合型风管制作安装。工作内容包括：放样、切割、开槽、成型、粘合、制作管件、钻孔、组合、就位、制垫、垫垫儿、连接、找正找平、固定。

三、通风管道制作安装工程量计算

(一)计算规则与注意事项

1. 清单工程量计算规则与注意事项

(1)通风管道制作安装工程量计算规则见表 6-9。

表 6-9 通风管道制作安装工程量计算规则

项目编码	项目名称	项目特征	计量单位	工程量计算规则
030702001	碳钢通风管道	1. 名称 2. 材质 3. 形状 4. 规格 5. 板材厚度 6. 管件、法兰等附件及支架设计要求 7. 接口形式		按设计图示内径尺寸以展开面积计算
030702002	净化通风管道			
030702003	不锈钢板通风管道	1. 名称 2. 形状 3. 规格 4. 板材厚度 5. 管件、法兰等附件及支架设计要求 6. 接口形式		
030702004	铝板通风管道			
030702005	塑料通风管道		m²	
030702006	玻璃钢通风管道	1. 名称 2. 形状 3. 规格 4. 板材厚度 5. 支架形式、材质 6. 接口形式		按设计图示外径尺寸以展开面积计算
030702007	复合型风管	1. 名称 2. 材质 3. 形状 4. 规格 5. 板材厚度 6. 接口形式 7. 支架形式、材质		
030702008	柔性软风管	1. 名称 2. 材质 3. 规格 4. 风管接头、支架形式、材质	1. m 2. 节	1. 以米计算,按设计图示中心线以长度计算; 2. 以节计量,按设计图示数量计算

(2)风管展开面积,不扣除检查孔、测定孔、送风口、吸风口等所占面积;风管长度一律以设计图示中心线长度为准(主管与支管以其中心线交点划分),包括弯头、三通、变径管、天圆地方等管件的长度,但不包括部件所占的长度。风管展开面积不包括风管、管口重叠部分面积。风管渐缩管:圆形风管按平均直径;矩形风管按平均周长。

(3)穿墙套管按展开面积计算,计入通风管道工程量中。

(4)通风管道的法兰垫料或封口材料,按图纸要求应在项目特征中描述。

(5)净化通风管的空气洁净度按 100000 级标准编制,净化通风管使用的型钢材料如要求镀锌时,工作内容应注明支架镀锌。

2. 定额工程量计算规则与注意事项

(1)风管制作安装,以施工图规格不同按展开面积计算,不扣除检查孔、测定孔、送风口、吸风口等所占面积。圆形风管的计算公式为:

$$F = \pi D L$$

式中　F——圆形风管展开面积,m²;

　　　D——圆形风管直径,m;

　　　L——管道中心线长度,m。

矩形风管按图示周长乘以管道中心线长度计算。

(2)风管长度一律以施工图示中心线长度为准(主管与支管以其中心线交点划分),包括弯头、三通、变径管、天圆地方等管件的长度,但不得包括部件所占长度。直径和周长按图示尺寸为准展开,咬口重叠部分已包括在定额内,不得另行增加。

(3)风管导流叶片制作安装按图示叶片的面积计算。

(4)塑料风管、复合型材料风管制作安装定额所列规格直径为内径,周长为内周长。

(5)软管(帆布接口)制作安装,按图示尺寸以"m²"为计量单位。

(6)薄钢板通风管道、净化通风管道、玻璃钢通风管道、复合型材料通风管道的制作安装中,已包括法兰、加固框和吊托支架,不得另行计算。

(7)不锈钢通风管道、铝板通风管道的制作安装中,不包括法兰和吊、托、支架,可按相应定额以"kg"为计量单位另行计算。

(8)塑料通风管道制作安装,不包括吊、托、支架,可按相应定额以"kg"为计量单位另行计算.

(9)整个通风系统设计采用渐缩管均匀送风者,圆形风管按平均直径,矩形风管按平均周长执行相应规格项目,其人工乘以系数 2.5。

(10)镀锌薄钢板风管项目中的板材是按镀锌薄钢板编制的,如设计要求不用镀锌薄钢板者,板材可以换算,其他不变。

(11)如制作空气幕送风管时,按矩形风管平均周长执行相应风管规格项目,其人工乘以系数 3,其余不变。

(12)薄钢板风管项目中的板材,如设计要求厚度不同者可以换算,但人工、机械不变。

(13)柔性软风管安装,按图示管道中心线长度以"m"为计量单位。柔性软风管阀门安装"个"为计量单位。

(14)柔性软风管,适用于由金属、涂塑化纤织物、聚酯、聚乙烯、聚氯乙烯薄膜、铝箔等材料制成的软风管。

(15)软管接头使用人造革而不使用帆布者,可以换算。

(16)项目中的法兰垫料,如设计要求使用材料品种不同者可以换算,但人工不变。使用泡沫塑料者,每千克橡胶板换算为泡沫塑料 0.125kg;使用闭孔乳胶海绵者,每千克橡胶板换算为闭孔乳胶海绵 0.5kg。

(二)工程量计算实例

【例 6-5】图 6-3 所示为正插三通示意图,试计算其工程量。

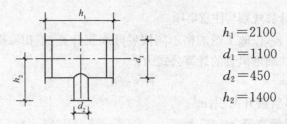

$$h_1 = 2100$$
$$d_1 = 1100$$
$$d_2 = 450$$
$$h_2 = 1400$$

图 6-3　正插三通示意图

【解】　清单工程量计算同定额工程量计算,则:

$$F = \pi d_1 h_1 + \pi d_2 h_2$$
$$= 3.14 \times (1.1 \times 2.1 + 0.45 \times 1.4)$$
$$= 9.23 \text{m}^2$$

清单工程量计算表见表 6-10。

表 6-10　　　　　　　　　　　清单工程量计算表

项目编码	项目名称	项目特征描述	计量单位	工程量
030702003001	不锈钢板通风管道	不锈钢板通风管道 $h_1 = 2100$mm,$h_2 = 1400$mm, $d_1 = 1100$mm,$d_2 = 450$mm	m²	9.23

【例 6-6】已知某设计图示,需要安装柔性软风管 35m,柔性软风管规格:200mm,求柔性软风管工程量。

【解】　(1)柔性软风管清单工程量计算见表 6-11。

表 6-11　　　　　　　　柔性软风管清单工程量计算表

项目编码	项目名称	项目特征描述	计量单位	工程量
030702008001	柔性软风管	柔性软风管,200mm	m	35

(2)柔性软风管定额工程量:35m。

四、其他通风管道安装工程量计算

(一)计算规则与注意事项

1. 清单工程量计算规则与注意事项

(1)其他通风管道安装工程量计算规则见表 6-12。

表 6-12　　　　　　　　其他通风管道安装工程量计算规则

项目编码	项目名称	项目特征	计量单位	工程量计算规则
030702009	弯头导流叶片	1. 名称 2. 材质 3. 规格 4. 形式	1. m² 2. 组	1. 以面积计算,按设计图示以展开面积平方米计算; 2. 以组计量,按设计图示数量计算

续表

项目编码	项目名称	项目特征	计量单位	工程量计算规则
030702010	风管检查孔	1. 名称 2. 材质 3. 规格	1. kg 2. 个	1. 以千克计量,按风管检查孔质量计算; 2. 以个计量,按设计图示数量计算
030702011	温度、风量测定孔	1. 名称 2. 材质 3. 规格 4. 设计要求	个	按设计图示数量计算

(2)弯头导流叶片数量,按设计图线或规范要求计算。

(3)风管检查孔、温度测定孔、风量测定孔数量,按设计图纸或规范要求计算。

2. 定额工程量计算规则与注意事项

(1)风管检查孔质量,按本定额的"国标通风部件标准质量表"计算。

(2)风管测定孔制作安装,按其型号以"个"为计量单位。

(3)风管导流叶片不分单叶片和香蕉形双叶片,均执行同一项目。

(二)工程量计算实例

【例 6-7】某工程设计图示,需安装风管检查孔 10 个,试计算其工程量。

【解】　(1)风管检查孔清单工程量计算见表 6-13。

表 6-13　　　　　　　　　　风管检查孔清单工程量计算表

项目编码	项目名称	项目特征描述	计量单位	工程量
030702010001	风管检查孔	风管检查孔	个	10

(2)风管检查孔定额工程量:10 个。

第三节　通风管道部件制作安装工程量计算

一、通风管道部件制作安装基础知识

1. 柔性软风管阀门

柔性软风管阀门主要用于调节风量,平衡各支管送、回风口的风量及启动风机等。柔性软风管阀门的结构应牢固,启闭应灵活,阀体与外界相通的缝隙处应有可靠的密封措施。

2. 铝蝶阀

铝蝶阀是通风系统中最常见的一种风阀。阀体与阀颈铝合金一体化,具有超强的防止结露的作用。质量超轻,特殊材料与先进压铸工艺制成的铝压铸蝶阀可有效地防止结露、结灰、电腐蚀。阀座法兰密封面采用大宽边、大圆弧的密封,使阀门适应套合式和焊接式法兰连接,适用任何标准法兰连接要求,使安装密封更简单易行。

3. 不锈钢蝶阀

不锈钢蝶阀具有良好的抗氯化性能,阀座可拆卸、免维护。阀体通径与管道内径相等,开启时窄。而呈流线型的阀板与流体方向一致,流量大而阻力小,无物料积聚。

4. 玻璃钢蝶阀

玻璃钢蝶阀是把主要易腐蚀部件如阀体、阀板等设计为玻璃钢材料,玻璃钢部件所使用的纤维、纤维织物与树脂类型由蝶阀的工作条件确定。玻璃钢蝶阀的主体形状为直管状,它的结构特点是以一段玻璃钢直管为基础,然后增加法兰、密封环制造而成。这种蝶阀具有耐腐蚀能力强、成本低廉、制造工艺简单灵活等特点。

5. 碳钢风口

碳钢风口的形式较多,根据使用对象可分为通风系统风口和空调系统风口两类。通风系统常用圆形风管插板式送风口、旋转吸风口,单面和双面送、吸风口,矩形空气分布器、塑料插板式侧面送风口等。

6. 散流器、百叶窗

空调系统常用百叶送风口(分单层、双层、三层等)、圆形和方形直片式散流器、直片形送吸式散流器、流线型散流器、送风孔板及网式回风口等。

7. 风帽

风帽是装在排风系统的末端,利用风压的作用,加强排风能力的一种自然通风装置,它可以防止雨雪水流入风管内。在排风系统中一般使用伞形风帽、锥形风帽和筒形风帽。

8. 排气罩

排气罩是通风系统的局部排气装置,其形式很多,主要有密闭罩、外部排气罩、接受式局部排气罩、吹吸式局部排气罩四种基本类型,如图 6-4 所示。

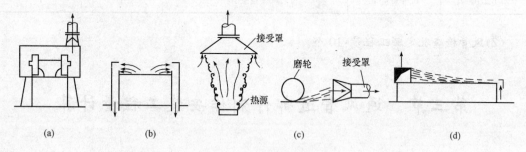

图 6-4　排气罩的基本类型

(a)密闭罩;(b)外部排气罩;(c)接受式局部排气罩;(d)吹吸式局部排气罩

9. 柔性接口及伸缩节

柔性接口及伸缩节即指柔性短管,为了防止风机的振动通过风管传到室内引起噪声,所以,常在通风机的入口和出口处装设柔性短管,长度一般为 150～200mm。

10. 消声器

消声器有阻性消声器、抗性消声器、共振性消声器、阻抗复合式消声器等。消声器在安装前应检查支、吊架等固定件的位置是否正确,预埋件或膨胀螺栓是否安装牢固、可靠。支、吊架必须保证所承担的荷载。消声器、消声弯管应单独设支架,不得由风管来支承。安装就位后,可用拉线或吊线尺量的方法进行检查,对位置不正、扭曲、接口不齐等不符合要求的部位进行修整,达到设计和使用的要求。

11. 静压箱

静压箱是送风系统减少动压、增加静压、稳定气流和减少气流振动的一种必要的配件,它可使送风效果更加理想。

二、通风管道部件制作安装工程的划分

1. 清单模式下通风管道部件制作安装工程的划分

通风管道部件安装工程清单模式下共分为 24 个项目,包括:碳钢阀门,柔性软风管阀门,铝蝶阀,不锈钢蝶阀,塑料阀门,玻璃钢蝶阀,碳钢风口、散流器、百叶窗,不锈钢风口、散流器、百叶窗,塑料风口、散流器、百叶窗,玻璃钢风口,铝及铝合金风口、散流器,碳钢风帽、不锈钢风帽,塑料风帽,铝板伞形风帽,玻璃钢风帽,碳钢罩类,塑料罩类,柔性接口,消声器,静压箱,人防超压自动排气阀,人防手动密闭阀,人防其他部件。

(1)碳钢阀门工作内容包括:阀体制作,阀体安装,支架制作、安装。

(2)柔性软风管阀门、铝蝶阀、不锈钢蝶阀、塑料阀门、玻璃钢蝶阀体工作内容包括:阀体安装。

(3)碳钢风口、散流器、百叶窗,不锈钢风口、散流器、百叶窗,塑料风口、散流器、百叶窗工作内容包括:风口制作、安装,散流器制作、安装,百叶窗安装。

(4)玻璃钢风口工作内容包括:风口安装。

(5)铝及铝合金风口、散流器工作内容包括:风口制作、安装,散流器制作、安装。

(6)碳钢风帽、不锈钢风帽、塑料风帽工作内容包括:风帽制作、安装,筒形风帽滴水盘制作、安装,风帽筝绳制作、安装,风帽泛水制作、安装。

(7)铝板伞形风帽工作内容包括:板伞形风帽制作、安装,风帽筝绳制作、安装,风帽泛水制作、安装。

(8)玻璃钢风帽工作内容包括:玻璃钢风帽安装,筒形风帽滴水盘安装,风帽筝绳安装,风帽泛水安装。

(9)碳钢罩类、塑料罩类工作内容包括:罩类制作、罩类安装。

(10)柔性接口工作内容包括:柔性接口制作、柔性接口安装。

(11)消声器工作内容包括:消声器制作、消声器安装、支架制作安装。

(12)静压箱工作内容包括:静压箱制作、安装,支架制作、安装。

(13)人防超压自动排气阀、人防其他部件工作内容包括:安装。

(14)人防手动密闭阀工作内容包括:密闭阀安装,支架制作、安装。

2. 定额模式下通风管道部件制作安装工程的划分

通风管道部件制作安装工程定额模式下共分为 5 个项目,包括:调节阀制作安装,风口制作安装,风帽制作安装,罩类制作安装,消声器制作安装等。

(1)调节阀制作安装。

　　1)调节阀制作。工作内容包括:放样、下料,制作短管和阀板以及法兰、零件,钻孔、铆焊、组合成形。

　　2)调节阀安装。工作内容包括:号孔、钻孔、对口、校正、制垫、垫垫儿、上螺栓、紧固、试动。

　　(2)风口制作与安装。

　　1)风口制作。工作内容包括:放样、下料、开孔;制作零件、外框、叶片、网框、调节板、拉杆、导风板、弯管、天圆地方、扩散管、法兰,钻孔、铆焊、组合成形。

　　2)风口安装。工作内容包括:对口、上螺栓、制垫、垫垫儿、找正、找平、固定、试动、调整。

　　(3)风帽制作安装。

　　1)风帽制作。工作内容包括:放样、下料、咬口,制作法兰、零件;钻孔、铆焊、组装。

　　2)风帽安装。工作内容包括:安装、找平、找正、制垫、垫垫儿、上螺栓、固定。

　　(4)罩类制作安装。

　　1)罩类制作。工作内容包括:放样、下料、卷圆,制作罩体、来回弯、零件及法兰;钻孔、铆焊、组合成形。

　　2)罩类安装。工作内容包括:埋设支架、吊装、对口、找正、制垫、垫垫儿、上螺栓、固定装配重环及钢丝绳、试动调整。

　　(5)消声器制作与安装。

　　1)消声器制作。工作内容包括:放样、下料、钻孔,制作内外套管、木框架、法兰,铆焊、粘贴、填充消声材料、组合。

　　2)消声器安装。工作内容包括:组对、安装、找正、找平、制垫、垫垫儿、上螺栓、固定。

三、阀门制作安装工程量计算

(一)计算规则与注意事项

1. 清单工程量计算规则与注意事项

　　(1)阀门制作安装工程量计算规则见表6-14。

表6-14　　　　　　　　　　　　　阀门制作安装工程量计算规则

项目编码	项目名称	项目特征	计量单位	工程量计算规则
030703001	碳钢阀门	1. 名称 2. 型号 3. 规格 4. 质量 5. 类型 6. 支架形式、材质	个	按设计图示数量计算
030703002	柔性软风管阀门	1. 名称 2. 规格 3. 材质 4. 类型		
030703003	铝蝶阀	1. 名称 2. 规格		
030703004	不锈钢蝶阀	3. 质量 4. 类型		

续表

项目编码	项目名称	项目特征	计量单位	工程量计算规则
030703005	塑料阀门	1. 名称 2. 型号 3. 规格 4. 类型	个	按设计图示数量计算
030703006	玻璃钢蝶阀			

（2）碳钢阀门包括：空气加热器上通阀、空气加热器旁通阀、圆形瓣式启动阀、风管蝶阀、风管止回阀、密闭式斜插板阀、矩形风管三通调节阀、对开多叶调节阀、风管防火阀、各型风罩调节阀等。

（3）塑料阀门包括：塑料蝶阀、塑料插板阀、各型风罩塑料调节阀。

2. 定额工程量计算规则与注意事项

标准部件的制作，按其成品质量，以"kg"为计量单位，根据设计型号、规格，按本定额的"国际通风部件标准质量表"计算质量，非标准部件按图示成品质量计算。部件的安装按图示规格尺寸（周长或直径），以"个"为计量单位，分别执行相应定额。

（二）工程量计算实例

【例 6-8】已知某工程设计图示，需要制作碳钢调节阀 3 个，求碳钢调节阀制作工程量。

【解】（1）碳钢阀门清单工程量计算见表 6-15。

表 6-15　　　　　　　　　　　碳钢阀门清单工程量计算表

项目编码	项目名称	项目特征描述	计量单位	工程量
030703001001	碳钢阀门	碳钢调节阀	个	3

（2）碳钢阀门定额工程量：3 个。

四、风口工程量计算

（一）计算规则与注意事项

1. 清单工程量计算规则与注意事项

（1）风口工程量计算规则见表 6-16。

表 6-16　　　　　　　　　　　　风口工程量计算规则

项目编码	项目名称	项目特征	计量单位	工程量计算规则
030703007	碳钢风口、散流器、百叶窗	1. 名称 2. 型号 3. 规格 4. 质量 5. 类型 6. 形式	个	按设计图示数量计算
030703008	不锈钢风口、散流器、百叶窗			
030703009	塑料风口、散流器、百叶窗			

项目编码	项目名称	项目特征	计量单位	工程量计算规则
030703010	玻璃钢风口	1. 名称 2. 型号 3. 规格	个	按设计图示数量计算
030703011	铝及铝合金风口、散流器	4. 类型 5. 形式		

(2)碳钢风口、散流器、百叶窗包括：百叶风口、矩形送风口、矩形空气分布器、风管插板风口、旋转吹风口、圆形散流器、方形散流器、流线型散流器、送吸风口、活动箅式风口、网式风口、钢百叶窗等。

2. 定额工程量计算规则与注意事项

钢百叶窗及活动金属百叶风口的制作，以"m^2"为计量单位，安装按规格尺寸以"个"为计量单位。

(二)工程量计算实例

【例 6-9】已知某设计图示，需要安装碳钢风口 5 个，求碳钢风口工程量。

【解】 (1)碳钢风口清单工程量计算见表 6-17。

表 6-17 　　　　　　　　　　碳钢风口清单工程量计算表

项目编码	项目名称	项目特征描述	计量单位	工程量
030703007001	碳钢风口、散流器、百叶窗	碳钢风口	个	5

(2)碳钢风口定额工程量：5 个。

五、风帽制作安装工程量计算

(一)计算规则与注意事项

1. 清单工程量计算规则与注意事项

风帽制作安装工程量计算规则见表 6-18。

表 6-18 　　　　　　　　　　风帽制作安装工程量计算规则

项目编码	项目名称	项目特征	计量单位	工程量计算规则
030703012	碳钢风帽	1. 名称 2. 规格 3. 质量 4. 类型 5. 形式 6. 风帽筝绳、泛水设计要求	个	按设计图示数量计算
030703013	不锈钢风帽			
030703014	塑料风帽			
030703015	铝板伞形风帽			
030703016	玻璃钢风帽			

2. 定额工程量计算规则与注意事项

(1)风帽筝绳制作安装，按图示规格、长度，以"个"为计量单位。

（2）风帽泛水制作安装，按图示展开面积以"m²"为计量单位。

（二）工程量计算实例

【例6-10】已知某设计图示，需要制作安装碳钢风帽3个，求碳钢风帽制作安装工程量。

【解】　（1）碳钢风帽清单工程量计算见表6-19。

表6-19　　　　　　　　　　　　碳钢风帽清单工程量计算表

项目编码	项目名称	项目特征描述	计量单位	工程量
030703012001	碳钢风帽	碳钢风帽	个	3

（2）碳钢风帽定额工程量：3个。

六、风罩类制作安装工程量计算

（一）计算规则与注意事项

（1）风罩类制作安装清单工程量计算规则见表6-20。

表6-20　　　　　　　　　　　　风罩类制作安装工程量计算规则

项目编码	项目名称	项目特征	计量单位	工程量计算规则
030703017	碳钢罩类	1. 名称 2. 型号 3. 规格 4. 质量 5. 类型 6. 形式	个	按设计图示数量计算
030703018	塑料罩类			

（2）碳钢罩类包括：皮带防护罩、电动机防雨罩、侧吸罩、中小型零件焊接台排气罩、整体分组式槽边侧吸罩、吹吸式槽边通风罩、条缝槽边抽风罩、泥心烘炉排气罩、升降式回转排气罩、上下吸式圆形回转罩、升降式排气罩、手锻炉排气罩。

（3）塑料罩类包括：塑料槽边侧吸罩、塑料槽边风罩、塑料条缝槽边抽风罩。

（二）工程量计算实例

【例6-11】已知某设计图示，需要制作安装碳钢罩类3个，求碳钢罩类工程量。

【解】　碳钢罩类清单工程量计算见表6-21。

表6-21　　　　　　　　　　　　碳钢罩类清单工程量计算表

项目编码	项目名称	项目特征描述	计量单位	工程量
030703017001	碳钢罩类	碳钢罩类	个	3

七、其他通风管道部件安装工程工程量计算

（一）计算规则与注意事项

（1）其他通风管道部件安装清单工程量计算规则见表6-22。

表 6-22　　　　　　　　　　　其他通风管道部件安装工程量计算规则

项目编码	项目名称	项目特征	计量单位	工程量计算规则
030703019	柔性接口	1. 名称 2. 规格 3. 材质 4. 类型 5. 形式	m²	按设计图示尺寸以展开面积计算
030703020	消声器	1. 名称 2. 规格 3. 材质 4. 形式 5. 质量 6. 支架形式、材质	个	按设计图示数量计算
030703021	静压箱	1. 名称 2. 规格 3. 形式 4. 材质 5. 支架形式、材质	1. 个 2. m²	1. 以个计算,按设计图示数量计算 2. 以平方米计算,按设计图示尺寸以展开面积计算
030703022	人防超压自动排气阀	1. 名称 2. 型号 3. 规格 4. 类型	个	按设计图示数量计算
030703023	人防手动密闭阀	1. 名称 2. 型号 3. 规格 4. 支架形式、材质		按设计图示数量计算
030703024	人防其他部件	1. 名称 2. 型号 3. 规格 4. 类型	个(套)	

(2)柔性接口包括:金属、非金属软接口及伸缩节。

(3)消声器包括:片式消声器、矿棉管式消声器、聚酯泡沫管式消声器、卡普隆纤维管式消声器、弧形声流式消声器、阻抗复合式消声器、微穿孔板消声器、消声弯头。

(4)静压箱的面积计算:按设计图示尺寸以展开面积计算,不扣除开口的面积。

(5)通风部件如图纸要求制作安装或用成品部件只安装不制作,这类特征在项目特征中应明确描述。

(二)工程量计算实例

【例 6-12】某工程设计图示,需要安装消声器 10 个,试计算其工程量。

【解】　消声器清单工程量计算见表 6-23。

表 6-23　　　　　　　　　　消声器清单工程量计算表

项目编码	项目名称	项目特征描述	计量单位	工程量
030703020001	消声器	消声器	个	10

第四节　通风工程检测、调试工程量计算

一、通风工程检测、调试基础知识

通风工程安装单位应在工程安装后做系统检测及调试。检测的内容应包括管道漏光、漏风试验,风量及风压测定,空调工程温度测定,各项调节阀、风口、排气罩的风量、风压调整等全部试调过程。

二、通风工程检测、调试工程分项工程划分明细

通风工程检测、调试工程清单模式下共分为 2 个项目,包括:通风工程检测、调试,风管漏光试验、漏风试验。

(1)通风工程检测、调试工作内容包括:通风管道风量测定,风压测定,温度测定,各系统风口、阀门调整。

(2)风管漏光试验、漏风试验工作内容包括:通风管道漏光试验、漏风试验。

三、通风工程检测、调试工程量计算

(一)计算规则与注意事项

通风工程检测、调试清单工程量计算规则见表 6-24。

表 6-24　　　　　　　　通风工程检测、调试工程量计算规则

项目编码	项目名称	项目特征	计量单位	工程量计算规则
030704001	通风工程检测、调试	风管工程量	系统	按通风系统计算
030704002	风管漏光试验、漏风试验	漏光试验、漏风试验、设计要求	m²	按设计图纸或规范要求以展开面积计算

(二)工程量计算实例

【例 6-13】已知某设计图示,需要检测、调试通风工程 3 系统,求通风工程检测、调试清单工程量。

【解】　通风工程检测、调试清单工程量计算见表 6-25。

表 6-25　　　　　　　　通风工程检测、调试清单工程量计算表

项目编码	项目名称	项目特征描述	计量单位	工程量
030704001001	通风工程检测、调试	通风工程检测、调试	系统	3

第七章　消防工程量计算

第一节　水灭火系统工程量计算

一、水灭火系统基础知识

(1)自动喷水灭火系统是指按适当的间距和高度装置一定数量喷头的供水灭火系统。

(2)系统组件是指组成自动喷水灭火系统的喷头、报警阀、水力警铃、压力开关、水流指示器等专用产品的统称。

(3)喷头是指能在系统中担负探测火灾、启动系统和喷水灭火的部件。一般采用 $DN=150mm$ 的标准喷头,有闭式和开式喷头。

(4)报警阀是指自动喷水灭火系统中接通或切断水源启动报警器的装置。

(5)湿式喷水灭火系统是指由湿式报警装置、闭式喷头和管道等组成,并在报警阀的上下管道内经常充满压力水的灭火系统。

(6)湿式报警阀是指只允许水流单方向流入喷水系统,并在水流作用下报警的止回阀门。

(7)闭式喷头是指具有释放机构的洒水喷头。按不同的安装方式可分为直立型、下垂型、边墙型和吊顶型四种。

(8)干式喷水灭火系统是指由干式报警装置、闭式喷头、管道和充气设备等组成,在报警阀上部管道内充以有压气体的灭火系统。

(9)干式报警阀是指利用两侧气压和水压作用在阀瓣上的力矩差来控制阀瓣开、关的专用阀门。

(10)排气加速器是指能加快排气过程,缩短阀门开启时间,提高干式系统灭火效果的快开装置。

(11)干湿两用喷水灭火系统是指把干式和湿式两种系统的优点结合在一起的一种自动喷水灭火系统。

(12)干湿两用阀是指能将干式系统转换成湿式系统的阀门。其结构与干式报警阀相似。

(13)预作用喷水灭火系统是指由火灾探测系统、闭式喷头、预作用阀和充以有压或无压气体的管道组成,系统的管道内平时无水,发生火灾时,管道内给水是靠火灾探测系统控制预作用阀来实现,并设有手动开启阀门装置的灭火系统。

(14)雨淋喷水灭火系统是指由火灾探测系统、开式喷头、雨淋阀和管道等组成,发生火灾时,管道内给水是通过火灾探测系统控制雨淋阀来实现,并设有手动开启阀门装置的灭火系统。

(15)雨淋阀是指用于雨淋喷水灭火系统、水幕系统和水喷雾灭火系统的专用阀门。

(16)消火栓是指与供水管路连接,由阀、出水口和壳体等组成的消防供水装置,有室内和室外消火栓。

(17)消防水泵结合器是指当室内消防水泵发生故障或遇大火室内消防用水不足时,供消防车从室外消火栓取水,并将水送到室内消防给水管网,供灭火使用的连接装置,有地上式、地下式和墙壁式三种形式。

二、水灭火系统工程分项工程划分明细

1. 清单模式下水灭火系统工程的划分

水灭火系统工程清单模式下共分为 14 个项目,包括:水喷淋钢管,消火栓钢管,水喷淋(雾)喷头,报警装置,温感式水幕装置,水流指示器,减压孔板,末端试水装置,集热板制作安装,室内消火栓,室外消火栓,消防水泵接合器,灭火器,消防水炮。

(1)水喷淋钢管、消火栓钢管工作内容包括:管道及管件安装,钢管镀锌,压力试验,冲洗,管道标识。

(2)水喷淋(雾)喷头工作内容包括:安装,装饰盘安装,严密性试验。

(3)报警装置,温感式水幕装置,水流指示器,减压孔板,末端试水装置工作内容包括:安装,电气接线,调试。

(4)集热板制作安装工作内容包括:制作、安装,支架制作、安装。

(5)室内消火栓工作内容包括:箱体及消火栓安装,配件安装。

(6)室外消火栓工作内容包括:安装,配件安装。

(7)消防水泵接合器工作内容包括:安装,附件安装。

(9)灭火器工作内容包括:设置。

(9)消防水炮工作内容包括:本体安装,调试。

2. 定额模式下水灭火系统工程的划分

水灭火系统工程定额模式下共分为 7 个项目,包括:管道安装,系统组件安装,其他组件安装,消火栓安装,隔膜式气压水罐安装(气压罐),管道支吊架制作、安装,自动喷水灭火系统管网水冲洗。

(1)管道安装。

1)镀锌钢管(螺纹连接)。工作内容包括:切管、套丝、调直、上零件、管道安装、水压试验。

2)镀锌钢管(法兰连接)。工作内容包括:切管、坡口、调直、对口、焊接、法兰连接、管道及管件安装、水压试验。

(2)系统组件安装。

1)喷头安装。工作内容包括:切管、套丝、管件安装、喷头密封性能抽查试验、安装、外观清洁。

2)湿式报警装置安装。工作内容包括:部件外观检查、切管、坡口、组对、焊法兰、紧螺栓、临时短管安装拆除、报警阀渗漏试验、整体组装、配管、调试。

3)温感式水幕装置安装。工作内容包括:部件检查、切管、套丝、上零件、管道安装、本体组装、球阀及喷头安装、调试。

4)水流指示器安装。

①螺纹连接。工作内容包括:外观检查、切管、套丝、上零件、临时短管安装拆除、主要功

能检查、安装及调整。

②法兰连接。工作内容包括：外观检查、切管、坡口、对口、焊法兰、临时短管安装拆除、主要功能检查、安装及调整。

（3）其他组件安装。

1）减压孔板安装。工作内容包括：切管、焊法兰、制垫加垫、孔板检查、二次安装。

2）末端试水装置安装。工作内容包括：切管、套丝、上零件、整体组装、放水试验。

3）集热板制作、安装。工作内容包括：划线、下料、加工、支架制作及安装、整体安装固定。

（4）消火栓安装。

1）室内消火栓安装。工作内容包括：预留洞、切管、套丝、箱体及消火栓安装、附件检查安装、水压试验。

2）室外消火栓安装。

①室外地下式消火栓、室外地上式消火栓。工作内容包括：管口除沥青、制垫、加垫、紧螺栓、消火栓安装。

②消防水泵接合器安装。工作内容包括：切管、焊法兰、制垫、加垫、紧螺栓、整体安装、充水试验。

（5）隔膜式气压水罐安装（气压罐）。工作内容包括：场内搬运、定位、焊法兰、制加垫、紧螺栓、充气定压、充水、调试。

（6）管道支吊架制作、安装。工作内容包括：切断、调直、煨制、钻孔、组对、焊接、安装。

（7）自动喷水灭火系统管网水冲洗。工作内容包括：准备工具和材料、制堵盲板、安装拆除临时管线、通水冲洗、检查、清理现场。

三、水灭火系统管道安装工程量计算

（一）计算规则与注意事项

1. 清单工程量计算规则与注意事项

（1）水灭火系统管道安装工程量计算规则见表 7-1。

表 7-1　　　　　　　　水灭火系统管道安装工程量计算规则

项目编码	项目名称	项目特征	计量单位	工程量计算规则
030901001	水喷淋钢管	1. 安装部位 2. 材质、规格 3. 连接形式	m	按设计图示管道中心线以长度计算
030901002	消火栓钢管	4. 钢管镀锌设计要求 5. 压力试验及冲洗设计要求 6. 管道标识设计要求		
030901003	水喷淋（雾）喷头	1. 安装部位 2. 材质、型号、规格 3. 连接形式 4. 装饰盘设计要求	个	按设计图示数量计算

续表

项目编码	项目名称	项目特征	计量单位	工程量计算规则
030901005	温感式水幕装置	1. 型号、规格 2. 连接形式	组	按设计图示数量计算
030901006	水流指示器	1. 型号、规格 2. 连接形式	个	
030901007	减压孔板	1. 材质、规格 2. 连接形式		
030901008	末端试水装置	1. 规格 2. 组装形式	组	
030901009	集热板制作安装	1. 材质 2. 支架形式	个	

（2）水灭火管道工程量计算，不扣除阀门、管件及各种组件所占长度以延长米计算。

（3）水喷淋（雾）喷头安装部位应区分有吊顶、无吊顶。

（4）温感式水幕装置，包括给水三通至喷头、阀门间的管道、管件、阀门、喷头等全部内容的安装。

（5）末端试水装置，包括压力表、控制阀等附件安装。末端试水装置安装中不含连接管及排水管安装，其工程量并入消防管道。

（6）减压孔板若在法兰盘内安装，其法兰计入组价中。

2. 定额工程量计算规则与注意事项

（1）管道安装按设计管道中心长度，以"m"为计量单位，不扣除阀门、管件及各种组件所占长度。主材数量应按定额用量计算，管件含量见表7-2。

表 7-2　　　　　　　　　**镀锌钢管（螺纹连接）管件含量表**　　　　　（单位：10m）

项 目	名 称	公称直径（mm 以内）						
		25	32	40	50	70	80	100
管件含量	四通	0.02	1.20	0.53	0.69	0.73	0.95	0.47
	三通	2.29	3.24	4.02	4.13	3.04	2.95	2.12
	弯头	4.92	0.98	1.69	1.78	1.87	1.47	1.16
	管箍	—	2.65	5.99	2.73	3.27	2.89	1.44
	小计	7.23	8.07	12.23	9.33	8.91	8.26	5.19

（2）镀锌钢管安装定额也适用于镀锌无缝钢管，其对应关系见表7-3。

表 7-3　　　　　　　　　　　　　　　**对应关系表**　　　　　　　　　（单位：mm）

公称直径	15	20	25	32	40	50	70	80	100	150	200
无缝钢管外径	20	25	32	38	45	57	76	89	108	159	219

（3）温感式水幕装置安装，按不同型号和规格以"组"为计量单位。但给水三通至喷头、阀

门间管道的主材数量,按设计管道中心长度另加损耗计算,喷头数量按设计数量另加损耗计算。

(4)末端试水装置,按不同规格均以"组"为计量单位。

(二)工程量计算实例

【例 7-1】已知某设计图示,需要安装水喷淋镀锌钢管 40m,水喷淋镀锌钢管的规格:DN40,求水喷淋镀锌钢管工程量。

【解】 (1)水喷淋钢管清单工程量计算见表 7-4。

表 7-4　　　　　　　　　　水喷淋钢管清单工程量计算表

项目编码	项目名称	项目特征描述	计量单位	工程量
030901001001	水喷淋钢管	水喷淋镀锌钢管规格:DN40	m	40

(2)水喷淋钢管定额工程量:40m。

四、报警装置安装工程量计算

(一)计算规则与注意事项

1. 清单工程量计算规则与注意事项

(1)报警装置安装工程量计算规则见表 7-5。

表 7-5　　　　　　　　　　报警装置安装工程量计算规则

项目编码	项目名称	项目特征	计量单位	工程量计算规则
030901004	报警装置	1. 名称 2. 型号、规格	组	按设计图示数量计算

(2)报警装置适用于湿式报警装置、干湿两用报警装置、电动雨淋报警装置、预作用报警装置等报警装置安装。报警装置安装包括装配管(除水力警铃进水管)的安装,水力警铃进水管并入消防管道工程量。其中:

1)湿式报警装置包括内容:湿式阀、蝶阀、装配管、供水压力表、装置压力表、试验阀、泄放试验阀、泄放试验管、试验管流量计、过滤器、延时器、水力警铃、报警截止阀、漏斗、压力开关等。

2)干湿两用报警装置包括内容:两用阀、蝶阀、装配管、加速器、加速器压力表、供水压力表、试验阀、泄放试验阀(湿式、干式)、挠性接头、泄放试验管、试验管流量计、排气阀、截止阀、漏斗、过滤器、延时器、水力警铃、压力开关等。

3)电动雨淋报警装置包括内容:雨淋阀、蝶阀、装配管、压力表、泄放试验阀、流量表、截止阀、注水阀、止回阀、电磁阀、排水阀、手动应急球阀、报警试验阀、漏斗、压力开关、过滤器、水力警铃等。

4)预作用报警装置包括内容:报警阀、控制蝶阀、压力表、流量表、截止阀、排放阀、注水阀、止回阀、泄放阀、报警试验阀、液压切断阀、装配管、供水检验管、气压开关、试压电磁阀、空压机、应急手动试压器、漏斗、过滤器、水力警铃等。

2. 定额工程量计算规则与注意事项

（1）报警装置安装按成套产品以"组"为计量单位。其他报警装置适用于雨淋、干湿两用及预作用报警装置，其安装执行湿式报警装置安装定额，其人工乘以系数 1.2,其余不变。成套产品包括内容见表 7-6。

表 7-6　　　　　　　　　　成套产品包括内容

序号	项目名称	型号	包　括　内　容
1	湿式报警装置	ZSS	湿式阀、蝶阀、装配管、供水压力表、装置压力表、试验阀、泄放试验阀、泄放试验管、试验管流量计、过滤器、延时器、水力警铃、报警截止阀、漏斗、压力开关等
2	干湿两用报警装置	ZSL	两用阀、蝶阀、装置截止阀、装配管、加速器、加速器压力表、供水压力表、试验阀、泄放试验阀（湿式）、泄放试验阀（干式）、挠性接头、泄放试验管、试验管流量计、排气阀、截止阀、漏斗、过滤器、延时器、水力警铃、压力开关等
3	电动雨淋报警装置	ZSY1	雨淋阀、蝶阀（2个）、装配管、压力表、泄放试验阀、流量表、截止阀、注水阀、止回阀、电磁阀、排水阀、手动应急球阀、报警试验阀、漏斗、压力开关、过滤器、水力警铃等
4	预作用报警装置	ZSU	干式报警阀、控制蝶阀（2个）、压力表（2块）、流量表、截止阀、排放阀、注水阀、止回阀、泄放阀、报警试验阀、液压切断阀、装配管、供水检验管、气压开关（2个）、试压电磁阀、应急手动试压器、漏斗、过滤器、水力警铃等
5	室内消火栓	SN	消火栓箱、消火栓、水枪、水龙带、水龙带接扣、挂架、消防按钮
6	室外消火栓	地上式 SS 地下式 SX	地上式消火栓、法兰接管、弯管底座；地下式消火栓、法兰接管、弯管底座或消火栓三通
7	消防水泵接合器	地上式 SQ 地下式 SQX 墙壁式 SQB	消防接口本体、止回阀、安全阀、闸阀、弯管底座、放水阀；消防接口本体、止回阀、安全阀、闸阀、弯管底座、放水阀；消防接口本体、止回阀、安全阀、闸阀、弯管底座、放水阀、标牌
8	室内消火栓组合卷盘	SN	消火栓箱、消火栓、水枪、水龙带、水龙带接扣、挂架、消防按钮、消防软管卷盘

（2）报警装置及水流指示器安装定额均按管网系统试压、冲洗合格后安装考虑的,定额中已包括丝堵、临时短管的安装、拆除及其摊销。

（二）工程量计算实例

【例 7-2】已知某设计图示,需要安装报警装置 35 组,火灾光警报器的规格:GST-MD-F9514,求报警装置工程量。

【解】　（1）报警装置清单工程量计算见表 7-7。

表 7-7　　　　　　　　　　报警装置清单工程量计算表

项目编码	项目名称	项目特征描述	计量单位	工程量
030901004001	报警装置	火灾光警报器,规格:GST-MD-F9514	组	35

（2）报警装置定额工程量:35 组。

五、消火栓安装工程量计算

(一)计算规则与注意事项

1. 清单工程量计算规则与注意事项

(1)消火栓安装工程量计算规则见表 7-8。

表 7-8　　　　　　　　　　　消火栓安装工程量计算规则

项目编码	项目名称	项目特征	计量单位	工程量计算规则
030901010	室内消火栓	1. 安装方式 2. 型号、规格 3. 附件材质、规格	套	按设计图示数量计算
030901011	室外消火栓			

(2)室内消火栓,包括消火栓箱、消火栓、水枪、水龙头、水龙带接扣、自救卷盘、挂架、消防按钮;落地消火栓箱包括箱内手提灭火器。

(3)室外消火栓,安装方式分地上式、地下式;地上式消火栓安装包括地上式消火栓、法兰接管、弯管底座;地下式消火栓安装包括地下式消火栓、法兰接管、弯管底座或消火栓三通。

2. 定额工程量计算规则与注意事项

(1)室内消火栓安装,区分单栓和双栓,以"套"为计量单位,所带消防按钮的安装另行计算。成套产品包括的内容见表 7-6。

(2)室内消火栓组合卷盘安装,执行室内消火栓安装定额乘以系数 1.2。成套产品包括的内容见表 7-6。

(二)工程量计算实例

【例 7-3】某工程设计图示,需安装室外消火栓 20 套。试计算其工程量。

【解】　室外消火栓清单工程量计算见表 7-9。

表 7-9　　　　　　　　　　　室外消火栓清单工程量计算表

项目编码	项目名称	项目特征描述	计量单位	工程量
030901011001	室外消火栓	室外消火栓	套	20

六、其他水灭火系统安装工程量计算

(一)计算规则与注意事项

1. 清单工程量计算规则与注意事项

(1)其他水灭火系统安装工程量计算规则见表 7-10。

表 7-10　　　　　　　　　　其他水灭火系统安装工程量计算规则

项目编码	项目名称	项目特征	计量单位	工程量计算规则
030901012	消防水泵接合器	1. 安装部位 2. 型号、规格 3. 附件材质、规格	套	按设计图示数量计算

续表

项目编码	项目名称	项目特征	计量单位	工程量计算规则
030901013	灭火器	1. 形式 2. 规格、型号	具(组)	按设计图示数量计算
030901014	消防水炮	1. 水炮类型 2. 压力等级 3. 保护半径	台	

(2)消防水泵接合器,包括法兰接管及弯头安装,接合器井内阀门、弯管底座、标牌等附件安装。

(3)消防水炮:分普通手动水炮、智能控制水炮。

2. 定额工程量计算规则与注意事项

消防水泵接合器安装,区分不同安装方式和规格,以"套"为计量单位。如设计要求用短管时,其本身价值可另行计算,其余不变。

(二)工程量计算实例

【例7-4】某工程设计图示,需安装灭火器25具,试计算其工程量。

【解】 灭火器清单工程量计算见表7-11。

表7-11　　　　　　　　　　灭火器清单工程量计算表

项目编码	项目名称	项目特征描述	计量单位	工程量
030901013001	灭火器	灭火器	具	25

第二节　气体灭火系统工程量计算

一、气体灭火系统基础知识

(1)气体灭火系统是指由灭火剂供应源、喷嘴和管路组成的灭火系统。灭火剂主要有卤代烷1211、1301,二氧化碳等。按系统分为全淹没系统和局部应用灭火系统。

(2)系统组件是指贮存装置、选择阀、喷嘴和阀驱动装置等部件的统称。

(3)贮存装置是指由贮存容器、容器阀、单向阀、集流管和高压软管等组成的装置。

(4)贮存容器是指灭火剂的贮存钢瓶。按容积分为40L、70L、90L、155L和270L。

(5)卤代烷灭火系统是指由卤代烷供应源、喷嘴和管路组成的灭火系统。主要有1211灭火系统和1301灭火系统。

(6)二氧化碳灭火系统是指由二氧化碳供应源、喷嘴和管路组成的灭火系统,也称为高压二氧化碳灭火系统。

(7)二氧化碳称重检漏装置是指由泄漏报警开关、配重及支架组成,检测二氧化碳灭火剂贮存量是否符合要求的装置。

二、气体灭火系统工程分项工程划分明细

1. 清单模式下气体灭火系统工程的划分

气体灭火系统工程清单模式下共分为 9 个项目,包括:无缝钢管,不锈钢管,不锈钢管管件,气体驱动装置管道,选择阀,气体喷头,贮存装置,称重检漏装置,无管网气体灭火装置。

(1)无缝钢管工作内容包括:管道安装,管件安装,钢管镀锌,压力试验,吹扫,管道标识。

(2)不锈钢管工作内容包括:管道安装,焊口充氩保护,压力试验,吹扫,管道标识。

(3)不锈钢管管件工作内容包括:管件安装,管件焊口充氩保护。

(4)气体驱动装置管道工作内容包括:管道安装,压力试验,吹扫,管道标识。

(5)选择阀工作内容包括:安装,压力试验。

(6)气体喷头工作内容包括:喷头安装。

(7)贮存装置工作内容包括:贮存装置安装,系统组件安装,气体增压。

(8)称重检漏装置、无管网气体灭火装置工作内容包括:安装,调试。

2. 定额模式下气体灭火系统工程的划分

气体灭火系统安装工程定额模式下共分为 4 个项目,包括:管道安装、系统组件安装、二氧化碳称重检漏装置安装、系统组件试验。

(1)管道安装。

1)无缝钢管(螺纹连接)。工作内容包括:切管、调直、车丝、清洗、镀锌后调直、管口连接、管道安装。

2)无缝钢管(法兰连接)。工作内容包括:切管、调直、坡口、对口、焊接、法兰连接、管件及管道预装及安装。

3)气体驱动装置管道安装。工作内容包括:切管、煨弯、安装、固定、调整、卡套连接。

4)钢制管件(螺纹连接)。工作内容包括:切管、调直、车丝、清洗、镀锌后调直、管件连接。

(2)系统组件安装。

1)喷头安装。工作内容包括:切管、调直、车丝、管件及喷头安装、喷头外观清洁。

2)选择阀安装。

①螺纹连接。工作内容包括:外观检查、切管、车丝、活接头及阀门安装。

②法兰连接。工作内容包括:外观检查、切管、坡口、对口、焊法兰、阀门安装。

3)贮存装置安装。工作内容包括:外观检查,搬运,称重,支架框架安装,系统组件安装,阀驱动装置安装,氮气增压。

(3)二氧化碳称重检漏装置安装。工作内容包括:开箱检查、组合装配、安装、固定、试动调整。

(4)系统组件试验。工作内容包括:准备工具和材料、安装拆除临时管线、灌水加压、充氮气、停压检查、放水、泄压、清理及烘干、封口。

三、气体灭火系统管道、管件安装工程量计算

(一)计算规则与注意事项

1. 清单工程量计算规则与注意事项

(1)气体灭火系统管道、管件安装工程量计算规则见表 7-12。

表 7-12　　　　　　　　　气体灭火系统管道、管件安装工程量计算规则

项目编码	项目名称	项目特征	计量单位	工程量计算规则
030902001	无缝钢管	1. 介质 2. 材质、压力等级 3. 规格 4. 焊接方法 5. 钢管镀锌设计要求 6. 压力试验及吹扫设计要求 7. 管道标识设计要求	m	按设计图示管道中心线以长度计算
030902002	不锈钢管	1. 材质、压力等级 2. 规格 3. 焊接方法 4. 充氩保护方式、部位 5. 压力试验及吹扫设计要求 6. 管道标识设计要求		
030902003	不锈钢管管件	1. 材质、压力等级就 2. 规格 3. 焊接方法 4. 充氩保护方式、部位	个	按设计图示数量计算
030902004	气体驱动装置管道	1. 材质、压力等级 2. 规格 3. 焊接方法 4. 压力试验及吹扫设计要求 5. 管道标识设计要求	m	按设计图示管道中心线以长度计算

(2)气体灭火管道工程量计算,不扣除阀门、管件及各种组件所占长度以延长米计算。

(3)气体灭火介质,包括七氟丙烷灭火系统、IG541 灭火系统、二氧化碳灭火系统等。

(4)气体驱动装置管道安装,包括卡、套连接件。

2. 定额工程量计算规则与注意事项

(1)管道安装包括无缝钢管的螺纹连接、法兰连接、气动驱动装置管道安装及钢制管件的螺纹连接。

(2)各种管道安装按设计管道中心长度,以"m"为计量单位,不扣除阀门、管件及各种组件所占长度,主材数量应按定额用量计算。

(3)钢制管件螺纹连接均按不同规格以"个"为计量单位。

(4)无缝钢管螺纹连接不包括钢制管件连接内容,其工程量应按设计用量执行钢制管件连接定额。

(5)无缝钢管法兰连接定额,管件是按成品,弯头两端是按接短管焊法兰考虑的,包括直管、管件、法兰等预装和安装的全部工作内容。但管件、法兰及螺栓的主材数量应按设计规定另行计算。

（6）螺纹连接的不锈钢管、铜管及管件安装时，按无缝钢管和钢制管件安装相应定额乘以系数1.20。

（7）无缝钢管和钢制管件内外镀锌及场外运输费用另行计算。

（8）气动驱动装置管道安装定额包括卡套连接件的安装，其本身价值按设计用量另行计算。

（9）无缝钢管、钢制管件、选择阀安装及系统组件试验，均适用于卤代烷1211和1301灭火系统。二氧化碳灭火系统，按卤代烷灭火系统相应安装定额乘以系数1.2。

（10）管道支吊架的制作安装执行相应定额。

（11）不锈钢管、铜管及管件的焊接或法兰连接，各种套管的制作安装、管道系统强度试验、严密性试验和吹扫等，均执行《全统定额》第六册《工业管道工程》相应定额。

（12）管道及支吊架的防腐、刷油漆等执行《全统定额》第十一册《刷油漆、防腐蚀、绝热工程》相应定额。

（13）电磁驱动器与泄漏报警开关的电气接线等，执行《全统定额》第十册《自动化控制装置及仪表安装工程》相应定额。

（14）本章定额适用于工业和民用建筑中设置的二氧化碳灭火系统、卤代烷1211灭火系统和卤代烷1301灭火系统中的管道、管件、系统组件等的安装。

（15）本章定额中的无缝钢管、钢制管件、选择阀安装及系统组件试验等均适用于卤代烷1211和1301灭火系统，二氧化碳灭火系统按卤代烷灭火系统相应定额乘以系数1.20。

（16）管道及管件安装定额：

1）无缝钢管和钢制管件内外镀锌及场外运输费用另行计算。

2）螺纹连接的不锈钢管、铜管及管件安装时，按无缝钢管和钢制管件安装相应定额乘以系数1.20。

3）无缝钢管螺纹连接定额中不包括钢制管件连接内容，应按设计用量执行钢制管件连接定额。

4）无缝钢管法兰连接定额，管件是按成品、弯头两端是按接短管焊接法兰考虑的，定额中包括了直管、管件、法兰等全部安装工序内容，但管件、法兰及螺栓的主材数量应按设计规定另行计算。

5）气动驱动装置管道安装定额中卡套连接件的数量按设计用量另行计算。

（二）工程量计算实例

【例7-5】 已知某气体灭火系统，需要安装无缝钢管40m，无缝钢管的规格：DN150，求无缝钢管工程量。

【解】（1）无缝钢管清单工程量计算见表7-13。

表7-13　　　　　　　　　　无缝钢管清单工程量计算表

序号	项目编码	项目名称	项目特征描述	计量单位	工程量
1	030902001001	无缝钢管	无缝钢管，规格：DN150	m	40

（2）无缝钢管定额工程量：40m。

四、选择阀及喷头安装工程量计算

(一)计算规则与注意事项

1. 清单工程量计算规则与注意事项

选择阀及喷头安装工程量计算规则见表 7-14。

表 7-14　　　　　　　　　　　选择阀及喷头安装工程量计算规则

项目编码	项目名称	项目特征	计量单位	工程量计算规则
030902005	选择阀	1. 材质 2. 型号、规格 3. 连接形式	个	按设计图示数量计算
030902006	气体喷头			

2. 定额工程量计算规则与注意事项

(1)喷头安装均按不同规格以"个"为计量单位。

(2)选择阀安装按不同规格和连接方式分别以"个"为计量单位

(3)喷头安装定额中包括管件安装及配合水压试验安装拆除丝堵的工作内容。

(4)系统组件包括选择阀,气、液单向阀和高压软管。

(二)工程量计算实例

【例 7-6】已知某设计图示,需要安装选择阀 15 个,选择阀的规格:$DN70$,求选择阀工程量。

【解】　(1)选择阀清单工程量计算见表 7-15。

表 7-15　　　　　　　　　　　选择阀清单工程量计算表

项目编码	项目名称	项目特征描述	计量单位	工程量
030902005001	选择阀	选择阀,规格:$DN70$	个	15

(2)选择阀定额工程量:15 个。

【例 7-7】某二氧化碳气体灭火系统设法兰连接不锈钢管 $DN40$、$DN65$ 的选择阀各一个,对其进行水压强度及气压严密性试验,试计算其定额工程量。

【解】　(1)选择阀 $DN40$

查定额 7－165 计量单位:个;数量:1。

其工程基价 27.61 元,其中人工费 12.77 元,材料费 8.98 元,机械费 5.86 元。

(2)选择阀 $DN65$

查定额 7－167 计量单位:个;数量:1。

其工程基价 35.42 元,其中人工费 17.18 元,材料费 11.91 元,机械费 6.33 元。

五、贮存装置安装工程量计算

(一)计算规则与注意事项

1. 清单工程量计算规则与注意事项

(1)贮存装置安装工程量计算规则见表7-16。

表7-16　　　　　　　　　　贮存装置安装工程量计算规则

项目编码	项目名称	项目特征	计量单位	工程量计算规则
030902007	贮存装置	1. 介质、类型 2. 型号、规格 3. 气体增压设计要求	套	按设计图示数量计算

(2)贮存装置安装,包括灭火剂存储器、驱动气瓶、支框架、集流阀、容器阀、单向阀、高压软管和安全阀等贮存装置和阀驱动装置、减压装置、压力指示仪等。

2. 定额工程量计算规则与注意事项

(1)储存装置安装中,包括灭火剂贮存容器和驱动气瓶的安装固定,以及支框架、系统组(集流管、容器阀、单向阀、高压软管)、安全阀等贮存装置和阀驱动装置的安装及氮气增压。贮存装置安装按贮存容器和驱动气瓶的规格(L),以"套"为计量单位。

(2)二氧化碳贮存装置安装时,不须增压,执行定额时,扣除高纯氮气,其余不变。

(二)工程量计算实例

【例7-8】已知某设计图示,需要安装贮存装置15套,消防泡沫液贮罐PHYM,求贮存装置工程量。

【解】　(1)贮存装置清单工程量计算见表7-17。

表7-17　　　　　　　　　　贮存装置清单工程量计算表

项目编码	项目名称	项目特征描述	计量单位	工程量
030902007001	贮存装置	消防泡沫液贮罐PHYM	套	15

(2)贮存装置定额工程量:15套。

六、称重检漏装置安装工程量计算

(一)计算规则与注意事项

1. 清单工程量计算规则与注意事项

称重检漏装置安装工程量计算规则见表7-18。

表7-18　　　　　　　　　　称重检漏装置安装工程量计算规则

项目编码	项目名称	项目特征	计量单位	工程量计算规则
030902008	称重检漏装置	1. 型号 2. 规格	套	按设计图示数量计算

2. 定额工程量计算规则与注意事项

二氧化碳称重检漏装置包括泄漏报警开关、配重、支架等。

(二)工程量计算实例

【例 7-9】已知某设计图示,需要安装二氧化碳称重检漏装置 15 套,二氧化碳称重检漏装置的规格:RBT-6000,求二氧化碳称重检漏装置工程量。

【解】 (1)称重检漏装置清单工程量计算见表 7-19。

表 7-19　　　　　　二氧化碳称重检漏装置清单工程量计算表

项目编码	项目名称	项目特征描述	计量单位	工程量
030902008001	称重检漏装置	二氧化碳称重检漏装置,规格:RBT-6000	套	15

(2)称重检漏装置定额工程量:15 套。

七、无管网气体灭火器装置安装工程量计算

(一)计算规则与注意事项

(1)无管网气体灭火器装置安装工程量计算规则见表 7-20。

表 7-20　　　　　　无管网气体灭火器装置安装工程量计算规则

项目编码	项目名称	项目特征	计量单位	工程量计算规则
030902009	无管网气体灭火器装置	1. 类型 2. 型号、规格 3. 安装部位 4. 调试要求	套	按设计图示数量计算

(2)无管网气体灭火系统由柜式预制灭火装置、火灾探测器、火灾自动报警灭火控制器等组成,具有自动控制和手段控制两种启动方式。无管网气体灭火装置安装,包括气瓶柜装置(内设气瓶、电磁阀、喷头)和自动报警控制装置(包括控制器,烟、温感,声光报警器,手动报警器,手、自动控制按钮)等。

(二)工程量计算实例

【例 7-10】某工程设计图示,需安装七氟丙烷柜式无管网气体灭火器装置 4 套,计算工程量。

【解】 无管网气体灭火器装置清单工程量计算见表 7-21。

表 7-21　　　　　　无管网气体灭火器装置清单工程量计算表

项目编码	项目名称	项目特征描述	计量单位	工程量
030902009001	无管网气体灭火器装置	七氟丙烷柜式无管网气体灭火器装置	套	4

第三节　泡沫灭火系统工程量计算

一、泡沫灭火系统基础知识

(1)泡沫灭火系统是指由水源、水泵、泡沫液供给源、泡沫比例混合器、管路和泡沫产生器组成的灭火系统。按其安装使用形式分为固定式、半固定式和移动式三种。

(2)泡沫混合液是指泡沫液和水按一定比例混合后形成的水溶液。按泡沫发泡倍数分为低、中、高倍数泡沫。

(3)泡沫比例混合器是指能使水与泡沫液按规定比例混合成混合液以供应泡沫发生设备发泡的装置。

(4)泡沫发生器是指将水与泡沫液按着比例形成的泡沫混合液,变成泡沫的设备。

二、泡沫灭火系统工程分项工程划分明细

1. 清单模式下泡沫灭火系统工程的划分

泡沫灭火器系统清单模式下共分为 8 个项目,包括:碳钢管,不锈钢管,铜管,不锈钢管管件,铜管管件,泡沫发生器,泡沫比例混合器,泡沫液贮罐。

(1)碳钢管工作内容包括:管道安装,管件安装,无缝钢管镀锌,压力试验,吹扫,管道标识。

(2)不锈钢管工作内容包括:管道安装,焊口充氩保护,压力试验,吹扫,管道标识。

(3)铜管工作内容包括:管道安装,压力试验,吹扫,管道标识。

(4)不锈钢管管件工作内容包括:管道安装,管件焊口充氩保护。

(5)钢管管件工作内容包括:管件安装。

(6)泡沫发生器、泡沫比例混合器、泡沫液贮罐工作内容包括:安装,调试,二次灌浆。

2. 定额模式下泡沫灭火系统工程的划分

泡沫灭火系统清单模式下共分为 2 个项目,包括:泡沫发生器安装、泡沫比例混合器安装。

(1)泡沫发生器安装。工作内容包括:开箱检查、整体吊装、找正、找平、安装固定、切管、焊法兰、调试。

(2)泡沫比例混合器安装。

1)压力储罐式泡沫比例混合器安装。工作内容包括:开箱检查、整体吊装、找正、找平、安装固定、切管、焊法兰、调试。

2)平衡压力式比例混合器安装。工作内容包括:开箱检查、切管、坡口、焊法兰、整体安装、调试。

3)环泵式负压比例混合器安装。工作内容包括:开箱检查、切管、坡口、焊法兰、本体安装、调试。

4)管线式负压比例混合器安装。工作内容包括:开箱检查、本体安装、找正、找平、螺栓固定、调试。

三、泡沫灭火系统管道与管件安装工程量计算

(一)计算规则与注意事项

1. 清单工程量计算规则与注意事项

(1)泡沫灭火器系统管道与管件安装工程量计算规则见表 7-22。

表 7-22　　　　　　泡沫灭火器系统管道与管件安装工程量计算规则

项目编码	项目名称	项目特征	计量单位	工程量计算规则
030903001	碳钢管	1. 材质、压力等级 2. 规格 3. 焊接方法 4. 无缝钢管镀锌设计要求 5. 压力试验、吹扫设计要求 6. 管道标识设计要求	m	按设计图示管道中心线以长度计算
030903002	不锈钢管	1. 材质、压力等级 2. 规格 3. 焊接方法 4. 充氩保护方式、部位 5. 压力试验、吹扫设计要求 6. 管道标识设计要求		
030903003	铜管	1. 材质、压力等级 2. 规格 3. 焊接方法 4. 压力试验、吹扫设计要求 5. 管道标识设计要求		
030903004	不锈钢管管件	1. 材质、压力等级 2. 规格 3. 焊接方法 4. 充氩保护方式、部位	个	按设计图示数量计算
030903005	铜管管件	1. 材质、压力等级 2. 规格 3. 焊接方法		

(2)泡沫灭火管道工程量计算,不扣除阀门、管件及各种组件所占长度以延长米计算。

2. 定额工程量计算规则与注意事项

(1)泡沫灭火系统的管道、管件、法兰、阀门、管道支架等安装,以及管道系统水冲洗、强度试验、严密性试验等,执行《全统定额》第六册《工业管道工程》相应项目。

(2)泡沫喷淋系统的管道组件、气压水罐、管道支吊架等安装,应执行相应定额及有关规定。

(二)工程量计算实例

【例 7-11】已知某工程设计图示,需要安装碳钢管 15m,碳钢管的规格:273mm×8mm,求碳钢管工程量。

【解】 (1)碳钢管清单工程量计算见表 7-23。

表 7-23　　　　　　　　　　　　碳钢管清单工程量计算表

项目编码	项目名称	项目特征描述	计量单位	工程量
030903001001	碳钢管	碳钢管,规格:273mm×8mm	m	15

(2)碳钢管定额工程量:15m。

四、泡沫发生器安装工程量计算

(一)计算规则与注意事项

1. 清单工程量计算规则与注意事项

(1)泡沫发生器安装工程量计算规则见表 7-24。

表 7-24　　　　　　　　　　　泡沫发生器安装工程量计算规则

项目编码	项目名称	项目特征	计量单位	工程量计算规则
030903006	泡沫发生器	1. 类型 2. 型号、规格 3. 二次灌浆材料	台	按设计图示数量计算
030903007	泡沫比例混合器			
030903008	泡沫液贮罐	1. 质量/容量 2. 型号、规格 3. 二次灌浆材料		

(2)泡沫发生器、泡沫比例混合器安装,包括整体安装、焊法兰、单体调试及配合管道试压时隔离本体所消耗的工料。

(3)泡沫液贮罐内如需充装泡沫液,应明确描述泡沫灭火剂品种、规格。

2. 定额工程量计算规则与注意事项

(1)泡沫发生器安装均按不同型号以"台"为计量单位。法兰和螺栓按设计规定另行计算。

(2)消防泵等机械设备安装及二次灌浆,执行《全统定额》第一册《机械设备安装工程》相应项目。

(3)除锈、刷油漆、保温等,执行《全统定额》第十一册《刷油漆、防腐蚀、绝热工程》相应项目。

(4)泡沫液贮罐、设备支架制作安装,执行《全统定额》第五册《静置设备与工艺金属结构制作安装工程》相应项目。

(5)泡沫液充装是按生产厂在施工现场充装考虑的,若由施工单位充装时,可另行计算。

(6)油罐上安装的泡沫发生器及化学泡沫室,执行《全统定额》第五册《静置设备与工艺金属结构制作安装工程》相应项目。

(7)泡沫灭火系统调试应按批准的施工方案另行计算。

(8)泡沫灭火系统定额适用于高、中、低倍数固定式或半固定式泡沫灭火系统的发生器及泡沫比例混合器安装。

(9)泡沫发生器及泡沫比例混合器安装中包括整体安装、焊法兰、单体调试及配合管道试压时隔离所消耗的人工和材料。但不包括支架的制作、安装和二次灌浆的工作内容。地脚螺栓按本体带有考虑。

(二)工程量计算实例

【例7-12】已知某设计图示,需要安装泡沫发生器15台,泡沫发生器型号:PC-4,求泡沫发生器工程量。

【解】　(1)泡沫发生器清单工程量计算见表7-25。

表 7-25　　　　　　　　　　泡沫发生器清单工程量计算表

项目编码	项目名称	项目特征描述	计量单位	工程量
030903006001	泡沫发生器	泡沫发生器,型号:PC-4	台	15

(2)泡沫发生器定额工程量:15台。

第四节　火灾自动报警系统工程量计算

一、火灾自动报警系统的基础知识

(1)火灾自动报警系统是人们为了及早发现和通报火灾,并及时采取有效措施和扑灭火灾而设置在建筑物中或其他场所的一种自动消防设施,由触发器件、火灾报警装置以及具有其他辅助功能的装置组成。

(2)火灾探测器是指能对火灾参数响应,自动产生火灾报警信号的器件。

(3)点型火灾感烟探测器是指对警戒范围中某一点周围的烟密度升高响应的火灾探测器。根据工作原理不同,可分为离子感烟探测器和光电感烟探测器等。

(4)点型火灾感温探测器是指对警戒范围中某一点周围的温度升高响应的火灾探测器。根据工作原理不同,可分为定温探测器和差温探测器等。

(5)线型探测器是指温度达到预定值时,利用两根载流导线间的热敏绝缘物熔化,使两根导线接触而动作的火灾探测器。

(6)按钮是指用手动方式发出火灾报警信号且可确认火灾的发生,以及启动灭火装置的器件。

(7)控制模块(接口)是指在总线制消防联动系统中,用于现场消防设备与联动控制器间传递动作信号和动作命令的器件。

(8)报警接口是指在总线制消防联动系统中,配接于探测器与报警控制器间,并向报警控制器传递火警信号的器件。

(9)报警控制器是指能为火灾探测器供电、接收、显示和传递火灾报警信号的报警装置。

(10)联动控制器是指能接收由报警控制器传递来的报警信号,并对自动消防等装置发出控制信号的装置。

(11)报警联动一体机是指既能为火灾探测器供电、接收、显示和传递报警信号,又能对自动消防等装置发出控制信号的装置。

(12)重复显示器是指在多区域多楼层报警控制系统中,用于某区域某楼层接收探测器发出的火灾报警信号,显示报警探测器位置,发出声光警报信号的控制器。

(13)声光报警装置也称为火警声光报警器或火警声光讯响器,是一种以音响方式和闪光方式发出火灾报警信号的装置。

(14)警铃是指以音响方式发出火灾警报信号的装置。

(15)远程控制器是指可接收传送控制器发出的信号,对消防执行设备实现远距离控制的装置。

二、火灾自动报警系统工程分项工程划分明细

1. 清单模式下火灾自动报警系统工程的划分

火灾自动报警系统工程清单模式下共分为17个项目,包括:点型探测器,线型探测器,按钮,消防警铃,声光报警器,消防报警电话插孔(电话),消防广播(扬声器),模块(模块箱),区域报警控制箱,联动控制箱,远程控制箱(柜),火灾报警系统控制主机,联动控制主机,消防广播及对讲电话主机(柜),火灾报警控制微机(CRT),备用电源及电池主机(柜),报警联动一体机。

(1)点型探测器工作内容包括:底座安装,探头安装,校接线,编码,探测器调试。

(2)线型探测器工作内容包括:探测器安装,接口模板安装,报警终端安装,校接线。

(3)按钮、消防警铃、声光报警器、消防报警电话插孔(电话)、消防广播(扬声器)、模块(模块箱)工作内容包括:安装,校接线,编码,调试。

(4)区域报警控制箱、联动控制箱、远程控制箱(柜)工作内容包括:本体安装,校接线、遥测绝缘电阻,排线、绑扎、导线标识,显示器安装,调试。

(5)火灾报警系统控制主机、联动控制主机、消防广播及对讲电话主机(柜),报警联动一体机工作内容包括:安装,校接线,调试。

(6)火灾报警控制微机(CRT)、备用电源及电池主机(柜)工作内容包括:安装,调试。

2. 定额模式下火灾自动报警系统工程的划分

火灾自动报警系统工程定额模式下共分为9个项目,包括:探测器安装,按钮安装,模块(接口)安装,报警控制器安装,联动控制器安装,报警联动一体机安装,重复显示器、警报装置、远程控制器安装,火灾事故广播安装,消防通信、报警备用电源安装。

(1)探测器安装。

1)点型探测器。工作内容包括:校线、挂锡、安装底座、探头、编码、清洁、调测。

2)线型探测器。工作内容包括:拉锁固定、校线、挂锡、调测。

(2)按钮安装。工作内容包括:校线、挂锡、钻眼固定、安装、编码、调测。

(3)模块(接口)安装。工作内容包括:安装、固定、校线、挂锡、功能检测、编码、防潮和防尘处理。

（4）报警控制器安装。工作内容包括：安装、固定、校线、挂锡、功能检测、防潮和防尘处理、压线、标志、绑扎。

（5）联动控制器安装。工作内容包括：校线、挂锡、并线、压线、标志、安装、固定、功能检测、防尘和防潮处理。

（6）报警联动一体机安装。工作内容包括：校线、挂锡、并线、压线、标志、安装、固定、功能检测、防尘和防潮处理。

（7）重复显示器、警报装置、远程控制器安装。工作内容包括：校线、挂锡、并线、压线、标志、编码、安装、固定、功能检测、防尘和防潮处理。

（8）火灾事故广播安装。工作内容包括：校线、挂锡、并线、压线、标志、安装、固定、功能检测、防尘和防潮处理。

（9）消防通信、报警备用电源安装。工作内容包括：校线、挂锡、并线、压线、安装、固定、功能检测、防尘和防潮处理。

三、探测器安装工程量计算

（一）计算规则与注意事项

1. 清单工程量计算规则与注意事项

（1）探测器安装工程量计算规则见表 7-26。

表 7-26　　　　　　　　　　　　　　　　　探测器安装工程量计算规则

项目编码	项目名称	项目特征	计量单位	工程量计算规则
030904001	点型探测器	1. 名称 2. 规格 3. 线制 4. 类型	个	按设计图示数量计算
030904002	线型探测器	1. 名称 2. 规格 3. 安装方式	m	按设计图示长度计算

（2）点型探测器包括火焰、烟感、温感、红外光束、可燃气体探测器等。

2. 定额工程量计算规则与注意事项

（1）点型探测器按线制的不同分为多线制与总线制，不分规格、型号、安装方式与位置，以"只"为计量单位。探测器安装包括了探头和底座的安装及本体调试。

（2）红外线探测器以"只"为计量单位。红外线探测器是成对使用的，在计算时一对为两只。定额中包括了探头支架安装和探测器的调试、对中。

（3）火焰探测器、可燃气体探测器，按线制的不同分为多线制与总线制两种，计算时不分规格、型号、安装方式与位置，以"只"为计量单位。探测器安装包括了探头和底座的安装及本体调试。

（4）线型探测器的安装方式按环绕、正弦及直线综合考虑，不分线制及保护形式，以"m"为计量单位。定额中未包括探测器连接的一只模块和终端，其工程量应按相应定额另行计算。

(二)工程量计算实例

【例 7-13】某商场火灾自动报警系统安装一台壁挂式报警联动一体机、一台报警控制器、手动按钮 2 只、感温探测器 3 只、气体探测器 2 只,如图 7-1 所示。试计算其定额工程量。

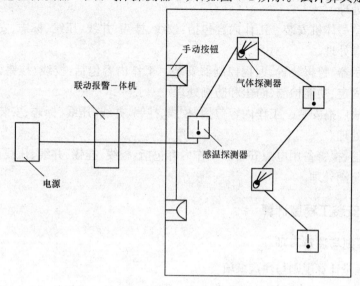

图 7-1　某商场火灾自动报警系统安装示意图

【解】　根据题意查定额,可知:

(1)查定额 7—40～7—43 壁挂式报警联动一体机,计量单位:台;数量:1。

(2)查定额 7—16～7—27 报警控制器,计量单位:台;数量:1。

(3)查定额 7—12 按钮,计量单位:只;数量:2。

(4)查定额 7—2～7—7 感温探测器,计量单位:只;数量:3。

(5)查定额 7—5～7—10 可燃气体探测器,计量单位:只;数量:2。

(6)查定额 7—195～7—199 自动报警系统装置调试,计量单位:系统;数量:1。

【例 7-14】某写字楼一层大厅装有多线制火灾自动报警系统,该系统有 6 只感烟探测器,2 分区域报警控制箱,并接于同一回路,128 点多线制移动控制器(落地式)、报警备用电源 1 台,试计算其工程量。

【解】　多线制感烟式点型探测器　　　6 只

多线制 128 点落地式联动控制器　　　1 台

报警装置警铃　　　2 台

清单工程量计算见表 7-27。

表 7-27　　　　　　　　　　清单工程量计算表

序号	项目编码	项目名称	项目特征描述	计量单位	工程量
1	030904001001	点型探测器	多线制感烟式点型探测器	只	6
2	030904010001	联动控制箱	多线制 128 点落地式联动控制器	台	1
3	030904009001	区域报警控制箱	报警装置警铃	台	2

四、按钮及报警器安装工程量计算

(一)计算规则与注意事项

1. 清单工程量计算规则与注意事项

(1)按钮及报警器安装工程量计算规则见表 7-28。

表 7-28　　　　　　　　　按钮及报警器安装工程量计算规则

项目编码	项目名称	项目特征	计量单位	工程量计算规则
030904003	按钮	1. 名称 2. 规格	个	按设计图示数量计算
030904004	消防警铃			
030904005	声光报警器			
030904006	消防报警电话插孔(电话)	1. 名称 2. 规格 3. 安装方式	个(部)	
030904007	消防广播(扬声器)	1. 名称 2. 功率 3. 安装方式	个	
030904008	模块(模块箱)	1. 名称 2. 规格 3. 类型 4. 输出形式	个(台)	

(2)消防报警系统配管、配线、接线盒均应按《通用安装工程工程量计算规范》(GB 50856—2013)附录 D 电气设备安装工程相关项目编码列项。

(3)消防广播及对讲电话主机包括功放、录音机、分配器、控制柜等设备。

2. 定额工程量计算规则与注意事项

(1)按钮。按钮包括消火栓按钮、手动报警按钮、气体灭火起/停按钮,以"只"为计量单位,按照在轻质墙体和硬质墙体上安装两种方式综合考虑。执行时不得因安装方式不同而调整。

(2)模块(接口)。

1)控制模块(接口)是指仅能起控制作用的模块(接口),亦称为中继器,依据其给出控制信号的数量,分为单输出和多输出两种形式。执行时不分安装方式,按照输出数量以"只"为计量单位。

2)报警模块(接口)不起控制作用,只能起监视、报警作用。执行时不分安装方式,以"只"为计量单位。

(二)工程量计算实例

【例 7-15】已知某工程设计图示,需要安装按钮 200 个,手动火灾报警按钮的规格为 M500K,试求按钮安装工程量。

【解】　(1)按钮清单工程量计算见表 7-29。

表 7-29　　　　　　　　　　　　　按钮清单工程量计算表

项目编码	项目名称	项目特征描述	计量单位	工程量
030904003001	按钮	手动火灾报警按钮,规格:M500K	个	200

(2)按钮定额工程量:200 只。

五、控制器安装工程量计算

(一)计算规则与注意事项

1. 清单工程量计算规则与注意事项

控制器安装工程量计算规则见表 7-30。

表 7-30　　　　　　　　　　　　控制器安装工程量计算规则

项目编码	项目名称	项目特征	计量单位	工程量计算规则
030904009	区域报警控制箱	1. 多线制 2. 总线制 3. 安装方式 4. 控制点数量 5. 显示器类型	台	按设计图示数量计算
030904010	联动控制箱			
030904011	远程控制箱(柜)	1. 规格 2. 控制回路		
030904012	火灾报警系统控制主机	1. 规格、线制 2. 控制回路 3. 安装方式		
030904013	联动控制主机			
030904014	消防广播及对讲机电话主机(柜)			
030904015	火灾报警控制微机(CRT)	1. 规格 2. 安装方式		

2. 定额工程量计算规则与注意事项

(1)报警控制器。报警控制器按线制的不同分为多线制与总线制两种,其中又按其安装方式不同分为壁挂式和落地式。在不同线制、不同安装方式中,按照"点"数的不同划分定额项目,以"台"为计量单位。

多线制"点"是指报警控制器所带报警器件(探测器、报警按钮等)的数量。

总线制"点"是指报警控制器所带的有地址编码的报警器件(探测器、报警按钮、模块等)的数量。如果一个模块带数个探测器,则只能计为一点。

(2)联运控制器。联动控制器按线制的不同分为多线制与总线制两种,其中又按其安装方式不同分为壁挂式和落地式。在不同线制、不同安装方式中,按照"点"数的不同划分定额项目,以"台"为计量单位。多线制"点"是指联动控制器所带联动设备的状态控制和状态显示的数量。总线制"点"是指联动控制器所带的有控制模块(接口)的数量。

(3)报警联动一体机。报警联动一体机按线制的不同分为多线制与总线制两种,其中又按其安装方式不同分为壁挂式和落地式。在不同线制、不同安装方式中,按照"点"数的不同划分定额项目,以"台"为计量单位。多线制"点"是指报警联动一体机所带报警器件与联动设备的状态控制和状态显示的数量。总线制"点"是指报警联动一体机所带的有地址编码的报警器件与控制模块(接口)的数量。

(二)工程量计算实例

【例7-16】已知某工程设计图示,需要安装区域报警控制箱200台,即JB-QBLNM/300型火灾报警控制器,求报警控制箱工程量。

【解】　(1)区域报警控制器清单工程量计算见表7-31。

表7-31　　　　　　　　区域报警控制器清单工程量计算表

项目编码	项目名称	项目特征描述	计量单位	工程量
030904009001	区域报警控制箱	火灾报警控制器,JB-QBLNM/300	台	200

(2)报警控制器定额工程量:200台。

六、其他火灾自动报警装置安装工程量计算

(一)计算规则与注意事项

其他火灾自动报警装置安装工程量计算规则见表7-32。

表7-32　　　　　　　　其他火灾自动报警装置安装工程量计算规则

项目编码	项目名称	项目特征	计量单位	工程量计算规则
030904016	备用电源及电池主机(柜)	1. 名称 2. 容量 3. 安装方式	套	按设计图示数量计算
030904017	报警联动一体机	1. 规格、线制 2. 控制回路 3. 安装方式	台	

(二)工程量计算实例

【例7-17】已知某设计图示,需要安装报警联动一体机100台,材料规格:JB-QB-FT8003,求其工程量。

【解】　报警联动一体机清单工程量计算见表7-33。

表7-33　　　　　　　　报警联动一体机清单工程量计算表

项目编码	项目名称	项目特征描述	计量单位	工程量
030904017001	报警联动一体机	报警联动一体机,JB-QB-FT8003	台	100

第五节　消防系统调试工程量计算

一、消防系统调试的基础知识

消防系统调试是指一个单位工程的消防工程全系统安装完毕且连通，并检验其达到消防验收规范标准所进行的全系统的检验、测试和试验。其主要内容是：检查系统的各线路、设备安装是否符合要求；对系统各单元的设备进行单独通电检查；进行线路接口试验，并对设备进行功能确认；断开消防系统，进行加烟、加温、加光及标准校验气体进行模拟试验；按设计要求进行报警与联动试验，整体试验及自动灭火试验，并做好试验记录。

二、消防系统调试工程分项工程划分明细

1. 清单模式下消防系统调试工程的划分

消防系统调试工程清单模式下共分为 4 个项目，包括：自动报警系统调试、水灭火控制装置调试、防火控制装置调试、气体灭火系统装置调试工程。

(1)自动报警系统调试工作内容包括：系统调试。

(2)水灭火控制装置调试、防火控制装置调试工作内容包括：调试。

(3)气体灭火系统装置调试工作内容包括：模拟喷气试验，备用灭火器贮存容器切换操作试验，气体试喷。

2. 定额模式下消防系统调试工程的划分

消防系统调试工程定额模式下共分为 5 个项目，包括：自动报警系统装置调试，水灭火系统控制装置调试，火灾事故广播、消防通信、消防电梯系统装置调试，电动防火门、防火卷帘门、正压送风阀、排烟阀、防火阀控制系统装置调试，气体灭火系统装置调试。

(1)自动报警系统装置调试。工作内容包括：技术和器具准备、检查接线、绝缘检查、程序装载或校对检查、功能测试、系统试验、记录整理。

(2)水灭火系统控制装置调试。工作内容包括：技术和器具准备、检查接线、绝缘检查、程序装载或校对检查、功能测试、系统试验、记录整理等。

(3)火灾事故广播、消防通信、消防电梯系统装置调试。工作内容包括：技术和器具准备、检查接线、绝缘检查、程序装载或校对检查、功能测试、系统试验、记录整理等。

(4)电动防火门、防火卷帘门、正压送风阀、排烟阀、防火阀控制系统装置调试。工作内容包括：技术和器具准备、检查接线、绝缘检查、程序装载或校对检查、功能测试、系统试验、记录整理等。

(5)气体灭火系统装置调试。工作内容包括：准备工具、材料，进行模拟喷气试验和对备用灭火剂贮存容器切换操作试验。

三、自动报警系统装置调试工程量计算

(一)计算规则与注意事项

1. 清单工程量计算规则与注意事项

(1)自动报警系统装置调试工程量计算规则见表7-34。

表 7-34　　　　　　　自动报警系统装置调试工程量计算规则

项目编码	项目名称	项目特征	计量单位	工程量计算规则
030905001	自动报警系统调试	1. 点数 2. 线制	系统	按系统计算

(2)自动报警系统,包括各种探测器、报警器、报警按钮、报警控制器、消防广播、消防电话等组成的报警系统;按不同点数以系统计算。

2. 定额工程量计算规则与注意事项

自动报警系统包括各种探测器、报警按钮、报警控制器组成的报警系统,分别不同点数,以"系统"为计量单位。其点数按多线制与总线制报警器的点数计算。

(二)工程量计算实例

【例 7-18】已知某工程设计图示,需要调试2组自动报警系统,求自动报警系统装置调试工程量。

【解】　(1)自动报警系统调试清单工程量计算见表7-35。

表 7-35　　　　　　　自动报警系统调试清单工程量计算表

项目编码	项目名称	项目特征描述	计量单位	工程量
030905001	自动报警系统调试	自动报警系统装置调试	系统	2

(2)自动报警系统调试定额工程量:2系统。

四、水灭火控制装置调试工程量计算

(一)计算规则与注意事项

1. 清单工程量计算规则与注意事项

(1)水灭火控制装置调试工程量计算规则见表7-36。

表 7-36　　　　　　　水灭火控制装置调试工程量计算规则

项目编码	项目名称	项目特征	计量单位	工程量计算规则
030905002	水灭火控制装置调试	系统形式	点	按控制装置的点数计算

(2)水灭火控制装置,自动喷洒系统按水流指示器数量以点(支路)计算;消火栓系统按消火栓启泵按钮数量以点计算;消防水炮系统按水炮数量以点计算。

2. 定额工程量计算规则与注意事项

(1)水灭火系统控制装置,按照不同点数以"系统"为计量单位。其点数按多线制与总线制联动控制器的点数计算。

(2)火灾事故广播、消防通信系统中的消防广播喇叭、音箱和消防通信的电话分机、电话插孔,按其数量以"个"为计量单位。

(3)消防用电梯与控制中心间的控制调试,以"部"为计量单位。

(二)工程量计算实例

【例 7-19】已知某工程设计图示,需要调试 2 组水灭火系统控制装置,求水灭火系统控制装置调试工程量。

【解】 (1)水灭火控制装置调试清单工程量计算见表 7-37。

表 7-37　　　　　　　　水灭火控制装置调试清单工程量计算表

项目编码	项目名称	项目特征描述	计量单位	工程量
030905002001	水灭火控制装置调试	水灭火系统控制装置调试	系统	2

(2)水灭火控制装置调试定额工程量:2 系统。

五、防火控制系统装置调试工程量计算

(一)计算规则与注意事项

1. 清单工程量计算规则与注意事项

(1)防火控制装置调试工程量计算规则见表 7-38。

表 7-38　　　　　　　　防火控制装置调试工程量计算规则

项目编码	项目名称	项目特征	计量单位	工程量计算规则
030905003	防火控制装置调试	1. 名称 2. 类型	个(部)	按设计图示数量计算

(2)防火控制装置,包括电动防火门、防火卷帘门、正压送风阀、排烟阀、防火控制阀、消防电梯等防火控制装置;电动防火门、防火卷帘门、正压送风阀、排烟阀、防火控制阀等调试以个计算,消防电梯以部计算。

2. 定额工程量计算规则与注意事项

(1)电动防火门、防火卷帘门,指可由消防控制中心显示与控制的电动防火门、防火卷帘门,以"处"为计量单位,每樘为一处。

(2)正压送风阀、排烟阀、防火阀,以"处"为计量单位,一个阀为一处。

(二)工程量计算实例

【例 7-20】已知某设计图示,需要调试 2 组防火控制系统装置,求防火控制系统装置调试工程量。

【解】 (1)防火控制装置调试清单工程量计算见表 7-39。

表 7-39 防火控制装置调试清单工程量计算表

项目编码	项目名称	项目特征描述	计量单位	工程量
030905003001	防火控制装置调试	防火控制系统装置调试	个	2

(2)防火控制系统装置调试定额工程量:2处。

六、气体灭火系统装置调试工程量计算

(一)计算规则与注意事项

1. 清单工程量计算规则与注意事项

(1)气体灭火系统装置调试工程量计算规则见表 7-40。

表 7-40 气体灭火系统装置调试工程量计算规则

项目编码	项目名称	项目特征	计量单位	工程量计算规则
030905004	气体灭火系统装置调试	1. 试验容器规格 2. 气体试喷	点	按调试、检验和验收所消耗的试验容器总数计算

(2)气体灭火系统调试,是由七氟丙烷、IG541、二氧化碳等组成的灭火系统;按气体灭火系统装置的瓶头阀以点计算。

2. 定额工程量计算规则与注意事项

(1)气体灭火系统装置调试包括模拟喷气试验、备用灭火器贮存容器切换操作试验,按试验容器的规格(L),分别以"个"为计量单位。试验容器的数量包括系统调试、检测和验收所消耗的试验容器的总数,试验介质不同时可以换算。

(2)气体灭火系统调试试验时采取的安全措施,应按施工组织设计另行计算。

(二)工程量计算实例

【例 7-21】已知某工程设计图示,需要调试 2 组气体灭火系统装置,求气体灭火系统装置调试工程量。

【解】 (1)气体灭火系统装置调试清单工程量计算见表 7-41。

表 7-41 气体灭火系统装置调试清单工程量计算表

项目编码	项目名称	项目特征描述	计量单位	工程量
030905004001	气体灭火系统装置调试	气体灭火系统装置调试	点	2

(2)气体灭火系统装置调试定额工程量:2个。

第八章 工程合同价款的约定与管理

第一节 合同价款约定

一、一般规定

(1)工程合同价款的约定是建设工程合同的主要内容。根据有关法律条款的规定,实行招标的工程合同价款应在中标通知书发出之日起 30 天内,由发承包双方依据招标文件和中标人的投标文件在书面合同中约定。

工程合同价款的约定应满足以下几个方面的要求:

1)约定的依据要求:招标人向中标的投标人发出的中标通知书;

2)约定的时间要求:自招标人发出中标通知书之日起 30 天内;

3)约定的内容要求:招标文件和中标人的投标文件;

4)合同的形式要求:书面合同。

在工程招投标及建设工程合同签订过程中,招标文件应视为要约邀请,投标文件为要约,中标通知书为承诺。因此,在签订建设工程合同时,若招标文件与中标人的投标文件有不一致的地方,应以投标文件为准。

(2)实行招标的工程,合同约定不得违背招标文件中关于工期、造价、资质等方面的实质性内容。所谓合同实质性内容,按照《中华人民共和国合同法》第三十条规定:"有关合同标的、数量、质量、价款或者报酬、履行期限、履行地点和方式、违约责任和解决争议方法等的变更,是对要约内容的实质性变更"。

(3)不实行招标的工程合同价款,应在发承包双方认可的工程价款基础上,由发承包双方在合同中约定。

(4)工程建设合同的形式对工程量清单计价的适用性不构成影响,无论是单价合同、总价合同,还是成本加酬金合同均可以采用工程量清单计价。采用单价合同形式时,经标价的工程量清单是合同文件必不可少的组成内容,其中的工程量一般具备合同约束力(量可调),工程款结算时按照合同中约定应予计量并实际完成的工程量计算进行调整,由招标人提供统一的工程量清单则彰显了工程量清单计价的主要优点。总价合同是指总价包干或总价不变合同,采用总价合同形式,工程量清单中的工程量不具备合同的约束力(量不可调),工程量以合同图纸的标示内容为准,工程量以外的其他内容一般均赋予合同约束力,以方便合同变更的计量和计价。成本加酬金合同是承包人不承担任何价格变化风险的合同。

"13 计价规范"中规定:"实行工程量清单计价的工程,应采用单价合同;建设规模较小,技术难度较低,工期较短,且施工图设计已审查批准的建设工程可采用总价合同;紧急抢险、救灾以及施工技术特别复杂的建设工程可采用成本加酬金合同"。单价合同约定的工程价款中所包含的工程量清单项目综合单价在约定条件内是固定的,不予调整,工程量允许调整。工程量清单项目综合单价在约定的条件外,允许调整。但调整方式、方法应在合同中约定。

二、合同价款约定内容

(1)发承包双方应在合同条款中对下列事项进行约定:

1)预付工程款的数额、支付时间及抵扣方式。预付款是发包人为解决承包人在施工准备阶段资金周转问题提供的协助。如使用大宗材料,可根据工程具体情况设置工程材料预付款;

2)安全文明施工措施的支付计划,使用要求等;

3)工程计量与支付工程进度款的方式、数额及时间;

4)工程价款的调整因素、方法、程序、支付及时间;

5)施工索赔与现场签证的程序、金额确认与支付时间;

6)承担计价风险的内容、范围以及超出约定内容、范围的调整办法;

7)工程竣工价款结算编制与核对、支付及时间;

8)工程质量保证金的数额、预留方式及时间;

9)违约责任以及发生合同价款争议的解决方法及时间;

10)与履行合同、支付价款有关的其他事项等。

由于合同中涉及工程价款的事项较多,能够详细约定的事项应尽可能具体的约定,约定的用词应尽可能唯一,如有几种解释,最好对用词进行定义,尽量避免因理解上的歧义造成合同纠纷。

(2)合同中没有按照上述第(1)条的要求约定或约定不明的,若发承包双方在合同履行中发生争议由双方协商确定;当协商不能达成一致时,应按"13 计价规范"的规定执行。

第二节　　工程合同价款管理

一、工程计量

1. 一般规定

(1)正确的计量是发包人向承包人支付合同价款的前提和依据,因此"13 计价规范"中规定:"工程量必须按照相关工程现行国家计量规范规定的工程量计算规则计算"。这就明确了不论采用何种计价方式,其工程量必须按照相关工程的现行国家计量规范规定的工程量计算规则计算。采用统一的工程量计算规则,对于规范工程建设各方的计量计价行为,有效减少计量争议具有十分重要的意义。

(2)选择恰当的工程计量方式对于正确计量是十分必要的。由于工程建设具有投资大、周期长等特点,因而"13 计价规范"中规定:"工程计量可选择按月或按工程形象进度分段计量,当采用分段结算方式时,应在合同中约定具体的工程分段划分界限"。按工程形象进度分段计量与按月计量相比,其计量结果更具稳定性,可以简化竣工结算。但应注意工程形象进度分段的时间应与按月计量保持一定关系,不应过长。

(3)因承包人原因造成的超出合同工程范围施工或返工的工程量,发包人不予计量。

(4)成本加酬金合同应按单价合同的规定计量。

2. 单价合同的计量

(1)招标工程量清单标明的工程量是招标人根据拟建工程设计文件预计的工程量,不能作为承包人在实际工作中应予完成的实际和准确的工程量。招标工程量清单所列的工程量一方面是各投标人进行投标报价的共同基础;另一方面是对各投标人的投标报价进行评审的共同平台,是招投标活动应当遵循公开、公平、公正和诚实、信用原则的具体体现。

发承包双方竣工结算的工程量应以承包人按照现行国家计量规范规定的工程量计算规则计算的实际完成应予计量的工程量确定,而非招标工程量清单所列的工程量。

(2)施工中进行工程计量,当发现招标工程量清单中出现缺项、工程量偏差,或因工程变更引起工程量增减时,应按承包人在履行合同义务中完成的工程量计算。

(3)承包人应当按照合同约定的计量周期和时间向发包人提交当期已完工程量报告。发包人应在收到报告后7天内核实,并将核实计量结果通知承包人。发包人未在约定时间内进行核实的,承包人提交的计量报告中所列的工程量应视为承包人实际完成的工程量。

(4)发包人认为需要进行现场计量核实时,应在计量前24h通知承包人,承包人应为计量提供便利条件并派人参加。当双方均同意核实结果时,双方应在上述记录上签字确认。承包人收到通知后不派人参加计量,视为认可发包人的计量核实结果。发包人不按照约定时间通知承包人,致使承包人未能派人参加计量,计量核实结果无效。

(5)当承包人认为发包人核实后的计量结果有误时,应在收到计量结果通知后的7天内向发包人提出书面意见,并应附上其认为正确的计量结果和详细的计算资料。发包人收到书面意见后,应在7天内对承包人的计量结果进行复核后通知承包人。承包人对复核计量结果仍有异议的,按照合同约定的争议解决办法处理。

(6)承包人完成已标价工程量清单中每个项目的工程量并经发包人核实无误后,发承包双方应对每个项目的历次计量报表进行汇总,以核实最终结算工程量,并应在汇总表上签字确认。

3. 总价合同的计量

(1)由于工程量是招标人提供的,招标人必须对其准确性和完整性负责,且工程量必须按照相关工程现行国家计量规范规定的工程量计算规则计算,因而对于采用工程量清单方式形成的总价合同,若招标工程量清单中工程量与合同实施过程中的工程量存在差异时,都应按上述"2. 单价合同的计量"中的相关规定进行调整。

(2)采用经审定批准的施工图纸及其预算方式发包形成的总价合同,由于承包人自行对施工图纸进行计量,因此除按照工程变更规定引起的工程量增减外,总价合同各项目的工程量是承包人用于结算的最终工程量。

(3)总价合同约定的项目计量应以合同工程经审定批准的施工图纸为依据,发承包双方应在合同中约定工程计量的形象目标或时间节点进行计量。

(4)承包人应在合同约定的每个计量周期内对已完成的工程进行计量,并向发包人提交达到工程形象目标完成的工程量和有关计量资料的报告。

(5)发包人应在收到报告后7天内对承包人提交的上述资料进行复核,以确定实际完成的工程量和工程形象目标。对其有异议的,应通知承包人进行共同复核。

二、合同价款调整

(一)一般规定

(1)下列事项(但不限于)发生,发承包双方应当按照合同约定调整合同价款:

1)法律法规变化;

2)工程变更;

3)项目特征不符;

4)工程量清单缺项;

5)工程量偏差;

6)计日工;

7)物价变化;

8)暂估价;

9)不可抗力;

10)提前竣工(赶工补偿);

11)误期赔偿;

12)索赔;

13)现场签证;

14)暂列金额;

15)发承包双方约定的其他调整事项。

(2)出现合同价款调增事项(不含工程量偏差、计日工、现场签证、索赔)后的 14 天内,承包人应向发包人提交合同价款调增报告并附上相关资料;承包人在 14 天内未提交合同价款调增报告的,应视为承包人对该事项不存在调整价款请求。

此处所指合同价款调增事项不包括工程量偏差,是因为工程量偏差的调整在竣工结算完成之前均可提出;不包括计日工、现场签证和索赔,是因为这三项的合同价款调增时限在"13计价规范"中另有规定。

(3)出现合同价款调减事项(不含工程量偏差、索赔)后的 14 天内,发包人应向承包人提交合同价款调减报告并附相关资料;发包人在 14 天内未提交合同价款调减报告的,应视为发包人对该事项不存在调整价款请求。

基于上述第(2)条同样的原因,此处合同价款调减事项中不包括工程量偏差和索赔两项。

(4)发(承)包人应在收到承(发)包人合同价款调增(减)报告及相关资料之日起 14 天内对其核实,予以确认的应书面通知承(发)包人。当有疑问时,应向承(发)包人提出协商意见。发(承)包人在收到合同价款调增(减)报告之日起 14 天内未确认也未提出协商意见的,应视为承(发)包人提交的合同价款调增(减)报告已被发(承)包人认可。发(承)包人提出协商意见的,承(发)包人应在收到协商意见后的 14 天内对其核实,予以确认的应书面通知发(承)包人。承(发)包人在收到发(承)包人的协商意见后 14 天内既不确认也未提出不同意见的,应视为发(承)包人提出的意见已被承(发)包人认可。

(5)发包人与承包人对合同价款调整的不同意见不能达成一致的,只要对发承包双方履约不产生实质影响，双方应继续履行合同义务，直到其按照合同约定的争议解决方式得到处理。

（6）根据财政部、原建设部印发的《建设工程价款结算暂行办法》（财建〔2004〕369 号）的相关规定，如第十五条："发包人和承包人要加强施工现场的造价控制，及时对工程合同外的事项如实纪录并履行书面手续。凡由发承包双方授权的现场代表签字的现场签证以及发承包双方协商确定的索赔等费用，应在工程竣工结算中如实办理，不得因发、承包双方现场代表的中途变更改变其有效性"，"13 计价规范"对发承包双方确定调整的合同价款的支付方法进行了约定，即："经发承包双方确认调整的合同价款，作为追加（减）合同价款，应与工程进度款或结算款同期支付"。

（二）法律法规变化

（1）工程建设过程中，发承包双方都是国家法律、法规、规章及政策的执行者。因此，在发、承包双方履行合同的过程中，当国家的法律、法规、规章及政策发生变化，国家或省级、行业建设主管部门或其授权的工程造价管理机构据此发布工程造价调整文件，工程价款应当进行调整。"13 计价规范"中规定："招标工程以投标截止日前 28 天、非招标工程以合同签订前 28 天为基准日，其后因国家的法律、法规、规章和政策发生变化引起工程造价增减变化的，发承包双方应按照省级或行业建设主管部门或其授权的工程造价管理机构据此发布的规定调整合同价款"。

（2）因承包人原因导致工期延误的，按上述第（1）条规定的调整时间，在合同工程原定竣工时间之后，合同价款调增的不予调整，合同价款调减的予以调整。这就说明由于承包人原因导致工期延误，将按不利于承包人的原则调整合同价款。

（三）工程变更

建设工程施工合同实施过程中，如果合同签订时所依赖的承包范围、设计标准、施工条件等发生变化，则必须在新的承包范围、新的设计标准或新的施工条件等前提下对发承包双方的权利和义务进行重新分配，从而建立新的平衡，追求新的公平和合理。由于施工条件变化和发包人要求变化等原因，往往会发生合同约定的工程材料性质和品种、建筑物结构形式、施工工艺和方法等的变动，此时必须变更才能维护合同的公平。因此，"13 计价规范"中对因分部分项工程量清单的漏项或非承包人原因引起的工程变更，造成增加新的工程量清单项目时，新增项目综合单价的确定原则进行了约定，具体如下：

（1）因工程变更引起已标价工程量清单项目或其工程数量发生变化时，应按照下列规定调整：

1）已标价工程量清单中有适用于变更工程项目的，应采用该项目的单价；但当工程变更导致该清单项目的工程数量发生变化，且工程量偏差超过 15％时，该项目单价应按照规定进行调整，即当工程量增加 15％以上时，增加部分的工程量的综合单价应予调低；当工程量减少 15％以上时，减少后剩余部分的工程量的综合单价应予调高。采用此条进行调整的前提条件是其采用的材料、施工工艺和方法相同，亦不因此增加关键线路上工程的施工时间。

2）已标价工程量清单中没有适用但有类似于变更工程项目的，可在合理范围内参照类似项目的单价。采用此条进行调整的前提条件是其采用的材料、施工工艺和方法基本相似，不增加关键线路上工程的施工时间，则可仅就其变更后的差异部分，参考类似的项目单价由发承包双方协商新的项目单价。

如:某现浇混凝土设备基础的混凝土强度等级为 C30,施工过程中设计单位将其调整为 C35,此时则可将原综合单价组成中 C30 混凝土价格用 C35 混凝土价格替换,其余不变,组成新的综合单价。

3)已标价工程量清单中没有适用也没有类似于变更工程项目的,应由承包人根据变更工程资料、计量规则和计价办法、工程造价管理机构发布的信息价格和承包人报价浮动率提出变更工程项目的单价,并应报发包人确认后调整。承包人报价浮动率可按下列公式计算:

招标工程:
$$承包人报价浮动率 L=(1-中标价/招标控制价)\times100\%$$

非招标工程:
$$承包人报价浮动率 L=(1-报价/施工图预算)\times100\%$$

4)已标价工程量清单中没有适用也没有类似于变更工程项目,且工程造价管理机构发布的信息价格缺价的,应由承包人根据变更工程资料、计量规则、计价办法和通过市场调查等取得有合法依据的市场价格提出变更工程项目的单价,并应报发包人确认后调整。

(2)工程变更引起施工方案改变并使措施项目发生变化时,承包人提出调整措施项目费的,应事先将拟实施的方案提交发包人确认,并应详细说明与原方案措施项目相比的变化情况。拟实施的方案经发承包双方确认后执行,并应按照下列规定调整措施项目费:

1)安全文明施工费应按照实际发生变化的措施项目依据国家或省级、行业建设主管部门的规定计算。

2)采用单价计算的措施项目费,应按照实际发生变化的措施项目,按上述第(1)条的规定确定单价。

3)按总价(或系数)计算的措施项目费,按照实际发生变化的措施项目调整,但应考虑承包人报价浮动因素,即调整金额按照实际调整金额乘以上述第(1)条规定的承包人报价浮动率计算。

如果承包人未事先将拟实施的方案提交给发包人确认,则应视为工程变更不引起措施项目费的调整或承包人放弃调整措施项目费的权利。

(3)当发包人提出的工程变更因非承包人原因删减了合同中的某项原定工作或工程,致使承包人发生的费用或(和)得到的收益不能被包括在其他已支付或应支付的项目中,也未被包含在任何替代的工作或工程中时,承包人有权提出并应得到合理的费用及利润补偿。这主要是为了维护合同的公平,防止发包人在签约后擅自取消合同中的工作,转而由发包人自己或其他承包人实施而使本合同工程承包人蒙受损失。

(四)项目特征不符

工程量清单的项目特征是确定一个清单项目综合单价不可缺少的主要依据。对工程量清单项目的特征描述具有十分重要的意义,其主要体现包括三个方面:①项目特征是区分清单项目的依据。工程量清单项目特征是用来表述分部分项清单项目的实质内容,用于区分计价规范中同一清单条目下各个具体的清单项目。没有项目特征的准确描述,对于相同或相似的清单项目名称,就无从区分。②项目特征是确定综合单价的前提。由于工程量清单项目的特征决定了工程实体的实质内容,必然直接决定了工程实体的自身价值。因此,工程量清单项目特征描述得准确与否,直接关系到工程量清单项目综合单价的准确确定。③项目特征是履行合同义务的基础。实行工程量清单计价,工程量清单及其综合单价是施工合同的组成部分,因此,如果工程量清单项目特征的描述不清甚至漏项、错误,从而引起在施工过程中的更改,都会引起分歧,导致纠纷。

在按"13 工程计量规范"对工程量清单项目的特征进行描述时,应注意"项目特征"与"工作内容"的区别。"项目特征"是工程项目的实质,决定着工程量清单项目的价值大小,而"工作内容"主要讲的是操作程序,是承包人完成能通过验收的工程项目所必须要操作的工序。在"13 工程计量规范"中,工程量清单项目与工程量计算规则、工作内容具有一一对应的关系,当采用"13 计价规范"进行计价时,工作内容即有规定,无须再对其进行描述。而"项目特征"栏中的任何一项都影响着清单项目的综合单价的确定,招标人应高度重视分部分项工程项目清单项目特征的描述,任何不描述或描述不清,均会在施工合同履约过程中产生分歧,导致纠纷、索赔。

正因为此,在编制工程量清单时,必须对项目特征进行准确而且全面的描述,准确的描述工程量清单的项目特征对于准确的确定工程量清单项目的综合单价具有决定性的作用。

"13 计价规范"中对清单项目特征描述及项目特征发生变化后重新确定综合单价的有关要求进行了如下约定:

(1)发包人在招标工程量清单中对项目特征的描述,应被认为是准确的和全面的,并且与实际施工要求相符合。承包人应按照发包人提供的招标工程量清单,根据项目特征描述的内容及有关要求实施合同工程,直到项目被改变为止。

(2)承包人应按照发包人提供的设计图纸实施合同工程,若在合同履行期间出现设计图纸(含设计变更)与招标工程量清单任一项目的特征描述不符,且该变化引起该项目工程造价增减变化的,应按照实际施工的项目特征,按前述"一、工程计量"中的有关规定重新确定相应工程量清单项目的综合单价,并调整合同价款。

(五)工程量清单缺项

导致工程量清单缺项的原因主要包括:①设计变更;②施工条件改变;③工程量清单编制错误。由于工程量清单的增减变化必然使合同价款发生增减变化。

(1)合同履行期间,由于招标工程量清单中缺项,新增分部分项工程清单项目的,应按照前述"(三)工程变更"中的第(1)条的有关规定确定单价,并调整合同价款。

(2)新增分部分项工程清单项目后,引起措施项目发生变化的,应按照前述"(三)工程变更"中的第(2)条的有关规定,在承包人提交的实施方案被发包人批准后调整合同价款。

(3)由于招标工程量清单中措施项目缺项,承包人应将新增措施项目实施方案提交发包人批准后,按照前述"(三)工程变更"中的第(1)、(2)条的有关规定调整合同价款。

(六)工程量偏差

(1)合同履行期间,当应予计算的实际工程量与招标工程量清单出现偏差,且符合下述第(2)、(3)条规定时,发承包双方应调整合同价款。

(2)对于任一招标工程量清单项目,当因工程量偏差和前述"(三)工程变更"中规定的工程变更等原因导致工程量偏差超过 15%时,可进行调整。当工程量增加 15%以上时,增加部分的工程量的综合单价应予调低;当工程量减少 15%以上时,减少后剩余部分的工程量的综合单价应予调高。

(3)如果工程量出现变化引起相关措施项目相应发生变化时,按系数或单一总价方式计价的,工程量增加的措施项目费调增,工程量减少的措施项目费调减;反之,如未引起相关措施项目发生变化,则不予调整。

(七)计日工

(1)发包人通知承包人以计日工方式实施的零星工作,承包人应予执行。

(2)采用计日工计价的任何一项变更工作,在该项变更的实施过程中,承包人应按合同约定提交下列报表和有关凭证送发包人复核:

1)工作名称、内容和数量;

2)投入该工作所有人员的姓名、工种、级别和耗用工时;

3)投入该工作的材料名称、类别和数量;

4)投入该工作的施工设备型号、台数和耗用台时;

5)发包人要求提交的其他资料和凭证。

(3)任一计日工项目持续进行时,承包人应在该项工作实施结束后的 24h 内向发包人提交有计日工记录汇总的现场签证报告一式三份。发包人在收到承包人提交现场签证报告后的 2 天内予以确认并将其中一份返还给承包人,作为计日工计价和支付的依据。发包人逾期未确认也未提出修改意见的,应视为承包人提交的现场签证报告已被发包人认可。

(4)任一计日工项目实施结束后,承包人应按照确认的计日工现场签证报告核实该类项目的工程数量,并应根据核实的工程数量和承包人已标价工程量清单中的计日工单价计算,提出应付价款;已标价工程量清单中没有该类计日工单价的,由发承包双方按前述"(三)工程变更"中的相关规定商定计日工单价计算。

(5)每个支付期末,承包人应按规定向发包人提交本期间所有计日工记录的签证汇总表,并应说明本期间自己认为有权得到的计日工金额,调整合同价款,列入进度款支付。

(八)物价变化

(1)合同履行期间,因人工、材料、工程设备、机械台班价格波动影响合同价款时,应根据合同约定,按上述"13 计价规范"附录 A 中介绍的方法之一调整合同价款。

(2)承包人采购材料和工程设备的,应在合同中约定主要材料、工程设备价格变化的范围或幅度;当没有约定,且材料、工程设备单价变化超过 5% 时,超过部分的价格应按照上述"13 计价规范"附录 A 中介绍的方法计算调整材料、工程设备费。

(3)发生合同工程工期延误的,应按照下列规定确定合同履行期的价格调整:

1)因非承包人原因导致工期延误的,计划进度日期后续工程的价格,应采用计划进度日期与实际进度日期两者的较高者。

2)因承包人原因导致工期延误的,计划进度日期后续工程的价格,应采用计划进度日期与实际进度日期两者的较低者。

(4)发包人供应材料和工程设备的,不适用上述第(1)和第(2)条规定,应由发包人按照实际变化调整,列入合同工程的工程造价内。

(九)暂估价

(1)发包人在招标工程量清单中给定暂估价的材料、工程设备不属于依法必须招标的,应由承包人按照合同约定采购,经发包人确认单价后取代暂估价,调整合同价款。暂估材料或工程设备的单价确定后,在综合单价中只应取代暂估单价,不应再在综合单价中涉及企业管理费或利润等其他费用的变动。

(2)发包人在工程量清单中给定暂估价的专业工程不属于依法必须招标的,应按照前述"(三)工程变更"中的相关规定确定专业工程价款,并应以此为依据取代专业工程暂估价,调整合同价款。

(3)发包人在招标工程量清单中给定暂估价的专业工程,依法必须招标的,应当由发承包双方依法组织招标选择专业分包人,并接受有管辖权的建设工程招标投标管理机构的监督,还应符合下列要求:

1)除合同另有约定外,承包人不参加投标的专业工程发包招标,应由承包人作为招标人,但拟定的招标文件、评标工作、评标结果应报送发包人批准。与组织招标工作有关的费用应当被认为已经包括在承包人的签约合同价(投标总报价)中。

2)承包人参加投标的专业工程发包招标,应由发包人作为招标人,与组织招标工作有关的费用由发包人承担。同等条件下,应优先选择承包人中标。

3)应以专业工程发包中标价为依据取代专业工程暂估价,调整合同价款。

(十)不可抗力

(1)因不可抗力事件导致的人员伤亡、财产损失及其费用增加,发承包双方应按下列原则分别承担并调整合同价款和工期:

1)合同工程本身的损害、因工程损害导致第三方人员伤亡和财产损失以及运至施工场地用于施工的材料和待安装的设备的损害,应由发包人承担;

2)发包人、承包人人员伤亡应由其所在单位负责,并应承担相应费用;

3)承包人的施工机械设备损坏及停工损失,应由承包人承担;

4)停工期间,承包人应发包人要求留在施工场地的必要的管理人员及保卫人员的费用应由发包人承担;

5)工程所需清理、修复费用,应由发包人承担。

(2)不可抗力解除后复工的,若不能按期竣工,应合理延长工期。发包人要求赶工的,赶工费用应由发包人承担。

(十一)提前竣工(赶工补偿)

《建设工程质量管理条例》第十条规定:"建设工程发包单位不得迫使承包方以低于成本的价格竞标,不得任意压缩合理工期"。因此为了保证工程质量,承包人除了根据标准规范、施工图纸进行施工外,还应当按照科学合理的施工组织设计,按部就班地进行施工作业。

(1)招标人应依据相关工程的工期定额合理计算工期,压缩的工期天数不得超过定额工期的20%,超过者,应在招标文件中明示增加赶工费用。赶工费用主要包括:①人工费的增加,如新增加投入人工的报酬,不经济使用人工的补贴等;②材料费的增加,如可能造成不经济使用材料而损耗过大,材料运输费的增加等;③机械费的增加,例如可能增加机械设备投入,不经济的使用机械等。

(2)发包人要求合同工程提前竣工的,应征得承包人同意后与承包人商定采取加快工程进度的措施,并应修订合同工程进度计划。发包人应承担承包人由此增加的提前竣工(赶工补偿)费用,除合同另有约定外,提前竣工补偿的金额可为合同价款的5%。

(3)发承包双方应在合同中约定提前竣工每日历天应补偿额度,此项费用应作为增加合同价款列入竣工结算文件中,应与结算款一并支付。

(十二)误期赔偿

(1)如果承包人未按照合同约定施工,导致实际进度迟于计划进度的,承包人应加快进度,实现合同工期。即使承包人采取了赶工措施,赶工费用仍应由承包人承担。如合同工程仍然误期,承包人应赔偿发包人由此造成的损失,并按照合同约定向发包人支付误期赔偿费,除合同另有约定外,误期赔偿可为合同价款的5%。即使承包人支付误期赔偿费,也不能免除承包人按照合同约定应承担的任何责任和应履行的任何义务。

(2)发承包双方应在合同中约定误期赔偿费,并应明确每日历天应赔额度。误期赔偿费应列入竣工结算文件中,并应在结算款中扣除。

(3)在工程竣工之前,合同工程内的某单项(位)工程已通过了竣工验收,且该单项(位)工程接收证书中表明的竣工日期并未延误,而是合同工程的其他部分产生了工期延误时,误期赔偿费应按照已颁发工程接收证书的单项(位)工程造价占合同价款的比例幅度予以扣减。

(十三)索赔

索赔是合同双方依据合同约定维护自身合法利益的行为,它的性质属于经济补偿行为,而非惩罚。

1. 索赔的条件

当合同一方向另一方提出索赔时,应有正当的索赔理由和有效证据,并应符合合同的相关约定。建设工程施工中的索赔是发、承包双方行使正当权利的行为,承包人可向发包人索赔,发包人也可向承包人索赔。任何索赔事件的确立,其前提条件是必须有正当的索赔理由。对正当索赔理由的说明必须具有证据,因为进行索赔主要是靠证据说话。没有证据或证据不足,索赔是难以成功的。

2. 索赔的证据

(1)索赔证据的要求。一般有效的索赔证据都具有以下几个特征:

1)及时性:既然干扰事件已发生,又意识到需要索赔,就应在有效时间内提出索赔意向。在规定的时间内报告事件的发展影响情况,在规定时间内提交索赔的详细额外费用计算账单,对发包人或工程师提出的疑问及时补充有关材料。如果拖延太久,将增加索赔工作的难度。

2)真实性:索赔证据必须是在实际过程中产生,完全反映实际情况,能经得住对方的推敲。由于在工程过程中合同双方都在进行合同管理,收集工程资料,所以双方应有相同的证据。使用不实的、虚假证据是违反商业道德甚至法律的。

3)全面性:所提供的证据应能说明事件的全过程。索赔报告中所涉及的干扰事件、索赔理由、索赔值等都应有相应的证据,不能凌乱和支离破碎,否则发包人将退回索赔报告,要求重新补充证据。这会拖延索赔的解决,损害承包商在索赔中的有利地位。

4)关联性:索赔的证据应当能互相说明,相互具有关联性,不能互相矛盾。

5)法律证明效力:索赔证据必须有法律证明效力,特别对准备递交仲裁的索赔报告更要注意这一点。

①证据必须是当时的书面文件,一切口头承诺、口头协议不算。

②合同变更协议必须由双方签署,或以会谈纪要的形式确定,且为决定性决议。一切商讨性、意向性的意见或建议都不算。

③工程中的重大事件、特殊情况的记录、统计应由工程师签署认可。

(2)索赔证据的种类。

1)招标文件、工程合同、发包人认可的施工组织设计、工程图纸、技术规范等。

2)工程各项有关的设计交底记录、变更图纸、变更施工指令等。

3)工程各项经发包人或合同中约定的发包人现场代表或监理工程师签认的签证。

4)工程各项往来信件、指令、信函、通知、答复等。

5)工程各项会议纪要。

6)施工计划及现场实施情况记录。

7)施工日报及工长工作日志、备忘录。

8)工程送电、送水、道路开通、封闭的日期及数量记录。

9)工程停电、停水和干扰事件影响的日期及恢复施工的日期记录。

10)工程预付款、进度款拨付的数额及日期记录。

11)工程图纸、图纸变更、交底记录的送达份数及日期记录。

12)工程有关施工部位的照片及录像等。

13)工程现场气候记录,如有关天气的温度、风力、雨雪等。

14)工程验收报告及各项技术鉴定报告等。

15)工程材料采购、订货、运输、进场、验收、使用等方面的凭据。

16)国家和省级或行业建设主管部门有关影响工程造价、工期的文件、规定等。

(3)索赔时效的功能。索赔时效是指合同履行过程中,索赔方在索赔事件发生后的约定期限内不行使索赔权即视为放弃索赔权利,其索赔权归于消灭的制度。一方面,索赔时效届满,即视为承包人放弃索赔权利,发包人可以此作为证据的代用,避免举证的困难;另一方面,只有促使承包人及时提出索赔要求,才能警示发包人充分履行合同义务,避免类似索赔事件的再次发生。

3. 承包人的索赔

(1)若承包人认为非承包人原因发生的事件造成了承包人的损失,承包人应在确认该事件发生后,持证明索赔事件发生的有效证据和依据正当的索赔理由,按合同约定的时间向发包人发出索赔通知。发包人应按合同约定的时间对承包人提出的索赔进行答复和确认。发包人在收到最终索赔报告后并在合同约定时间内,未向承包人做出答复,视为该项索赔已经认可。

这种索赔方式称之为单项索赔,即在每一件索赔事项发生后,递交索赔通知书,编报索赔报告书,要求单项解决支付,不与其他的索赔事项混在一起。单项索赔是施工索赔通常采用的方式。它避免了多项索赔的相互影响制约,所以解决起来比较容易。

当施工过程中受到非常严重的干扰,以致承包人的全部施工活动与原来的计划不大相同,原合同规定的工作与变更后的工作相互混淆,承包人无法为索赔保持准确而详细的成本记录资料,无法采用单项索赔的方式,而只能采用综合索赔。综合索赔俗称一揽子索赔。即对整个工程(或某项工程)中所发生的数起索赔事项,综合在一起进行索赔。采取这种方式进行索赔,是在特定的情况下被迫采用的一种索赔方法。

采取综合索赔时,承包人必须提出以下证明:①承包商的投标报价是合理的;②实际发生的总成本是合理的;③承包商对成本增加没有任何责任;④不可能采用其他方法准确地计算出实际发生的损失数额。

根据合同约定,承包人应按下列程序向发包人提出索赔:

1)承包人应在知道或应当知道索赔事件发生后28天内,向发包人提交索赔意向通知书,说明发生索赔事件的事由。承包人逾期未发出索赔意向通知书的,丧失索赔的权利。

2)承包人应在发出索赔意向通知书后28天内,向发包人正式提交索赔通知书。索赔通知书应详细说明索赔理由和要求,并应附必要的记录和证明材料。

3)索赔事件具有连续影响的,承包人应继续提交延续索赔通知,说明连续影响的实际情况和记录。

4)在索赔事件影响结束后的28天内,承包人应向发包人提交最终索赔通知书,说明最终索赔要求,并应附必要的记录和证明材料。

(2)承包人索赔应按下列程序处理:

1)发包人收到承包人的索赔通知书后,应及时查验承包人的记录和证明材料。

2)发包人应在收到索赔通知书或有关索赔的进一步证明材料后的28天内,将索赔处理结果答复承包人,如果发包人逾期未做出答复,视为承包人索赔要求已被发包人认可。

3)承包人接受索赔处理结果的,索赔款项应作为增加合同价款,在当期进度款中进行支付;承包人不接受索赔处理结果的,应按合同约定的争议解决方式办理。

(3)承包人要求赔偿时,可以选择下列一项或几项方式获得赔偿:

1)延长工期;

2)要求发包人支付实际发生的额外费用;

3)要求发包人支付合理的预期利润;

4)要求发包人按合同的约定支付违约金。

(4)索赔事件发生后,在造成费用损失时,往往会造成工期的变动。当索赔事件造成的费用损失与工期相关联时,承包人应根据发生的索赔事件向发包人提出费用索赔要求的同时,提出工期延长的要求。发包人在批准承包人的索赔报告时,应将索赔事件造成的费用损失和工期延长联系起来,综合做出批准费用索赔和工期延长的决定。

(5)发承包双方在按合同约定办理了竣工结算后,应被认为承包人已无权再提出竣工结算前所发生的任何索赔。承包人在提交的最终结清申请中,只限于提出竣工结算后的索赔,提出索赔的期限应自发承包双方最终结清时终止。

4. 发包人的索赔

(1)根据合同约定,发包人认为由于承包人的原因造成发包人的损失,宜按承包人索赔的程序进行索赔。当合同中未就发包人的索赔事项作具体约定,按以下规定处理。

1)发包人应在确认引起索赔的事件发生后28天内向承包人发出索赔通知,否则,承包人免除该索赔的全部责任。

2)承包人在收到发包人索赔报告后的28天内,应做出回应,表示同意或不同意并附具体意见,如在收到索赔报告后的28天内,未向发包人做出答复,视为该项索赔报告已经认可。

(2)发包人要求赔偿时,可以选择下列一项或几项方式获得赔偿:

1)延长质量缺陷修复期限；

2)要求承包人支付实际发生的额外费用；

3)要求承包人按合同的约定支付违约金。

(3)承包人应付给发包人的索赔金额可从拟支付给承包人的合同价款中扣除，或由承包人以其他方式支付给发包人。

(十四)现场签证

由于施工生产的特殊性，施工过程中往往会出现一些与合同工程或合同约定不一致或未约定的事项，这时就需要发承包双方用书面形式记录下来，这就是现场签证。签证有多种情形，一是发包人的口头指令，需要承包人将其提出，由发包人转换成书面签证；二是发包人的书面通知如涉及工程实施，需要承包人就完成此通知需要的人工、材料、机械设备等内容向发包人提出，取得发包人的签证确认；三是合同工程招标工程量清单中已有，但施工中发现与其不符，比如土方类别，出现流砂等，需承包人及时向发包人提出签证确认，以便调整合同价款；四是由于发包人原因未按合同约定提供场地、材料、设备或停水、停电等造成承包人停工，需承包人及时向发包人提出签证确认，以便计算索赔费用；五是合同中约定材料、设备等价格，由于市场发生变化，需承包人向发包人提出采纳数量及其单价，以便发包人核对后取得发包人的签证确认；六是其他由于施工条件、合同条件变化需现场签证的事项等。

(1)承包人应发包人要求完成合同以外的零星项目、非承包人责任事件等工作的，发包人应及时以书面形式向承包人发出指令，并应提供所需的相关资料；承包人在收到指令后，应及时向发包人提出现场签证要求。

(2)承包人应在收到发包人指令后的7天内向发包人提交现场签证报告，发包人应在收到现场签证报告后的48h内对报告内容进行核实，予以确认或提出修改意见。发包人在收到承包人现场签证报告后的48h内未确认也未提出修改意见的，应视为承包人提交的现场签证报告已被发包人认可。

(3)现场签证的工作如已有相应的计日工单价，现场签证中应列明完成该类项目所需的人工、材料、工程设备和施工机械台班的数量。

如现场签证的工作没有相应的计日工单价，应在现场签证报告中列明完成该签证工作所需的人工、材料设备和施工机械台班的数量及单价。

(4)合同工程发生现场签证事项，未经发包人签证确认，承包人便擅自施工的，除非征得发包人书面同意，否则发生的费用应由承包人承担。

(5)按照财政部、原建设部印发的《建设工程价款结算办法》(财建〔2004〕369号)第十五条的规定："发包人和承包人要加强施工现场的造价控制，及时对工程合同外的事项如实纪录并履行书面手续。凡由发承包双方授权的现场代表签字的现场签证以及发承包双方协商确定的索赔等费用，应在工程竣工结算中如实办理，不得因发承包双方现场代表的中途变更改变其有效性"，"13计价规范"规定："现场签证工作完成后的7天内，承包人应按照现场签证内容计算价款，报送发包人确认后，作为增加合同价款，与进度款同期支付"。此举可避免发包方变相拖延工程款以及发包人以现场代表变更而不承认某些索赔或签证的事件发生。

(6)在施工过程中，当发现合同工作内容因场地条件、地质水文、发包人要求等不一致时，承包人应提供所需的相关资料，并提交发包人签证认可，作为合同价款调整的依据。

（十五）暂列金额

（1）已签约合同价中的暂列金额应由发包人掌握使用。

（2）暂列金额虽然列入合同价款，但并不属于承包人所有，也并不必然发生。只有按照合同约定实际发生后，才能成为承包人的应得金额，纳入工程合同结算价款中，发包人按照前述相关规定与要求进行支付后，暂列金额余额仍归发包人所有。

三、合同价款期中支付

（一）预付款

（1）预付款是发包人为解决承包人在施工准备阶段资金周转问题提供的协助，预付款用于承包人为合同工程施工购置材料、工程设备，购置或租赁施工设备以及组织施工人员进场。预付款应专用于合同工程。

（2）按照财政部、原建设部印发的《建设工程价款结算暂行办法》的相关规定，"13 计价规范"中对预付款的支付比例进行了约定：包工包料工程的预付款的支付比例不得低于签约合同价（扣除暂列金额）的 10%，不宜高于签约合同价（扣除暂列金额）的 30%。预付款的总金额、分期拨付次数，每次付款金额、付款时间等应根据工程规模、工期长短等具体情况，在合同中约定。

（3）承包人应在签订合同或向发包人提供与预付款等额的预付款保函（如有）后向发包人提交预付款支付申请。

（4）发包人应在收到支付申请的 7 天内进行核实，向承包人发出预付款支付证书，并在签发支付证书后的 7 天内向承包人支付预付款。

（5）发包人没有按合同约定按时支付预付款的，承包人可催告发包人支付；发包人在预付款期满后的 7 天内仍未支付的，承包人可在付款期满后的第 8 天起暂停施工。发包人应承担由此增加的费用和延误的工期，并应向承包人支付合理利润。

（6）当承包人取得相应的合同价款时，预付款应从每一个支付期应支付给承包人的工程进度款中扣回，直到扣回的金额达到合同约定的预付款金额为止。通常约定承包人完成签约合同价款的比例在 20%～30%时，开始从进度款中按一定比例扣还。

（7）承包人的预付款保函（如有）的担保金额根据预付款扣回的数额相应递减，但在预付款全部扣回之前一直保持有效。发包人应在预付款扣完后的 14 天内将预付款保函退还给承包人。

（二）安全文明施工费

（1）财政部、国家安全生产监督管理总局印发的《企业安全生产费用提取和使用管理办法》（财企〔2012〕16 号）第十九条规定："建设工程施工企业安全费用应当按照以下范围使用：

一）完善、改造和维护安全防护设施设备支出（不含'三同时'要求初期投入的安全设施），包括施工现场临时用电系统、洞口、临边、机械设备、高处作业防护、交叉作业防护、防火、防爆、防尘、防毒、防雷、防台风、防地质灾害、地下工程有害气体监测、通风、临时安全防护等设施设备支出；

二）配备、维护、保养应急救援器材、设备支出和应急演练支出；

三）开展重大危险源和事故隐患评估、监控和整改支出；

四)安全生产检查、评价(不包括新建、改建、扩建项目安全评价)、咨询和标准化建设支出;

五)配备和更新现场作业人员安全防护用品支出;

六)安全生产宣传、教育、培训支出;

七)安全生产适用的新技术、新标准、新工艺、新装备的推广应用支出;

八)安全设施及特种设备检测检验支出;

九)其他与安全生产直接相关的支出。"

由于工程建设项目因专业及施工阶段的不同,对安全文明施工措施的要求也不一致,因此"13 工程计量规范"针对不同的专业工程特点,规定了安全文明施工的内容和包含的范围。在实际执行过程中,安全文明施工费包括的内容及使用范围,既应符合国家现行有关文件的规定,也应符合"13 工程计量规范"中的规定。

(2)发包人应在工程开工后的 28 天内预付不低于当年施工进度计划的安全文明施工费总额的 60%,其余部分应按照提前安排的原则进行分解,并应与进度款同期支付。

(3)发包人没有按时支付安全文明施工费的,承包人可催告发包人支付;发包人在付款期满后的 7 天内仍未支付的,若发生安全事故,发包人应承担相应责任。

(4)承包人对安全文明施工费应专款专用,在财务账目中应单独列项备查,不得挪作他用,否则发包人有权要求其限期改正;逾期未改正的,造成的损失和延误的工期应由承包人承担。

(三)进度款

(1)发承包双方应按照合同约定的时间、程序和方法,根据工程计量结果,办理期中价款结算,支付进度款。

(2)发包人支付工程进度款,其支付周期应与合同约定的工程计量周期一致。工程量的正确计量是发包人向承包人支付工程进度款的前提和依据。计量和付款周期可采用分段或按月结算的方式。

1)按月结算与支付。即实行按月支付进度款,竣工后结算的办法。合同工期在两个年度以上的工程,在年终进行工程盘点,办理年度结算。

2)分段结算与支付。即当年开工、当年不能竣工的工程按照工程形象进度,划分不同阶段,支付工程进度款。

当采用分段结算方式时,应在合同中约定具体的工程分段划分,付款周期应与计量周期一致。

(3)已标价工程量清单中的单价项目,承包人应按工程计量确认的工程量与综合单价计算;综合单价发生调整的,以发承包双方确认调整的综合单价计算进度款。

(4)已标价工程量清单中的总价项目和采用经审定批准的施工图纸及其预算方式发包形成的总价合同应由承包人根据施工进度计划和总价构成、费用性质、计划发生时间和相应的工程量等因素按计量周期进行分解,分别列入进度款支付申请中的安全文明施工费和本周期应支付的总价项目的金额中,并形成进度款支付分解表,在投标时提交,非招标工程在合同洽商时提交。在施工过程中,由于进度计划的调整,发承包双方应对支付分解进行调整。

1)已标价工程量清单中的总价项目进度款支付分解方法可选择以下之一(但不限于):

①将各个总价项目的总金额按合同约定的计量周期平均支付;

②按照各个总价项目的总金额占签约合同价的百分比,以及各个计量支付周期内所完成的单价项目的总金额,以百分比方式均摊支付;

③按照各个总价项目组成的性质(如时间、与单价项目的关联性等)分解到形象进度计划或计量周期中,与单价项目一起支付。

2)采用经审定批准的施工图纸及其预算方式发包形成的总价合同,除由于工程变更形成的工程量增减予以调整外,其工程量不予调整。因此,总价合同的进度款支付应按照计量周期进行支付分解,以便进度款有序支付。

(5)发包人提供的甲供材料金额,应按照发包人签约提供的单价和数量从进度款支付中扣除,列入本周期应扣减的金额中。

(6)承包人现场签证和得到发包人确认的索赔金额应列入本周期应增加的金额中。

(7)进度款的支付比例按照合同约定,按期中结算价款总额计,不低于60%,不高于90%。

(8)承包人应在每个计量周期到期后的7天内向发包人提交已完工程进度款支付申请一式四份,详细说明此周期认为有权得到的款额,包括分包人已完工程的价款。支付申请应包括下列内容:

1)累计已完成的合同价款;

2)累计已实际支付的合同价款;

3)本周期合计完成的合同价款:

①本周期已完成单价项目的金额;

②本周期应支付的总价项目的金额;

③本周期已完成的计日工价款;

④本周期应支付的安全文明施工费;

⑤本周期应增加的金额。

4)本周期合计应扣减的金额:

①本周期应扣回的预付款;

②本周期应扣减的金额。

5)本周期实际应支付的合同价款。

上述"本周期应增加的金额"中包括除单价项目、总价项目、计日工、安全文明施工费外的全部应增金额,如索赔、现场签证金额,"本周期应扣减的金额"包括除预付款外的全部应减金额。

由于进度款的支付比例最高不超过90%,而且根据原建设部、财政部印发的《建设工程质量保证金管理暂行办法》第七条规定:"全部或者部分使用政府投资的建设项目,按工程价款结算总额5%左右的比例预留保证金",因此,"13计价规范"未在进度款支付中要求扣减质量保证金,而是在竣工结算价款中预留保证金。

(9)发包人应在收到承包人进度款支付申请后的14天内,根据计量结果和合同约定对申请内容予以核实,确认后向承包人出具进度款支付证书。若发承包双方对部分清单项目的计量结果出现争议,发包人应对无争议部分的工程计量结果向承包人出具进度款支付证书。

(10)发包人应在签发进度款支付证书后的14天内,按照支付证书列明的金额向承包人支付进度款。

（11）若发包人逾期未签发进度款支付证书,则视为承包人提交的进度款支付申请已被发包人认可,承包人可向发包人发出催告付款的通知。发包人应在收到通知后的 14 天内,按照承包人支付申请的金额向承包人支付进度款。

（12）发包人未按照规定支付进度款的,承包人可催告发包人支付,并有权获得延迟支付的利息;发包人在付款期满后的 7 天内仍未支付的,承包人可在付款期满后的第 8 天起暂停施工。发包人应承担由此增加的费用和延误的工期,向承包人支付合理利润,并应承担违约责任。

（13）发现已签发的任何支付证书有错、漏或重复的数额,发包人有权予以修正,承包人也有权提出修正申请。经发承包双方复核同意修正的,应在本次到期的进度款中支付或扣除。

四、竣工结算与支付

（一）结算款支付

（1）承包人应根据办理的竣工结算文件向发包人提交竣工结算款支付申请。申请应包括下列内容:

1）竣工结算合同价款总额;

2）累计已实际支付的合同价款;

3）应预留的质量保证金;

4）实际应支付的竣工结算款金额。

（2）发包人应在收到承包人提交竣工结算款支付申请后 7 天内予以核实,向承包人签发竣工结算支付证书。

（3）发包人签发竣工结算支付证书后的 14 天内,应按照竣工结算支付证书列明的金额向承包人支付结算款。

（4）发包人在收到承包人提交的竣工结算款支付申请后 7 天内不予核实,不向承包人签发竣工结算支付证书的,视为承包人的竣工结算款支付申请已被发包人认可;发包人应在收到承包人提交的竣工结算款支付申请 7 天后的 14 天内,按照承包人提交的竣工结算款支付申请列明的金额向承包人支付结算款。

（5）工程竣工结算办理完毕后,发包人应按合同约定向承包人支付工程价款。发包人按合同约定应向承包人支付而未支付的工程款视为拖欠工程款。根据《最高人民法院关于审理建设工程施工合同纠纷案件适用法律问题的解释》（法释〔2004〕14 号)第十七条:"当事人对欠付工程价款利息计付标准有约定的,按照约定处理;没有约定的,按照中国人民银行发布的同期同类贷款利率信息。发包人应向承包人支付拖欠工程款的利息,并承担违约责任。"和《中华人民共和国合同法》第二百八十六条:"发包人未按照合同约定支付价款的,承包人可以催告发包人在合理期限内支付价款。发包人逾期不支付的,除按照建设工程的性质不宜折价、拍卖的以外,承包人可以与发包人协议将该工程折价,也可以申请人民法院将该工程依法拍卖。建设工程的价款就该工程折价或者拍卖的价款优先受偿。"等规定,"13 计价规范"中指出:"发包人未按照上述第（3)条和第（4)条规定支付竣工结算款的,承包人可催告发包人支付,并有权获得延迟支付的利息。发包人在竣工结算支付证书签发后或者在收到承包人提交的竣工结算款支付申请 7 天后的 56 天内仍未支付的,除法律另有规定外,承包人可与发包人协商将该工程折价,也可直接向人民法院申请将该工程依法拍卖。承包人应就该工程折价或拍卖的价款优先受偿"。

所谓优先受偿,最高人民法院在《关于建设工程价款优先受偿权的批复》(法释〔2002〕16号)中规定如下:

1)人民法院在审理房地产纠纷案件和办理执行案件中,应当依照《中华人民共和国合同法》第二百八十六条的规定,认定建筑工程的承包人的优先受偿权优于抵押权和其他债权。

2)消费者交付购买商品房的全部或者大部分款项后,承包人就该商品房享有的工程价款优先受偿权不得对抗买受人。

3)建筑工程价款包括承包人为建设工程应当支付的工作人员报酬、材料款等实际支出的费用,不包括承包人因发包人违约所造成的损失。

4)建设工程承包人行使优先权的期限为六个月,自建设工程竣工之日或者建设工程合同约定的竣工之日起计算。

(二)质量保证金

(1)发包人应按照合同约定的质量保证金比例从结算款中预留质量保证金。质量保证金用于承包人按照合同约定履行属于自身责任的工程缺陷修复义务的,为发包人有效监督承包人完成缺陷修复提供资金保证。原建设部、财政部印发的《建设工程质量保证金管理暂行办法》(建质〔2005〕7号)第七条规定:"全部或者部分使用政府投资的建设项目,按工程价款结算总额5%左右的比例预留保证金。社会投资项目采用预留保证金方式的,预留保证金的比例可参照执行"。

(2)承包人未按照合同约定履行属于自身责任的工程缺陷修复义务的,发包人有权从质量保证金中扣除用于缺陷修复的各项支出。经查验,工程缺陷属于发包人原因造成的,应由发包人承担查验和缺陷修复的费用。

(3)在合同约定的缺陷责任期终止后,发包人应按照规定,将剩余的质量保证金返还给承包人。原建设部、财政部印发的《建设工程质量保证金管理暂行办法》(建质〔2005〕7号)第九条规定:"缺陷责任期内,承包人认真履行合同约定的责任,到期后,承包人向发包人申请返还保证金"。

(三)最终结清

(1)缺陷责任期终止后,承包人已完成合同约定的全部承包工作,但合同工程的财务账目需要结清,因此承包人应按照合同约定向发包人提交最终结清支付申请。发包人对最终结清支付申请有异议的,有权要求承包人进行修正和提供补充资料。承包人修正后,应再次向发包人提交修正后的最终结清支付申请。

(2)发包人应在收到最终结清支付申请后的14天内予以核实,并应向承包人签发最终结清支付证书。

(3)发包人应在签发最终结清支付证书后的14天内,按照最终结清支付证书列明的金额向承包人支付最终结清款。

(4)发包人未在约定的时间内核实,又未提出具体意见的,应视为承包人提交的最终结清支付申请已被发包人认可。

(5)发包人未按期最终结清支付的,承包人可催告发包人支付,并有权获得延迟支付的利息。

(6)最终结清时,承包人被预留的质量保证金不足以抵减发包人工程缺陷修复费用的,承包人应承担不足部分的补偿责任。

(7)承包人对发包人支付的最终结清款有异议的,应按照合同约定的争议解决方式处理。

五、合同解除的价款结算与支付

合同解除是合同非常态的终止,为了限制合同的解除,法律规定了合同解除制度。根据解除权来源划分,可分为协议解除和法定解除。鉴于建设工程施工合同的特性,为了防止社会资源浪费,法律不赋予发承包人享有任意单方解除权,因此,除了协议解除,按照《最高人民法院关于审理建设工程施工合同纠纷案件适用法律问题的解释》第八条、第九条的规定,施工合同的解除有承包人根本违约的解除和发包人根本违约的解除两种。

(1)发承包双方协商一致解除合同的,应按照达成的协议办理结算和支付合同价款。

(2)由于不可抗力致使合同无法履行解除合同的,发包人应向承包人支付合同解除之日前已完成工程但尚未支付的合同价款,此外,还应支付下列金额:

1)招标文件中明示应由发包人承担的赶工费用;

2)已实施或部分实施的措施项目应付价款;

3)承包人为合同工程合理订购且已交付的材料和工程设备货款;

4)承包人撤离现场所需的合理费用,包括员工遣送费和临时工程拆除、施工设备运离现场的费用;

5)承包人为完成合同工程而预期开支的任何合理费用,且该项费用未包括在本款其他各项支付之内。

发承包双方办理结算合同价款时,应扣除合同解除之日前发包人应向承包人收回的价款。当发包人应扣除的金额超过了应支付的金额,承包人应在合同解除后的 86 天内将其差额退还给发包人。

(3)由于承包人违约解除合同的,对于价款结算与支付应按以下规定处理:

1)发包人应暂停向承包人支付任何价款。

2)发包人应在合同解除后 28 天内核实合同解除时承包人已完成的全部合同价款以及按施工进度计划已运至现场的材料和工程设备货款,按合同约定核算承包人应支付的违约金以及造成损失的索赔金额,并将结果通知承包人。发承包双方应在 28 天内予以确认或提出意见,并办理结算合同价款。如果发包人应扣除的金额超过了应支付的金额,则承包人应在合同解除后的 56 天内将其差额退还给发包人。

3)发承包双方不能就解除合同后的结算达成一致的,按照合同约定的争议解决方式处理。

(4)由于发包人违约解除合同的,对于价款结算与支付应按以下规定处理:

1)发包人除应按照上述第(2)条的有关规定向承包人支付各项价款外,应按合同约定核算发包人应支付的违约金以及给承包人造成损失或损害的索赔金额费用。该笔费用由承包人提出,发包人核实后与承包人协商确定后的 7 天内向承包人签发支付证书。

2)发承包双方协商不能达成一致的,按照合同约定的争议解决方式处理。

六、合同价款争议的解决

施工合同履行过程中出现争议是在所难免的,解决合同履行过程中争议的主要方法包括协商、调解、仲裁和诉讼四种。当发承包双方发生争议后,可以先进行协商和解从而达到消除争议的目的,也可以请第三方进行调解;若争议继续存在,发承包双方可以继续通过仲裁或诉讼的途径解决,当然,也可以直接进入仲裁或诉讼程序解决争议。不论采用何种方式解决发承包双方的争议,只有及时并有效的解决施工过程中的合同价款争议,才是工程建设顺利进行的必要保证。

(一)监理或造价工程师暂定

从我国现行施工合同示范文本、监理合同示范文本、造价咨询合同示范文本的内容可以看出,合同中一般均会对总监理工程师或造价工程师在合同履行过程中发承包双方的争议如何处理有所约定。为使合同争议在施工过程中就能够由总监理工程师或造价工程师予以解决,"13计价规范"对总监理工程师或造价工程师的合同价款争议处理流程及职责权限进行了如下约定:

(1)若发包人和承包人之间就工程质量、进度、价款支付与扣除、工期延期、索赔、价款调整等发生任何法律上、经济上或技术上的争议,首先应根据已签约合同的规定,提交合同约定职责范围内的总监理工程师或造价工程师解决,并应抄送另一方。总监理工程师或造价工程师在收到此提交件后14天内应将暂定结果通知发包人和承包人。发承包双方对暂定结果认可的,应以书面形式予以确认,暂定结果成为最终决定。

(2)发承包双方在收到总监理工程师或造价工程师的暂定结果通知之后的14天内未对暂定结果予以确认也未提出不同意见的,应视为发承包双方已认可该暂定结果。

(3)发承包双方或一方不同意暂定结果的,应以书面形式向总监理工程师或造价工程师提出,说明自己认为正确的结果,同时抄送另一方,此时该暂定结果成为争议。在暂定结果对发承包双方当事人履约不产生实质影响的前提下,发承包双方应实施该结果,直到按照发承包双方认可的争议解决办法被改变为止。

(二)管理机构的解释和认定

(1)合同价款争议发生后,发承包双方可就工程计价依据的争议以书面形式提请工程造价管理机构对争议以书面文件进行解释或认定。工程造价管理机构是工程造价计价依据、办法以及相关政策的制定和管理机构。对发包人、承包人或工程造价咨询人在工程计价中,对计价依据、办法以及相关政策规定发生的争议进行解释是工程造价管理机构的职责。

(2)工程造价管理机构应在收到申请的10个工作日内就发承包双方提请的争议问题进行解释或认定。

(3)发承包双方或一方在收到工程造价管理机构书面解释或认定后仍可按照合同约定的争议解决方式提请仲裁或诉讼。除工程造价管理机构的上级管理部门做出了不同的解释或认定,或在仲裁裁决或法院判决中不予采信的外,工程造价管理机构做出的书面解释或认定应为最终结果,并应对发承包双方均有约束力。

(三)协商和解

(1)合同价款争议发生后,发承包双方任何时候都可以进行协商。协商达成一致的,双方应签订书面和解协议,并明确和解协议对发承包双方均有约束力。

(2)如果协商不能达成一致协议,发包人或承包人都可以按合同约定的其他方式解决争议。

(四)调解

按照《中华人民共和国合同法》的规定,当事人可以通过调解解决合同争议,但在工程建设领域,目前的调解主要出现在仲裁或诉讼中,即所谓司法调解;有的通过建设行政主管部门或工程造价管理机构处理,双方认可,即所谓行政调解。司法调解耗时较长,且增加了诉讼成本;行政调解受行政管理人员专业水平、处理能力等的影响,其效果也受到限制。因此,"13计价规范"提出了由发承包双方约定相关工程专家作为合同工程争议调解人的思路,类似于国外的争议评审或争端裁决,可定义为专业调解,这在我国合同法的框架内,为有法可依,使争议尽可能在合同履行过程中得到解决,确保工程建设顺利进行。

(1)发承包双方应在合同中约定或在合同签订后共同约定争议调解人,负责双方在合同履行过程中发生争议的调解。

(2)合同履行期间,发承包双方可协议调换或终止任何调解人,但发包人或承包人都不能单独采取行动。除非双方另有协议,在最终结清支付证书生效后,调解人的任期应即终止。

(3)如果发承包双方发生了争议,任何一方可将该争议以书面形式提交调解人,并将副本抄送另一方,委托调解人调解。

(4)发承包双方应按照调解人提出的要求,给调解人提供所需要的资料、现场进入权及相应设施。调解人应被视为不是在进行仲裁人的工作。

(5)调解人应在收到调解委托后28天内或由调解人建议并经发承包双方认可的其他期限内提出调解书,发承包双方接受调解书的,经双方签字后作为合同的补充文件,对发承包双方均具有约束力,双方都应立即遵照执行。

(6)当发承包双方中任一方对调解人的调解书有异议时,应在收到调解书后28天内向另一方发出异议通知,并应说明异议的事项和理由。但除非并直到调解书在协商和解或仲裁裁决、诉讼判决中做出修改,或合同已经解除,承包人应继续按照合同实施工程。

(7)当调解人已就争议事项向发承包双方提交了调解书,而任一方在收到调解书后28天内均未发出表示异议的通知时,调解书对发承包双方应均具有约束力。

(五)仲裁、诉讼

(1)发承包双方的协商和解或调解均未达成一致意见,其中的一方已就此争议事项根据合同约定的仲裁协议申请仲裁,应同时通知另一方。进行协议仲裁时,应遵守《中华人民共和国仲裁法》的有关规定,如第四条:"当事人采用仲裁方式解决纠纷,应当双方自愿,达成仲裁协议。没有仲裁协议,一方申请仲裁的,仲裁委员会不予受理";第五条:"当事人达成仲裁协议,一方向人民法院起诉的,人民法院不予受理,但仲裁协议无效的除外";第六条:"仲裁委员会应当由当事人协议选定。仲裁不实行级别管辖和地域管辖"。

(2)仲裁可在竣工之前或之后进行,但发包人、承包人、调解人各自的义务不得因在工程实施期间进行仲裁而有所改变。当仲裁是在仲裁机构要求停止施工的情况下进行时,承包人应对合同工程采取保护措施,由此增加的费用应由败诉方承担。

(3)在前述(一)至(四)中规定的期限之内,暂定或和解协议或调解书已经有约束力的情况下,当发承包中一方未能遵守暂定或和解协议或调解书时,另一方可在不损害他可能具有的任何其他权利的情况下,将未能遵守暂定或不执行和解协议或调解书达成的事项提交仲裁。

(4)发包人、承包人在履行合同时发生争议,双方不愿和解、调解或者和解、调解不成,又没有达成仲裁协议的,可依法向人民法院提起诉讼。

七、工程计价资料与档案

(一)工程计价资料

为有效减少甚至杜绝工程合同价款争议,发承包双方应认真履行合同义务,认真处理双方往来的信函,并共同管理好合同工程履约过程中双方之间的往来文件。

(1)发承包双方应当在合同中约定各自在合同工程中现场管理人员的职责范围,双方现场管理人员在职责范围内签字确认的书面文件是工程计价的有效凭证,但如有其他有效证据或经实证证明其是虚假的除外。

1)发承包双方现场管理人员的职责范围。首先是要明确发承包双方的现场管理人员,包括受其委托的第三方人员,如发包人委托的监理人、工程造价咨询人,仍然属于发包人现场管理人员的范畴;其次是明确管理人员的职责范围,也就是业务分工,并应明确在合同中约定,施工过程中如发生人员变动,应及时以书面形式通知对方,涉及合同中约定的主要人员变动需经对方同意的,应事先征求对方的意见,同意后才能更换。

2)现场管理人员签署的书面文件的效力。首先,双方现场管理人员在合同约定的职责范围签署的书面文件必定是工程计价的有效凭证;其次,双方现场管理人员签署的书面文件如有错误的应予纠正,这方面的错误主要有两方面的原因,一是无意识失误,属工作中偶发性错误,只要双方认真核对就可有效减少此类错误;二是有意致错,如双方现场管理人员以利益交换,有意犯错,如工程计量有意多计等。对于现场管理人员签署的书面文件,如有其他有效证据或经实证证明其是虚假的,则应更正。

(2)发承包双方不论在何种场合对与工程计价有关的事项所给予的批准、证明、同意、指令、商定、确定、确认、通知和请求,或表示同意、否定、提出要求和意见等,均应采用书面形式,口头指令不得作为计价凭证。

(3)任何书面文件送达时,应由对方签收,通过邮寄应采用挂号、特快专递传送,或以发承包双方商定的电子传输方式发送,交付、传送或传输至指定的接收人的地址。如接收人通知了另外地址时,随后通信信息应按新地址发送。

(4)发承包双方分别向对方发出的任何书面文件,均应将其抄送现场管理人员,如系复印件应加盖合同工程管理机构印章,证明与原件相同。双方现场管理人员向对方所发任何书面文件,也应将其复印件发送给发承包双方,复印件应加盖合同工程管理机构印章,证明与原件相同。

(5)发承包双方均应当及时签收另一方送达其指定接收地点的来往信函,拒不签收的,送达信函的一方可以采用特快专递或者公证方式送达,所造成的费用增加(包括被迫采用特殊送达方式所发生的费用)和延误的工期由拒绝签收一方承担。

(6)书面文件和通知不得扣压,一方能够提供证据证明另一方拒绝签收或已送达的,应视为对方已签收并应承担相应责任。

(二)计价档案

(1)发承包双方以及工程造价咨询人对具有保存价值的各种载体的计价文件,均应收集齐全,整理立卷后归档。

(2)发承包双方和工程造价咨询人应建立完善的工程计价档案管理制度,并应符合国家和有关部门发布的档案管理相关规定。

(3)工程造价咨询人归档的计价文件,保存期不宜少于五年。

(4)归档的工程计价成果文件应包括纸质原件和电子文件,其他归档文件及依据可为纸质原件、复印件或电子文件。

(5)归档文件应经过分类整理,并应组成符合要求的案卷。

(6)归档可以分阶段进行,也可以在项目竣工结算完成后进行。

(7)向接受单位移交档案时,应编制移交清单,双方应签字、盖章后方可交接。

参 考 文 献

[1] 中华人民共和国住房和城乡建设部. GB 50500—2013 建设工程工程量清单计价规范[S]. 北京:中国计划出版社,2013.
[2] 中华人民共和国住房和城乡建设部. GB 50856—2013 通用安装工程工程量计算规范[S]. 北京:中国计划出版社,2013.
[3] 张爱云. 建筑设备安装工程量计价[M]. 郑州:黄河水利出版社,2011.
[4] 苑辉. 安装工程工程量清单计价实施指南[M]. 北京:中国电力出版社,2009.
[5] 景星蓉. 建筑设备安装工程预算[M]. 北京:中国建筑工业出版社,2009.
[6] 任义. 实用电气工程安装技术手册[M]. 北京:中国电力出版社,2006
[7] 张清. 安装工程造价与施工组织[M]. 3 版. 北京:中国建筑工业出版社,2007.
[8] 朱录恒. 安装工程量清单计价[M]. 南京:东南大学出版社,2004.
[9] 丁云. 安装工程预算与工程量清单计价[M]. 北京:化学工业出版社,2005.

我们提供

图书出版、图书广告宣传、企业/个人定向出版、设计业务、企业内刊等外包、代选代购图书、团体用书、会议、培训，其他深度合作等优质高效服务。

编辑部
010-68343948

图书广告
010-68361706

出版咨询
010-68343948

图书销售
010-68001605

设计业务
010-88376510转1008

邮箱：jccbs-zbs@163.com　　　网址：www.jccbs.com.cn

发展出版传媒　　服务经济建设

传播科技进步　　满足社会需求